信息物理系统应用与原理

[印度] 拉杰·拉杰库马尔（Raj Rajkumar）
卡内基–梅隆大学

[美] 迪奥尼西奥·德·尼茨（Dionisio de Niz）
卡内基–梅隆大学

马克·克莱恩（Mark Klein）
美国软件工程研究所（SEI）

著

李士宁 张羽 李志刚 等译
西北工业大学

Cyber-Physical Systems

机械工业出版社
China Machine Press

图书在版编目（CIP）数据

信息物理系统应用与原理 /（印）拉杰·拉杰库马尔（Raj Rajkumar）等著；李士宁等译．—北京：机械工业出版社，2018.3
（计算机科学丛书）
书名原文：Cyber-Physical Systems

ISBN 978-7-111-59810-7

I. 信… II. ① 拉… ② 李… III. 控制系统 IV. TP271

中国版本图书馆 CIP 数据核字（2018）第 076141 号

本书版权登记号：图字 01-2017-0742

本书讨论了 CPS 的大量理论进展以及每个领域的挑战。一些进展源于应用领域的具体挑战，另一些进展带来了新的发展机会。全书分为两部分。第一部分介绍了当前 CPS 的 3 个典型领域（医疗、能源、无线传感器网络），这些应用领域推动了 CPS 的技术革命。第二部分介绍了 CPS 发展中使用的多学科理论基础。

本书可作为高等院校信息物理系统相关课程的教材，也可作为 CPS 应用领域相关从业者的参考书。

出版发行：机械工业出版社（北京市西城区百万庄大街 22 号 邮政编码：100037）
责任编辑：唐晓琳　　责任校对：殷 虹
印　　刷：中国电影出版社印刷厂　　版　　次：2018 年 6 月第 1 版第 1 次印刷
开　　本：185mm×260mm 1/16　　印　　张：15
书　　号：ISBN 978-7-111-59810-7　　定　　价：79.00 元

凡购本书，如有缺页、倒页、脱页，由本社发行部调换
客服热线：（010）88378991 88361066　　投稿热线：（010）88379604
购书热线：（010）68326294 88379649 68995259　　读者信箱：hzjsj@hzbook.com

出版者的话

Cyber-Physical Systems

文艺复兴以来，源远流长的科学精神和逐步形成的学术规范，使西方国家在自然科学的各个领域取得了垄断性的优势；也正是这样的优势，使美国在信息技术发展的六十多年间名家辈出、独领风骚。在商业化的进程中，美国的产业界与教育界越来越紧密地结合，计算机学科中的许多泰山北斗同时身处科研和教学的最前线，由此而产生的经典科学著作，不仅擘划了研究的范畴，还揭示了学术的源变，既遵循学术规范，又自有学者个性，其价值并不会因年月的流逝而减退。

近年，在全球信息化大潮的推动下，我国的计算机产业发展迅猛，对专业人才的需求日益迫切。这对计算机教育界和出版界都既是机遇，也是挑战；而专业教材的建设在教育战略上显得举足轻重。在我国信息技术发展时间较短的现状下，美国等发达国家在其计算机科学发展的几十年间积淀和发展的经典教材仍有许多值得借鉴之处。因此，引进一批国外优秀计算机教材将对我国计算机教育事业的发展起到积极的推动作用，也是与世界接轨、建设真正的世界一流大学的必由之路。

机械工业出版社华章公司较早意识到“出版要为教育服务”。自 1998 年开始，我们就将工作重点放在了遴选、移译国外优秀教材上。经过多年的不懈努力，我们与 Pearson，McGraw-Hill，Elsevier，MIT，John Wiley & Sons，Cengage 等世界著名出版公司建立了良好的合作关系，从他们现有的数百种教材中甄选出 Andrew S. Tanenbaum，Bjarne Stroustrup，Brian W. Kernighan，Dennis Ritchie，Jim Gray，Afred V. Aho，John E. Hopcroft，Jeffrey D. Ullman，Abraham Silberschatz，William Stallings，Donald E. Knuth，John L. Hennessy，Larry L. Peterson 等大师名家的一批经典作品，以“计算机科学丛书”为总称出版，供读者学习、研究及珍藏。大理石纹理的封面，也正体现了这套丛书的品位和格调。

“计算机科学丛书”的出版工作得到了国内外学者的鼎力相助，国内的专家不仅提供了中肯的选题指导，还不辞劳苦地担任了翻译和审校的工作；而原书的作者也相当关注其作品在中国的传播，有的还专门为其书的中译本作序。迄今，“计算机科学丛书”已经出版了近两百个品种，这些书籍在读者中树立了良好的口碑，并被许多高校采用为正式教材和参考书籍。其影印版“经典原版书库”作为姊妹篇也被越来越多实施双语教学的学校所采用。

权威的作者、经典的教材、一流的译者、严格的审校、精细的编辑，这些因素使我们的图书有了质量的保证。随着计算机科学与技术专业学科建设的不断完善和教材改革的逐渐深化，教育界对国外计算机教材的需求和应用都将步入一个新的阶段，我们的目标是尽善尽美，而反馈的意见正是我们达到这一终极目标的重要帮助。华章公司欢迎老师和读者对我们的工作提出建议或给予指正，我们的联系方法如下：

华章网站：www. hzbook. com
电子邮件：hzjsj@ hzbook. com
联系电话：(010) 88379604
联系地址：北京市西城区百万庄南街 1 号
邮政编码：100037

华章教育

华章科技图书出版中心

译者序

Cyber-Physical Systems

信息物理系统通过集成先进的感知、计算、通信、控制等信息技术和自动控制技术，构建了物理空间与信息空间中人、机、物、环境、信息等要素相互映射、适时交互、高效协同的复杂系统，实现系统内资源配置和运行的按需响应、快速迭代、动态优化。

CPS 是支撑信息化和工业化深度融合的一套综合技术体系。当前，“中国制造 2025”正处于全面部署、加快实施、深入推进的新阶段，面对信息化和工业化深度融合进程中不断涌现的新技术、新理念、新模式，迫切需要研究信息物理系统的背景起源、概念内涵、技术要素、应用场景、发展趋势，以更好地服务于制造强国建设。

作者分析了多个应用领域中 CPS 的关键挑战和创新，介绍了现代 CPS 解决方案背后的技术基础，同时为 CPS 从设计和分析到规划未来的创新提供了指导性原则。书中主要内容包括：CPS 的驱动因素、挑战、基础和新的方向；跨信息和物理域的复杂交互建模；实施 CPS 控制的综合算法；CPS 传感器网络中的空间、时间、能量和可靠性问题；CPS 安全——防止“中间人”和其他攻击；使用模型集成语言为 CPS 模型定义形式化语义等。

李士宁教授负责本书的整体翻译工作，张羽副教授、李志刚副教授参与了本书的翻译工作。参加本书翻译的研究生有杨帆、孙悦、张静宇、李梦依、魏明菲、龙佳琳、程琛、李静。

限于时间以及译者的水平和经验，译文中难免存在不当之处，恳请读者提出宝贵意见。翻译中得到了陕西省嵌入式系统重点实验室的同仁和机械工业出版社许多人士的帮助。对此，译者深表感谢。

前　言

Cyber-Physical Systems

Ragunathan (Raj) Rajkumar, Dionisio de Niz, Mark Klein

美国国家科学基金会（National Science Foundation，NSF）将信息物理系统（Cyber-Physical System，CPS）定义为构建并依赖于计算算法与物理组件（即信息组件和物理组件）的无缝连接的工程系统。这种整合意味着，要理解 CPS 的行为，我们不仅要关注信息部分或物理部分，还要考虑两部分的相互协作。例如，当系统检测到撞车事故将要发生时就需要确定汽车安全气囊的行为。只保证充气指令是否被安全气囊执行是不够的，还需要验证这些指令的执行与物理过程是否是同步完成的。具体而言，20 毫秒之内执行可以确保司机撞上方向盘之前安全气囊完全充气。CPS 中信息、物理部分之间的无缝整合涉及多个方面。这个简单例子就涉及软件逻辑、软件执行时间和物理过程。

虽然充气气囊这个例子包含了 CPS 的重要部分，但它并未涉及 CPS 最具挑战的部分。充气气囊的信息组件和物理组件都十分简单，它们之间的交互可以简化到仅区分软件完成时间和事故中司机撞上方向盘的时间这种情况。但是，随着软件和物理过程复杂度的增加，它们之间整合的复杂度也将显著提高。在大型 CPS 中（如商用飞机），多个物理和信息组件的整合以及各部分之间的权衡就变得十分具有挑战性。例如，在波音 787 梦幻客机上添加额外锂电池就必须要先满足一系列限制条件。这不仅需要满足在不同操作模式下特定电池配置（在特定处理速度和电压下与软件进行交互）的功耗需求，还需要明确为维持所需电压系统应何时以及如何对电池充放电，同时也需要检测充放电配置以确保电池不会过热（在 787 航行经历中电池过热曾导致起火），并且这种检测要与系统散热部分的设计衔接。更重要的是，所有这些方面都需要经过联邦安全管理局（Federal Aviation Administration，FAA）严格标准的认证。

由于单一系统复杂度的增加，CPS 面临着更多的挑战。尤其是人们正在研究无人干预情况下的 CPS 间交互。这与互联网的开始十分类似。互联网开始时是两台电脑之间简单地连接。但当全世界的电脑无缝地连接起来，在网络上开发出大量的服务时，真正的革命出现了。这种连接不仅允许将大量的服务交付到世界各地，而且使收集和处理大量的信息（“大数据”）成为可能。我们可以利用大数据探索人群的趋势，当大数据与社交网络（如 Facebook 和 Twitter）相结合时，甚至可以探索人群的实时趋势。在 CPS 中，这场革命才刚刚开始。通过智能手机上的 GPS 应用收集的行驶信息，我们可以去选一条低拥堵线路。虽然这种技术仍然需要人为调节，但是在某种程度上这符合智能公路的发展方向。这方面的成果近期层出不穷，例如在多个涉及自动汽车的项目中，汽车不仅知道如何自动驾驶，并且可以和同一路线上的其他非自动汽车进行交互。

CPS 的出现

在 CPS 作为一个特定的学科领域出现之前，包含信息组件和物理组件的系统就已经存在。但这两个组件之间的交互十分简单，理论支撑基础也分散于计算机科学和物理科学之中。它们独立发展，没有交集。例如，在热弹力、空气动力学和机械应力学等学科中，验证性能的技术是独立于计算机技术（如逻辑时钟、模型检测、类型系统等）的进步而发展的。实际上，这些进步是从一些行为中抽象出来的，这些行为对某一学科领域很重要，但与其他学科领域相关性不大。例如，编程语言和逻辑验证模型的本质是只考虑指令的顺序，不受时间本身的影响。这种本质与车辆运动和房间温度控制这类物理变化过程中时间的重要性形成鲜明对比。

早期计算和物理科学之间交互的具体实现大多是成对的简单交互模型。例如实时调度理论和控制理论。调度理论加入了计算元素的时间，这样我们可以验证与物理过程交互的响应时间，从而确保整个过程不超过计算部分的预期并且可以进行修正。另一方面，控制理论将控制算法和物理过程结合起来，并且分析算法是否可以使系统保持在期望区域内。然而控制理论采用连续时间模型，在这一模型下计算瞬间发生，它使用附加延迟来考虑包含调度时间在内的计算时间，这使确定计算周期和提供调度接口成为可能。

随着领域之间交互复杂度的增加，人们研究了新的技术去模拟这种交互。例如，混合系统是一种状态机，在这个状态机中，状态用于模拟计算和物理状态，转换用于模拟计算动作和物理变化。虽然这种技术提高了描述复杂交互的能力，但分析往往是比较棘手的。通常情况下，模型复杂度阻碍了系统实际维度的分析。此外，随着相关学科数量的增长（如泛函、热力学、空气动力学、机械、容错），为了确保任意学科的假设和它的模型不因其他学科的模型而失效，我们需要分析它们之间的交互。例如，为了防止过热而降低处理器速度的动态散热管理（Dynamic Thermal Management，DTM）系统，会因实时调度算法设定的处理器速度而失效。

CPS 的发展动力

在 CPS 蓬勃发展的今天，我们面临的挑战是能否深入理解 CPS 的行为和发展技术，从而评估 CPS 的可靠性、保密性和安全性。这实际上是 CPS 科学界的核心动力。因此，CPS 是由两个相辅相成的因素驱动的：应用和理论基础。

应用

CPS 的应用可以让研究者与从业者相互协作，以便更好地理解问题和挑战，提供能经受住实践检验的方案。如医疗设备，CPS 研究人员与医生合作了解造成医疗设备失误的来源与挑战。人体如何处理不同药物，如何实施安全措施以避免药物过量注射，如何确保护士输入正确信息，这些都需要一定的假设，错误假设会引起输液泵的错误。此外，现今的医疗设备仅作为独立的设备，不允许互相连接。因此，医疗从业者需要在使用过程中协调这些设备，确保设备间的相互作用不引发安全性问题。例如，手术过程中需要胸部 X 射线机，就必须确保呼吸机被禁用；另一方面，一旦用完 X 射线机，呼吸机需要在一个安全的时间间隔内重新启动，这可以防止患者窒息。尽管这种不变性可以在软件中实现，但目前的认证技术和策略会阻止这种整合的出现。研究人员在此领域的工作就是开发技术以使这种相互作用的认证成为可能。这个问题在第 1 章中会详尽地讨论。

由于电网作为国家基础设施的战略重要性，电网是 CPS 的另一个重要应用领域。由于电能消费者和生产者各自独立，电能生产和消费具有不协调的特性，这是此领域的主要挑战。尤其是，每个家庭按一下电源开关就可以改变电能消费，这些按开关的动作会对电网产生聚合效应，因此电网需要平衡电能供应。类似的情况，风能、太阳能等可再生能源的电能生产不稳定、不可预知，这使平衡电能的供需成为一大挑战。这些元素之间的相互影响本质上是信息和物理之间的相互影响。一方面，电力供应者之间存在以计算机为中介的协调，另一方面，供应者与消费者之间的相互影响主要存在于电能的物理消耗过程中。目前一系列的技术已经应用于电网的控制与发展，这可以保护电网基础设施免受损坏，同时提升可靠性。然而，新一轮的挑战需要信息与物理元素结合起来，支持高效的市场、可再生能源、更便宜的能源价格。第 2 章讨论了电网领域的挑战和进展。

最有趣的、有技术创新的 CPS 应用领域之一也许就是传感器网络。传感器的发展和部署面临空间、时间、能量、可靠性方面的挑战，这是这一领域独具的。第 3 章讨论了传感器网络面临的挑战和这一领域的主要技术创新。

虽然一些应用领域有自己的趋势，新兴的应用领域也可能很快浮出水面。但是本书只讨论被 CPS 学科界定为最有影响力的领域。

基础理论

CPS 的理论发展集中在多学科领域间的相互作用所带来的挑战。有关实时调度的一些趋势很值得一提。第一个趋势是为适应过载执行而出现的新调度模型。这些模型将多个执行预算与基于关键性的任务分类结合起来，确保在正常操作期间所有任务都可以满足时限要求。当过载发生时，高关键性的任务从低关键性的任务中窃取处理器周期来满足其时限要求。第二个趋势来自于周期性上的变化。间歇任务模型（rhythmic task model）允许任务的周期随着物理任务的变化频率而持续变化。例如，在这种情况下，某个任务由汽车发动机的曲轴角位置触发，新的调度分析技术就需要验证这种系统的时序性。在第 9 章中，我们将讨论实时调度的基础和创新。

模型检验和控制综合理论之间的交叉创新是待研究的发展方向。在这个方向上，混合状态机模型用于描述物理对象的行为和计算算法的要求。该模型用于自动合成控制器算法来增强所需的规范。第 4 章将讨论这个案例。学术界已经开发了许多新技术来分析控制算法中调度规则的时序效应。这些问题将在第 5 章中讨论。

学术界已经探索的另一个交互领域是模型检测和调度之间的关系。有团队开发了一种称为 REK 的新模型检查器，它将任务交错的约束加到单调速率调度器和周期性任务模型中，减少了验证工作。这些新交互将在第 6 章中讨论。

安全性是另一个受物理过程显著影响的领域。特别是软件和物理过程之间的交互给潜在的攻击者提供了新的攻击机会，这使 CPS 安全与纯软件安全之间有很大的差异。于是产生了这种由于攻击导致的差异，即传感器的错误数据很难与物理过程中真正的数据相区分。这些防止中间人攻击的创新点与其他重要技术将在第 7 章中介绍。

在分布式实时系统中，实现分布式代理之间的同步通信新技术是非常有用的，这能够减少对功能正确性进行形式证明所需的工作。第 8 章将详细讨论此问题。

CPS 分析技术依赖于模型，而模型的形式语义是一个必须解决的关键挑战。第 10 章介绍了模型集成语言中模型形式语义的最新发展。

本书讨论了大量的理论进展以及每个领域的挑战。一些进展源于应用领域的具体挑战，另一些进展带来了新的发展机会。

读者对象

本书面向实践人员和研究人员。对于实践人员，本书描述了当前受益于 CPS 的应用领域，以及有利于 CPS 发展的技术。对于研究者，本书提供了一份应用领域的调查报告，并突出了当前的成就和有待解决的挑战，以及当前学科的进步和挑战。

本书分为两部分。第一部分介绍了当前 CPS 的 3 个典型领域，这些应用领域推动了 CPS 的技术革命。第二部分介绍了 CPS 发展中使用的多学科理论基础。

Ragunathan（Raj）Rajkumar 是卡内基·梅隆大学电气和计算机工程的 George Westinghouse 教授。他是 TimeSys 等众多公司的创始人之一，包括 Ottomatika（专注于无人驾驶汽车的软件研究，最后被 Delphi 收购）。他主持过多次国际会议，拥有专利三项，出版书籍一本，在会议和期刊上发表论文 170 多篇，其中 8 篇获得最佳论文奖。Rajkumar 教授于 1984 年在印度 Madras 大学获得本科学位，硕士和博士学位分别于 1986 年和 1989 年在美国宾夕法尼亚州匹兹堡的卡内基·梅隆大学获得。他的研究兴趣涵盖了信息物理系统的所有方面。

Dionisio de Niz 是卡内基·梅隆大学软件工程研究所的首席研究员。他在卡内基·梅隆大学信息网络学院获得信息网络科学硕士学位，后又获得了电气和计算机工程博士学位。他的研究兴趣包括信息物理系统、实时系统和基于模型的工程。在实时领域，他最近专注于多核处理器和混合关键性调度，为私营行业和政府组织领导了许多基本研究和应用研究项目。de Niz 博士还致力于实时 Java 规范的商业版本和参考实现。

Mark Klein 是软件工程研究所的高级技术人员，并且是其关键系统能力理事会的技术总监，从事信息物理系统和先进的移动系统研究。他的研究已经跨越了软件工程、可靠的实时系统和数值方法的各个方面。Klein 最近的工作重心在于系统规模的设计和分析原理，包括信息物理系统。之前，作为基于架构的工程项目的技术领导者，他的研究方向包括以下几个方面：软件体系结构分析、体系结构演化、经济驱动架构设计、架构能力、架构权衡分析、属性驱动的架构设计、调度理论和应用机制设计。他在实时系统中的工作涉及单调速率分析（RMA）的发展、RMA 理论基础的扩展及应用。Klein 早期的工作涉及在油藏模拟中通过高阶有限元方法求解流体流动方程。他是很多论文及下列三本书的作者之一：《A Practitioner's Handbook for Real-Time Analysis：Guide to Rate Monotonic Analysis for Real-Time Systems》《Evaluating Software Architecture：Methods and Case Studies》及《Ultra-Large-Scale Systems：The Software Challenge of the Future》。

关于其他贡献者

Abdullah Al-Nayeem 于 2013 年在伊利诺大学厄巴纳 - 香槟分校获得博士学位，他的博士论文题目是《物理异步逻辑同步（PALS）系统设计和开发》。目前他作为软件工程师在谷歌匹兹堡办公室工作。

Björn Andersson 从 2011 年 3 月起是美国卡内基·梅隆大学软件工程学院的高级技术人员。他于 1999 年获得电气工程理科硕士学位，于 2003 年获得计算机工程博士学位，均从瑞典查尔莫斯理工大学获得。他目前主要的研究兴趣在于实时系统中多核处理器的使用和信息物理系统原理。

Karl-Erik Årzén 于 1981 年获得电气工程硕士学位，于 1987 年获得自动化控制博士学位，均从瑞典隆德大学获得。他目前是隆德大学自动控制系的教授。他的研究兴趣包括嵌入式实时系统、反馈计算、云控制和信息物理系统。

Anaheed Ayoub 是 Mathworks 公司首席工程师。在加入 Mathworks 之前，她是宾夕法尼亚大学计算机科学专业的博士后研究员。她的研究兴趣是基于模型的设计工作流程，涉及正式建模、验证、代码生成和验证实时系统至关重要的安全性。她在埃及开罗艾因夏姆斯大学获得计算机工程专业硕士和博士学位。

Anton Cervin 于 1998 年获得计算机科学工程硕士学位，于 2003 年获得自动化控制博士学位，均从瑞典隆德大学获得。他目前是隆德大学自动控制系的副教授。他的研究兴趣包括嵌入式和网络控制系统、基于事件的控制、实时系统，用于分析的计算工具和控制时间的仿真。

Sagar Chaki 是卡内基·梅隆大学软件工程学院的主要研究员。他于 1999 年获得印度理工学院的计算机科学和工程技术学士学位，于 2005 年获得卡内基·梅隆大学计算机科学博士学位。近段时间，他的工作主要围绕实时和信息物理系统模型检测软件，但他通常感兴趣的是通过严格和自动化方法来提高软件质量。Chaki 博士开发了一些自动化的软件验证工具，包括基于 C 程序、MAGIC、Copper 的两种模型检测器，他合著了 70 多本同行评议的出版物。关于 Chaki 博士和他的当前工作的更多细节可在 http://www.contrib.andrew.cmu.edu/~schaki/网站查询。

Sanjian Chen 是宾夕法尼亚大学计算机和信息科学专业的博士生。他的研究兴趣包括数据驱动建模、机器学习、形式化分析、信息物理系统的系统工程应用和人类软件交互。他在 2012 年 IEEE 实时系统研讨会（RTSS）中获得了最佳论文奖。

Edmund M. Clarke 现在是卡内基·梅隆大学计算机科学学院的名誉教授。1995 年他是第一位被 FORE 系统授予讲席教授职位的人，2008 年成为大学教授。他从弗吉尼亚大学获得了学士学位，在杜克大学获得硕士学位，在康奈尔大学获得博士学位，在 1982 年加入卡内基·梅隆大学之前，他在杜克大学和康奈尔大学任教。他的研究兴趣包括硬件和软件验证以及自动定理证明。具体地说，他的研究小组开发了使用 BDD 的符号模型检测、使用快速 CNF 的有界模型检测可满足性求解器，并率先使用反例引导抽象精化（CE-

GAR)。他是计算机辅助验证会议（CAV）的共同创始人之一。他因对软件和硬件正确性的形式化验证所做出的贡献而获取了众多奖项，包括 IEEE Goode 奖、ACM Kanellakis 奖、ACM 图灵奖、CADE Herbrand 奖和 CAV 奖。因在计算机系统验证方面的工作，他获得了 2014 年富兰克林研究所 Bower 奖和科学界的终身成就奖。他被中国科学院授予爱因斯坦讲席教授称号，被维也纳大学的技术院和克里特大学授予荣誉教授称号。Clarke 博士是美国国家工程院和艺术科学院的成员、ACM 和 IEEE 会士、Sigma Xi 和 Phi Beta Kappa 成员。

Antoine Girard 是法国国家科学研究院（CNRS）的高级研究员。他于 2004 年在格勒诺布尔国立综合理工学院获得了应用数学博士学位。他于 2004 年到 2005 年在宾夕法尼亚大学当博士后研究员，2006 年在 Verimag 实验室就职。从 2006 年到 2015 年，他在约瑟夫傅里叶大学当副教授。他的研究兴趣主要是对混合动力系统的处理分析和控制，重点是信息物理系统中的计算方法、近似、抽象和应用程序。2009 年，他获得了 IEEE George S. Axelby优秀论文奖。2014 年，他被授予 CNRS 铜牌。2015 年，他被任命为法国大学医疗研究所（IUF）的创始成员。

Arie Gurfinkel 于 2007 年在多伦多大学计算机科学学院获得了计算机科学博士学位。他是卡内基·梅隆大学软件工程学院的首席研究员。他的研究兴趣在于形式化的方法和软件工程的交互，重点是对软件系统的自动推理。他参与开发了许多自动化验证工具，包括第一个多值模型检测器 XChek、软件验证框架 UFO 和 SeaHorn、硬件模型检测器 Avy。

John J. Hudak 是建筑实践计划工程研究所（SEI）的高级技术人员。他从卡内基·梅隆大学获得硕士学位及电气和计算机工程博士学位。他在实时嵌入式系统开发中负责开发和应用基于 AADL 的模型设计方法。他是基于 AADL 的 SEI 模型设计课程的老师，该模型已交付给学术界和产业界。同时，他还领导和参与了许多为政府项目成立的独立技术评估小组。他的兴趣包括可靠的实时系统、计算机硬件和软件体系结构、基于模型的验证、软件可靠性和控制工程。在加入 SEI 之前，他是卡内基·梅隆大学研究所的一员。该研究所是一个应用研发部门，他在研发项目中从事各种技术和管理的工作以满足行业需求。Hudak 是 IEEE 的高级成员之一，还是匹兹堡大学（约翰斯敦）的兼职教员，并拥有宾夕法尼亚州专业工程师证书。

Marija Ilić从 2002 年 10 月开始在卡内基·梅隆大学 ECE 和 EPP 教学单位任教，Ilić博士在圣路易斯的华盛顿大学获得了系统科学和数学硕士以及博士学位，并且在贝尔格莱德大学获得了 MEE 和 Dip. Ing。她是 IEEE 会士、IEEE 杰出讲师，也是电力系统中第一个总统青年科学家奖的获得者。除了从事学术工作，Ilić博士还是电力行业的顾问，以及新电力传输软件解决方案的创始人。Ilić博士从 1999 年 9 月到 2001 年 3 月在美国国家科学基金会担任控制、网络和计算智能的项目主管。Ilić博士参与了大规模电力系统中一些书籍的编写，并与来自学术界、政府和行业的参与者共同参与了在卡内基·梅隆大学的多学科电力行业年会系列（http://www. ece. cmu. edu/ ~ electriconf）。Ilić博士是卡内基·梅隆大学电力系统专业的创始人和主任（http://www. eesg. ece. cmu. edu）。

BaekGyu Kim 在宾夕法尼亚大学获得了计算机科学博士学位。他的研究兴趣包括医疗设备和汽车系统安全关键性的建模和验证。并通过形式化的方法自动地实现这样的系统。

Cheolgi Kim 于 2005 年在韩国科学技术院获得了博士学位。2006 年到 2012 年他作为博士后学生和访问研究学者在伊利诺大学厄巴纳 - 香槟分校工作，研究信息物理系统和安全关键系统框架。目前他是韩国航空航天大学软件学院的副教授。

Tiffany Hyun-Jin Kim 是 HRL 实验室的研究学者，她在加州大学伯克利分校获得计算机科学学士学位，在耶鲁大学获得计算机科学硕士学位，在卡内基·梅隆大学获得电气和计算机工程博士学位。她的研究兴趣包括以用户为中心的安全与隐私、网络安全、信任管理和应用密码学。

Andrew King 在堪萨斯州立大学获得了计算机科学学士和硕士学位，在宾夕法尼亚大学获得了计算机科学博士学位。他的研究兴趣包括分布式系统和软件的建模、验证和认证，特别是可以在运行时集成和重新配置的系统。

Insup Lee 是宾夕法尼亚大学计算机和信息科学学院的 Cecilia Fitler Moore 教授，并担任 PRECISE 中心的主任。他同时在电气和系统工程学院任教。他的研究兴趣包括信息物理系统、实时系统和嵌入式系统、运行时间确信度及验证、信任管理和高信任度医疗系统。他在威斯康辛大学麦迪逊分校获得计算机科学博士学位。他是 IEEE 会士，于 2008 年获得了 IEEE TC-RTS 的杰出技术成就和领导奖。

John Lehoczky 是卡内基·梅隆大学的统计学和数理科学教授。他从事实时系统领域的研究，最著名的是他在单调速率调度算法的发展和实时排队论方向的研究工作。因对实时系统工程中基本理论、实践及标准的制定起了技术引导作用并做出了巨大的贡献，他在 2016 年被授予 IEEE Simon Ramo Medal 奖。他是 ASA、IMS、INFORMS、AAAS 的会士，并且是 ISI 推选的成员。

Yilin Mo 是南洋理工大学电气学院的助理教授。他于 2007 年获得清华大学自动化工程学士学位，于 2012 年获得卡内基·梅隆大学电气和计算机工程博士学位。在成为助理教授之前，他于 2013 年在卡内基·梅隆大学、2013 年到 2015 年在加州理工学院从事博士后访学工作。

Adrian Perrig 是瑞士苏黎世联邦理工大学计算机科学学院的教授，他领导了网络安全组。他也是 CyLab 的一位杰出研究员，是卡内基·梅隆大学电气和计算工程学院、工程和公共政策学院的副教授。Perrig 博士的研究方向围绕构建安全系统，目前他正从事 SCION 安全的未来互联网体系结构的研究。

Alexander Roederer 是宾夕法尼亚大学计算机和信息科学的博士。他的研究兴趣包括高频、多源数据流中机器学习的应用——特别是开发临床决策支持系统。他在迈阿密大学获得计算机科学和数学学士学位，在宾夕法尼亚大学获得计算机与信息科学工程学硕士学位。

Matthias Rungger 是慕尼黑工业大学的一位博士后研究员，隶属于电气和计算机工程系的混合控制系统组。他的研究兴趣在于控制方面广泛的形式化方法领域，包括分析、物理信息系统的控制、基于抽象的控制器设计。Matthias 花了两年时间（从 2012 年到 2014 年）在洛杉矶加利福尼亚大学作为电气工程系博士后研究员从事研究工作。他在 2007 年于慕尼黑工业大学获得电气工程硕士学位，在 2011 年于卡塞尔大学获得博士学位。

Lui Sha 于 1985 年获得卡内基·梅隆大学博士学位。目前，他是伊利诺伊大学厄巴纳-香槟分校的DonaldB. Gillies 教授。他的团队在实时系统安全性方面的重要工作影响了许多大规模的高科技项目，包括 GPS、空间站和火星探路者。目前，他的研究小组正在为可认证的多核航空电子设备开发相关技术，同时为医疗系统（医疗 GPS）开发最佳实践指导。他是 2016 年 IEEE Simon Ramo Medal 奖的联合获奖者，是 IEEE 和 ACM 的会士，也是 NASA 顾问委员会的成员。

Gabor Simko 是谷歌公司的高级软件工程师。他在 2008 年于布达佩斯理工大学获得技术信息学硕士学位，2010 年获得生物医学工程理科硕士学位，他在 2014 年作为计算机科学专业博士生毕业于范德比尔大学。他的论文主题是信息物理系统中特定领域建模语言的形式化语义规范。他的兴趣包括语音识别、语音活动检测、混合系统的形式化验证以及建模语言的形式化规范。

Bruno Sinopoli 于 1998 年在帕多瓦大学获得学士学位，于 2003 年和 2005 年在加州伯克利分校分别获得电气工程硕士和博士学位。Sinopoli 博士现在加入了卡内基·梅隆大学的教师队伍，他是电子和计算机工程系副教授，并且在机械工程和机器人技术研究所任职，并担任智能基础设施研究所的联合主任。他的研究兴趣包括建模、基于设计的信息物理系统安全分析与设计及其在相互依赖的基础设施中的应用、物联网和数据驱动的网络。

Oleg Sokolsky 是宾夕法尼亚大学计算机和信息科学学院的副教授。他的研究兴趣包括信息物理系统开发中形式化方法的应用、架构建模和分析、基于规范的监控以及软件安全认证。他于石溪大学获得了计算机科学博士学位。

John A. Stankovic 是弗吉尼亚大学计算机科学系的 BP 美国教授，他当了 8 年的系主任。他是 IEEE 和 ACM 会士。他拥有约克大学的荣誉博士学位。Stankovic 博士获得了 IEEE 实时系统技术委员会授予的杰出技术成就和领导奖。他还获得了 IEEE 技术委员会的分布式处理技术委员会颁发的杰出成就奖（首届获奖者）。他获得了 7 次最佳论文奖，其中包括 2006 年的 ACM SenSys 奖。也获得了两次第二名，其中一项是 2013 年的 IPSN 奖。他还入围了其他四项最佳论文奖的决赛。Stankovic 博士的 H 指数为 107，引用数达 41 000 多次。2010 年他获得了工程学院杰出教师奖，2015 年他被授予弗吉尼亚大学杰出科学家奖。Stankovic 博士也从马萨诸塞大学获得了杰出教师奖。他在会议上发表了超过 35 个主题演讲，并在各大学发表了许多杰出的演讲。目前他就职于美国国家科学院计算机科学通信委员会。他曾经是《IEEE 分布式和并行系统》会刊的主编，还是《实时系统杂志》的创始人和联合主编。他的研究兴趣是实时系统、无线传感器网络、无线健康、信息物理系统和物联网。Stankovic 博士从布朗大学获得博士学位。

Janos Sztipanovits 目前是范德比尔特大学的 E. 布朗森·英格拉姆杰出工程学教授，是范德比尔特大学软件集成系统研究所的创始董事。在 1999 年至 2002 年期间，他曾担任 DARPA 信息技术办公室的项目经理和代理副主任。他领导了 CPS 虚拟组织，主持了 CPS 参考架构，定义了于 2014 年由 NIST 建立的公共工作小组。在 2014 ~ 2015 年，他担任工业网络联盟学术指导委员会成员。Sztipanovits 博士于 2000 年当选 IEEE 会士，于 2010 年当选匈牙利科学院的外籍院士。

Paulo Tabuada 出生于葡萄牙里斯本，康乃馨革命后一年。他于 1998 年从技术研究所获得航空航天工程“Licenciatura”学位，于2002年从系统与机器人研究所（一个与高等技术学院有关的私立研究机构）获得了电气和计算机工程的博士学位。从2002年1月到2003年7月，他是宾夕法尼亚大学的博士后研究员。在圣母大学当了三年的助理教授之后，他加入了加州大学洛杉矶分校电气工程系，在那里建立和指导了信息物理系统实验室。Tabuada博士对信息物理系统的贡献已经被多个奖项公认，包括2005年美国国家科学基金会事业奖、2009年Donald P. Eckman奖、2011年George S. Axelby奖、2015年Antonio Ruberti奖。2009年，他共同主持了混合动力系统国际会议——计算和控制（HSCC'09），并于2015年加入其指导委员会。他还是分布式评估和网络控制系统（NecSys'12）的第三届IFAC研讨会的项目联合主席，以及2015年混合系统分析和设计IFAC会议的项目联合主席。他还在《IEEE嵌入式系统》以及《IEEE自动控制》会刊的编辑委员会任职。他的最新著作（关于混合系统的验证和控制）于2009年由Springer出版。

目　录

出版者的话
译者序
前言
关于作者
关于其他贡献者

第一部分　CPS 应用领域

第 1 章　医疗 CPS …… 2
1.1　引言 …… 2
1.2　系统描述与操作场景 …… 3
1.2.1　虚拟医疗设备 …… 4
1.2.2　临床场景 …… 4
1.3　关键设计驱动与质量属性 …… 5
1.3.1　发展趋势 …… 5
1.3.2　质量属性以及 MCPS 领域的挑战 …… 7
1.3.3　MCPS 的高可信度开发 …… 8
1.3.4　按需医疗设备及其安全保障 …… 12
1.3.5　智能报警以及医疗决策支持系统 …… 16
1.3.6　闭环系统 …… 19
1.3.7　安全案例 …… 23
1.4　从业者的影响 …… 28
1.4.1　MCPS 开发者角度 …… 28
1.4.2　MCPS 管理者角度 …… 29
1.4.3　MCPS 用户角度 …… 29
1.4.4　患者角度 …… 29
1.4.5　MCPS 监管机构角度 …… 30
1.5　总结与挑战 …… 30
参考文献 …… 31

第 2 章　能源 CPS …… 37
2.1　引言 …… 37
2.2　系统描述与操作场景 …… 38
2.3　关键设计驱动与质量属性 …… 39
2.3.1　关键系统原则 …… 40
2.3.2　架构 1 的性能目标 …… 43
2.3.3　未来的方向 …… 46
2.4　可持续性 SEES 的网络范例 …… 47
2.4.1　在 SEES 中基于物理的 CPS 组合 …… 49
2.4.2　在 SEES 中基于 DyMonDS 的 CPS 标准 …… 50
2.4.3　交互变量自动建模与控制 …… 56
2.5　从业者的影响 …… 57
2.5.1　性能目标的 IT 演化 …… 57
2.5.2　分布式优化 …… 58
2.6　总结与挑战 …… 58
参考文献 …… 60

第 3 章　基于无线传感器网络的 CPS …… 63
3.1　引言 …… 63
3.2　系统描述与操作场景 …… 63
3.2.1　媒介访问控制 …… 65
3.2.2　路由 …… 66
3.2.3　节点定位 …… 67
3.2.4　时钟同步 …… 68
3.2.5　电源管理 …… 69
3.3　关键驱动设计与质量属性 …… 70
3.3.1　物理感知 …… 70
3.3.2　实时感知 …… 70
3.3.3　运行时验证感知 …… 71
3.3.4　安全感知 …… 72
3.4　从业者的影响 …… 74
3.5　总结与挑战 …… 75
参考文献 …… 76

第二部分　CPS 基础理论

第 4 章　CPS 的符号化合成 …… 82
4.1　引言 …… 82
4.2　基础技术 …… 82
4.2.1　预备知识 …… 83
4.2.2　问题定义 …… 83
4.2.3　合成问题的解决 …… 89
4.2.4　符号模型构建 …… 91
4.3　高级技术 …… 94

4.3.1 构建符号模型 …… 95
4.3.2 连续时间控制器 …… 96
4.3.3 软件工具 …… 97
4.4 总结与挑战 …… 97
参考文献 …… 98
第5章 反馈控制系统中的软件和平台问题 …… 102
5.1 引言 …… 102
5.2 基础技术 …… 103
5.2.1 控制器定时 …… 103
5.2.2 资源效率控制设计 …… 104
5.3 高级技术 …… 105
5.3.1 减少计算时间 …… 105
5.3.2 降低采样频率 …… 106
5.3.3 基于事件的控制 …… 106
5.3.4 控制器的软件结构 …… 107
5.3.5 计算资源共享 …… 108
5.3.6 反馈控制系统的分析与仿真 …… 109
5.4 总结与挑战 …… 118
参考文献 …… 118
第6章 混合系统的逻辑正确性 …… 120
6.1 引言 …… 120
6.2 基础技术 …… 121
6.2.1 离散验证 …… 121
6.3 高级技术 …… 134
6.3.1 实时验证 …… 134
6.3.2 混合验证 …… 138
6.4 总结与挑战 …… 141
参考文献 …… 141
第7章 CPS的安全 …… 144
7.1 引言 …… 144
7.2 基础技术 …… 145
7.2.1 网络安全需求 …… 145
7.2.2 攻击模型 …… 146
7.2.3 应对策略 …… 148
7.3 高级技术 …… 150
7.3.1 系统理论 …… 150
7.4 总结与挑战 …… 155
参考文献 …… 156
第8章 分布式CPS的同步 …… 158
8.1 引言 …… 158
8.1.1 CPS的挑战 …… 159
8.1.2 一种降低同步复杂度的技术 …… 159
8.2 基础技术 …… 160
8.2.1 软件工程 …… 160
8.2.2 分布式一致性算法 …… 160
8.2.3 同步锁步执行 …… 162
8.2.4 时间触发架构 …… 162
8.2.5 相关技术 …… 163
8.3 高级技术 …… 164
8.3.1 物理异步、逻辑同步系统 …… 164
8.4 总结与挑战 …… 172
参考文献 …… 173
第9章 CPS的实时调度 …… 177
9.1 引言 …… 177
9.2 基础技术 …… 178
9.2.1 固定时间参数的调度 …… 178
9.2.2 内存效应 …… 184
9.3 高级技术 …… 184
9.3.1 多处理器/多核调度 …… 184
9.3.2 适应可变性和不确定性 …… 193
9.3.3 其他资源的管理 …… 196
9.3.4 间歇任务调度 …… 199
9.4 总结与挑战 …… 200
参考文献 …… 201
第10章 CPS模型集成 …… 205
10.1 引言 …… 205
10.2 基础技术 …… 206
10.2.1 因果关系 …… 206
10.2.2 时间语义域 …… 207
10.2.3 计算过程的交互模型 …… 208
10.2.4 CPS DSML建模语言的语义 …… 208
10.3 高级技术 …… 209
10.3.1 ForSpec语言 …… 209
10.3.2 CyPhyML系统建模语言的语法 …… 211
10.3.3 语义的形式化 …… 213
10.3.4 形式化的语言集成 …… 216
10.4 总结与挑战 …… 221
参考文献 …… 221

第一部分

Cyber-Physical Systems

CPS 应用领域

第1章

Cyber-Physical Systems

医疗 CPS

Insup Lee, Anaheed Ayoub, Sanjian Chen, Baekgyu Kim, Andrew King, Alexander Roederer, Oleg Sokolsky

医疗信息物理系统（Medical Cyber-Physical Systems，MCPS）是一个性命攸关、情境感知、联网的系统，由参与患者治疗的医疗设备组成。为了给复杂临床情况下的患者提供高质量的持续护理，这些系统越来越多地应用于医院，这就需要设计出既安全又高效的MCPS，这一需求产生了许多挑战，这些挑战出现在系统软件、互操作性、上下文决策支持、自主性、安全性和隐私性以及认证方面。本章讨论了开发 MCPS 中的挑战，提供了分析这些挑战的案例研究，提出了解决这些挑战的方法，突出了几个开放的研究和发展问题，最后讨论了 MCPS 对参与者和实践人员的影响。

1.1 引言

目前医疗设备领域中的两个最重要的变化是高度依赖于软件定义的功能和广泛的网络连接性。前者的发展意味着软件在设备整体安全中扮演着越来越重要的角色。后者意味着联网的医疗设备不是被设计、认证的独立设备，也不是彼此独立地用于治疗患者，而是作为同时监测和控制患者生理状况的分布式系统来工作。嵌入式软件控制设备、新的联网能力和人体复杂的物理动态性的组合使现代医疗设备系统成为一类独特的信息物理系统（CPS）。

MCPS 的目标是在确保安全的同时通过感知和匹配患者模型提供个性化治疗方案，提高患者护理的有效性。然而，相对于传统医疗系统，MCPS 增长的范围和复杂性引发了许多挑战。这些挑战需要通过开发新的设计、结构、评估和验证技术来系统地解决。这些技术的需求为 MCPS 研究人员（特别是嵌入式技术和 CPS 研究人员）提供了新的机会。MCPS 开发中最重要的是确保患者安全。未来医疗设备的新功能和用这些设备开发的 MCPS 新技术将需要新的监管程序来批准其用于治疗患者。美国食品和药物管理局（Food and Drug Administration，FDA）用于批准医疗设备的监管体制是传统的、基于过程的，由于 MCPS 复杂性的增加，这种过程变得冗长且花销巨大，并且 FDA 迫切需要在不损害提供的安全级别情况下减少这种繁重的过程。

在本章中，我们提倡采用系统的方法来分析和设计 MCPS，以应对其固有的复杂性。所以，基于模型的设计技术在 MCPS 设计中扮演重要的角色。模型不仅涵盖设备和它们之间的通信，而且也涵盖患者和护理人员。模型的使用使开发人员在开发过程的早期就可以评估系统属性，在系统建成之前对系统设计的安全性和有效性就有一定得把握。在建模层面进行的系统安全性和有效性分析需要实现技术来补充，这些技术在实现阶段保存模型的属性。模型分析的结果结合生成过程的保证，可以形成监管机构批准的证据基础。最终使基于模型的开发作为构建安全有效的 MCPS 的基础。

本章介绍了一些解决构建 MCPS 所涉及的各种挑战的研究方向。

- 独立设备（stand-alone device）：独立的医疗装置，使用基于模型的高保证度软件开发方案，例如患者自控镇痛（Patient-Controlled Analgesia，PCA）泵和起搏器。
- 设备互连（device interconnection）：一种用于描述、实例化和验证临床交互场景的医疗设备互操作性框架。
- 智能添加（adding intelligence）：一种智能报警系统，它从各种交互设备中接收生命体征数据，从而向看护人通知患者潜在的紧急情况和设备的非操作问题。
- 自动启动/输送（automated actuation/delivery）：基于模型的闭环护理输送系统，可以基于患者的当前状态自动地向患者实施护理。
- 安全案例（assurance case）：安全案例用于收集论断、论点和证据，以说明医疗设备系统的安全性。

在本章中我们以自下而上的方式研究 MCPS。也就是说，首先描述与单个设备相关的问题，然后通过添加通信、智能和反馈控制来逐步增加复杂性。在文献［Lee12］中对一些挑战已经进行了初步讨论。

1.2　系统描述与操作场景

MCPS 是互连医疗设备组成的注重安全、智能的系统，这些医疗设备共同参与在特定临床情况下患者的治疗。临床情况可以确定选择哪些治疗方案以及哪些治疗措施需要随着患者状况的变化进行调整。

传统上，护理人员做出关于治疗方案和措施的决定，他们通过使用装置监控患者状态并执行手动调整来做出决定。因此，临床情况可以视为闭环系统，护理人员是控制器，医疗装置充当传感器和作动器，患者是“对象”。MCPS 通过引入额外计算实体（computational entity）来改变这种观点，这种计算实体可以辅助护理人员控制“对象”。图 1-1 给出了 MCPS 的概念。

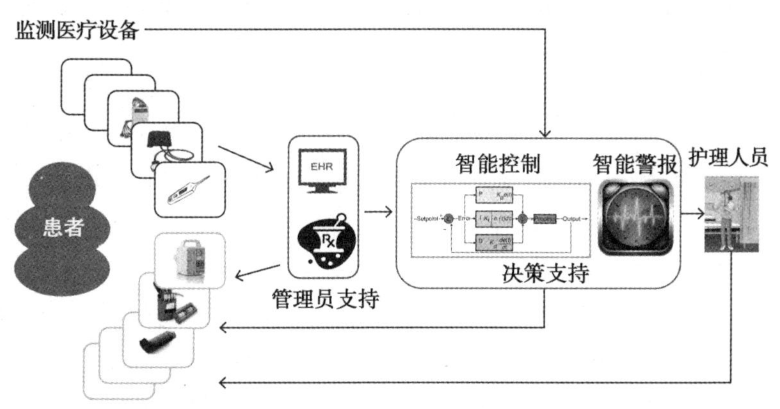

图 1-1　MCPS 的概念。© 2012 IEEE。经许可转自 *Proceedings of the IEEE*（vol. 100，no. 1，January 2012）

基于其主要功能，MCPS 中使用的设备可以分为两组。

- 监测设备（monitoring device），如床边心率和氧水平监测器、传感器，它们提供患者的临床信息。
- 输送装置（delivery device），例如输液泵和呼吸机，其可以启动改变患者生理状态的治疗。

在 MCPS 中，互连监测设备可以将收集的数据传递给决策支持或管理支持实体，其中每一个实体都服务于不同但互补的目标。例如，护理人员分析这些装置提供的信息，然后使用输送装置开始治疗，通过这种方式护理人员便进入了围绕患者的控制回路。另外，决策支持实体也可以利用智能控制器来分析从监测设备接收的数据，估计患者的健康状态，通过向输送装置发出命令来自动启动治疗（如药物注射），从而形成闭环。

大多数医疗设备通过软件组件来执行任务，因此确保这些设备的安全性及互操作性就至关重要。使用基于模型的开发方法是一个有效的策略，它可以通过验证医疗设备来确保设备安全。这一策略还为证明设备满足特定安全标准提供了方法。

1.2.1 虚拟医疗设备

鉴于 MCPS 的高度复杂性，任何这样的系统必须是以用户为中心的，即它必须容易设置和使用，在很大程度上以自动化的方式运行。实现这一目的的方法是开发 MCPS 工作流的描述，并在物理设备上实现它。MCPS 工作流可以根据所涉及设备的数量和类型来描述，它们相互互连，协调所需的临床监督算法，分析系统收集的数据，这种描述定义了虚拟医疗设备（Virtual Medical Devices，VMD）。VMD 由 VMD 应用程序使用，在实际医疗设备设置期间实例化，即作为虚拟医疗设备实例的一部分。

VMD 实例中的设备通常使用某种形式的互操作中间件进行互连，该互操作中间件负责保证设备间连接的正确配置。因此，VMD 应用程序的主要任务是在 VMD 实例中找到医疗设备，在它们间建立网络连接，将临床算法安装到中间件的监管模块中，中间件监管模块可以管理临床工作流与数据产生的推理逻辑之间的交互。基本上，当 VMD 应用程序启动时，监管程序读取 VMD 应用程序规范，尝试根据规范整合所有涉及的设备。一旦工作流开始运行，VMD 应用程序就执行必要的清理程序，进而允许使用 VMD 实例中医疗设备的不同组合来指定另一工作流。

1.2.2 临床场景

每个 VMD 支持特定的临床场景，临床场景详细描述了设备和临床工作人员如何在特定临床情况或事件中一起工作。在这里，我们描述两个场景：一个为协调 X 射线机和呼吸机，另一个用于患者自控镇痛（PCA）安全联锁系统。

协调 X 射线机和呼吸机之间的相互作用的 VMD 可以说明如何通过 MCPS 改善患者安全，正如文献［Lofsky04］中所述。在外科手术期间经常需要拍摄 X 射线图像。患者在全身麻醉的情况下进行手术，手术期间患者需要在呼吸机的帮助下呼吸。由于呼吸机上的患者无法自主屏住呼吸，所以拍摄的 X 射线图像由于肺部移动而导致模糊。因此呼吸机必须先暂停，之后重新启动。不幸的是，有些情况下呼吸机未能重启，这导致了患者的死亡。

正如文献［Arney09］中所述，两种设备间保障患者安全不受损害的互操作方案可以有多种。一种方案是让X射线机暂停并自动重启呼吸机。更安全的方案是让呼吸机将其内部状态传送到X射线机，但这种方案存在更加严格的时间约束。通常在呼吸周期结束时，即在患者已经完成呼气和开始下次吸气之间，有足够的时间来拍摄X射线图像。该方法需要X射线机精确地知道空气流速变得足够接近零的时刻和下一次吸气开始的时刻。然后，在考虑传输延迟的情况下，再自行拍摄并决定X射线图片是否可用。

另一个受益于MCPS闭环方法的临床场景是患者自控镇痛。PCA输液泵通常是在手术后使用，它主要用于输送疼痛管理的类罂粟碱药物。患者对药物具有不同的反应，所以需要不同的剂量和输送时间。PCA泵允许患者在他们需要的时候按下按钮来请求输液，而不是使用由护理人员给定的方案。相比药物引起的恶心来说，一些患者可能更能忍受疼痛，因此较少按下按钮；另一些患者可能需要更高的剂量，因此会更频繁地按下按钮。

类罂粟碱药物的一个主要问题是过量的剂量可能导致呼吸衰竭。合适的PCA编程系统应该通过限制输送剂量来防止过量，不管患者按按钮的频率多高。然而，这种安全机制不足以保护所有患者。如果输液泵程序编写错误，或输液泵程序员高估了患者可以接收的最大剂量，或错误浓度的药物被装载到泵中，或患者以外的人按按钮（PCA通过代理），以及其他原因，都可能导致患者仍可能接收到过量的药物。PCA输液泵目前产生了大量危险事件，现有的保护措施（如药物库和可编程的限值）不足以应对临床实践中面临的所有情况［Nuckols08］。

1.3 关键设计驱动与质量属性

虽然输液泵、呼吸机和患者监测器这样的软件密集型医疗设备已经投入使用很长时间，但是医疗设备领域仍经历着快速的转变。当前的转变引发了高可信度医疗设备开发领域的新挑战，也为研究领域开辟了新的机遇［Lee06］。本节首先回顾最近出现的主要趋势，然后确定质量属性和挑战，最后详细讨论几个MCPS专题。

1.3.1 发展趋势

MCPS的以下四个趋势在该领域的发展中极为重要：软件（作为新特性的驱动力）、设备互连、自适应生理响应闭环、持续监测和护理。之后的小节讨论了这些趋势。

1.3.1.1 新软件带来新功能

根据嵌入式系统领域或者更广泛的CPS领域的总体趋势，新功能的引入主要是因为基于软件的医疗设备系统开发的新突破。一个新功能的例子是机器人手术领域，需要实时处理高分辨率图像和触觉反馈。

另一个例子是质子治疗处理。它是技术最密集、需要最大规模医疗设备系统的医疗程序之一。为了向癌症患者输送精确剂量的辐射，这种治疗需要将质子束从回旋加速器精确引导到患者，并且必须能够适应患者很轻微的位移。与常规放射治疗相比，高精度的治疗允许施加更大剂量的辐射，并相应地对患者安全提出了更严格的要求。与大多数医疗装置相比，质子束的控制有很严格的时间约束，要求的精度更高。相同的波束作用于患者不同的身体位置，需要从一个位置移动到另一个位置，这就产生了波束调度和应用之间相互干扰的可能性。除了控制质子束，质子治疗软件系统的一个关键的功能是图像的实时处理，图像实时处理可以确定患者的精确位置并检测患者的移动。在文献［Rae03］中，作者分析了质子治疗机的安全性，但是他的分析集中在紧急关闭系统这个单一系统。总之，对这些大型复杂系统进行适当的分析和验证仍然是医疗设备行业面临的最大挑战之一。

即使如起搏器和输液泵这样简单的设备，也有越来越多的软件功能被添加到其中，这使得它们的设备软件更复杂并且容易出错［Jeroeno4］，这进一步证明了软件发展带来新功能的趋势。需要更加严格的方法以确保设备中软件的正常运行。由于这些设备相对简单，所以它们是作为挑战和在实验中开发技术的案例并加以研究的良好选择。其中的一些设备（例如起搏器）可用于学术界研究的挑战性问题［McMaster13］。

1.3.1.2 不断增加的医疗设备间的连接性

除了更大程度地依赖于软件之外，越来越多的医疗设备配有网络接口。互连的医疗设备形成了一个更大规模且复杂的分布式医疗设备系统，必须适当地设计和验证以确保有效性和患者的安全性。目前医疗设备的网络功能主要是监测患者（通过将单个设备局部连接到集成的患者监测器或在远程 ICU［Sapirstein09］设置中进行远程监测）以及连接电子健康记录，以存储患者数据。

如今大多数医疗设备的网络功能有限，倾向于依赖大供应商提供的专有通信协议。然而，越来越多的临床专业人员意识到，不同医疗设备之间的互通性有利于提高患者安全和产生新的医疗策略。医疗设备即插即用（MD PnP）互操作性倡议［Goldman05，MDPNP］是近期的一个研究方向，它旨在为医疗设备间安全和灵活的互连提供标准开放框架，最终目标是改善患者的安全和护理效率。除了开发互操作性标准之外，MD PnP 倡议收集并演示了临床场景中互操作性对现有实践的改进。

1.3.1.3 生理闭环系统

传统上，大多数临床情况都有不止一个护理人员来控制治疗过程。例如，麻醉师在外科手术期间监测患者的镇静状态，决定何时调整镇静剂的流动。这种环路中对人的依赖可能危及患者的安全。护理人员经常过度劳累，在严格的时间范围约束下工作，可能会错过某个关键的警告信号。例如，护士通常一次照顾多个患者，这很难专注。使用自动控制器提供对患者状态的持续监测和对常规情况的处理将缓解护理人员的压力，可能潜在地改善患者护理情况并提升安全性。虽然计算机可能永远不会完全替代护理人员，但是它可以显著减少工作量，只有当异常事情发生时它才会引发护理人员的注意。

基于生理闭环控制的方案已经在医疗器械行业中使用了一段时间。然而，它们的应用主要限于可植入装置，植入式装置可以较好覆盖身体器官，例如用于心脏的起搏器和除颤器。在分布式医疗设备系统中实现闭环场景是一个相对较新的想法，尚未进入主流实践。

1.3.1.4 持续监测和护理

由于医院护理的成本较高，人们对于诸如家庭护理、辅助生活、远程医疗和体育活动监测等替代选择的兴趣日益增加。对生命体征和身体活动的移动监测、家庭监测允许人们随时远程评估健康。并且，一些复杂技术变得越来越流行，例如，基于心率、呼吸速率、血糖水平、压力水平和皮肤温度等生理数据来测量训练的有效性和运动的表现的人体传感器网络。然而，当前大多数系统以存储和转发模式操作，没有实时诊断能力。生理闭环技术将实现实时的诊断和评估生命体征，使得持续护理成为可能。

1.3.2　质量属性以及MCPS领域的挑战

构建MCPS应用程序需要确保以下质量属性，反之，这又提出了更大的挑战。

- *安全*：软件在医疗设备中发挥着越来越重要的作用。传统上以硬件实现的许多功能（包括安全联锁）现在正以软件方式实现。因此，高可信度的软件开发对于确保MCPS的安全性和有效性至关重要。我们主张使用基于模型的开发和分析作为确保MCPS安全的手段。
- *互操作性*：许多现代医疗设备配有网络接口，我们能够通过组合现有设备来构建具有新功能的MCPS。这种系统的关键是互操作性，系统中各个设备可以通过应用部署平台交换信息。由可互操作的医疗设备构建的MCPS必须是安全、有效和保险的，并且最终是可以被认证的。
- *情景感知*：多源患者信息的集成可以更好地体现患者的健康状态，使用组合的数据来实现疾病的早期检测，紧急情况下产生有效的预警。然而，考虑到人类生理学的复杂性和生理参数在患者群体中的多变性，这种计算智能的开发是一项困难的任务。
- *自主*：受基于患者的当前健康状态的治疗方案的驱动，MCPS拥有的计算智能可以应用于增加系统的自主性。这种闭环回路必须是安全有效的。由于人类生理学的复杂性和可变性，在产生的闭环系统中分析自主决策的安全性是主要的挑战。
- *安全和隐私*：MCPS收集和管理的医疗数据非常机密。未经授权访问或篡改可能会以隐私权损失、歧视、虐待和身体伤害等形式对患者造成严重后果。网络连接通过从多个源交换患者数据来实现新的MCPS功能，这增加了系统在安全和隐私侵害方面的脆弱性。
- *认证*：美国国家科学院的一份题为“可靠系统软件：足够的证据”的报告建议采用循证的方法来认证高可信度系统，如使用明确论断、证据和专业知识的MCPS [Jackson07]。MCPS的复杂和注重安全的性质需要一种低成本的方式来展示医疗设备的可靠性。因此，认证既是MCPS最终可行性的基本要求，也是需要解决的重要挑战。保证案例（assurance case）是由一组记录证据支持一个结构化的论证，它提供了令人信服和一致的论证，即系统是否足够安全 [Menon09]。保证案例的概念有望为软件认证提供客观、循证的方法。保证案例正越来越多地用作展示行业安全性的手段，例如在核电、交通和汽车系统等行业，在最近的IEC 62304医疗软件开发标准中也提到这些保证案例。

1.3.3　MCPS 的高可信度开发

医疗器械行业面临的极端市场压力迫使许多公司尽可能地缩短开发周期。在这种情况下找到一个提供高度安全保证的开发过程是一个挑战。基于模型的开发是这种开发过程中的重要部分。本节讨论的案例说明了使用简单医疗设备的高保证度开发过程的步骤。每个步骤可以以多种方式实现。建模、验证和代码生成技术的选择取决于应用程序的复杂性和关键度等因素。该过程本身对于适应各种严格的开发技术是通用的。

1.3.3.1　减少风险

医疗设备中的大多数新功能是基于软件的，并且传统上以硬件实现的许多功能（包括安全联锁）现在已归入软件。因此，高可信度软件开发对于 MCPS 的安全性和有效性非常重要。

图 1-2 描述了高保证度开发相对常规的方法，这种开发过程基于减少风险的注重安全的系统。该过程从识别期望的功能和系统操作相关的风险开始。所选择的功能产生系统功能要求，风险减轻策略产生系统安全要求。功能需求用于构建软件模块的详细行为模型，安全需求转化为这些模型应该满足的属性。模型及其所需属性是基于模型的软件开发的输入，包括核实、代码生成和验证阶段。

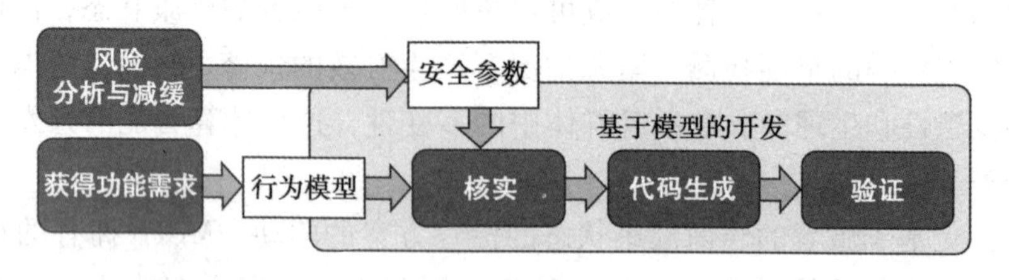

图 1-2　嵌入式软件的高保证度开发过程

基于模型的开发已经成为提高软件系统安全水平的手段。在这种方法中，开发人员从系统的声明性模型开始，对安全性和功能性要求执行严格的模型验证，然后使用系统代码生成技术来导出保留模型验证属性的代码。这样的开发过程允许开发人员检测问题，并在设计周期的早期，在模型级别设计、修复它们，在这时候更改更容易且代价更小。这可以通过验证提高系统的安全性。目前在医疗器械行业中使用的基于模型的技术依赖于半形式化方法，例如 UML 和 Simulink [Becker09]，它们不能使开发人员充分利用基于模型设计的优势。使用正式建模有助于对模型做出数学上的正确结论并生成代码。

1.3.3.2　MCPS 模型驱动开发的挑战

在通过模型驱动实施开发 MCPS 的过程中出现了几个挑战。第一个挑战是为建模工作选择适当的抽象级别。高度抽象的模型使得验证步骤相对容易执行，但是太抽象的模型难以在代码生成过程中使用，因为太多的实现决策必须由代码生成器猜测。相反，一个非常详细的模型使代码生成相对简单，但扩大了可用验证工具的选择限制。

许多建模方法依赖于平台无关和平台相关开发方面的分离。从建模和验证的角度来看，将平台无关的方面与平台相关的方面分离有多个原因。

首先，通过隐藏平台相关的细节来减少了建模和验证的复杂性。例如，设备和传感器之间的交互。对于代码生成，可能需要指定设备从传感器检索数据的细节。与基于中断的机制相比，具有特定采样间隔的采样机制将产生非常不同的代码。然而，在模型中暴露这样的细节增加了模型另一级别的复杂性，这可能将验证时间增加到不可接受的程度。

此外，从特定平台抽象化使我们在不同的目标平台上使用模型。不同的平台可能具有提供相同值的不同种类的传感器。例如空储存量报警器，这已经应用在许多输液泵上了。一些泵可能没有基于该目的的物理传感器，而是简单地基于输液速率和经过时间来估计药物的剩余量。另一些泵可能具有基于管中的注射器位置或压力的传感器。提取这些细节将使我们在不同的泵硬件上实现相同的泵控制代码。同时，这种分离导致实现层面的整合挑战。由平台无关模型生成的代码需要与来自各种目标平台的代码进行集成，这样才能保存平台无关模型的验证属性。

其次，模型和实现之间通常存在语义上的差距。一个系统使用所选择的建模语言提供的形式语义进行建模。然而，一些模型语义可能与实现不匹配。例如，在 UPPAAL 和 Stateflow 中，PCA 泵和环境（例如，用户或泵硬件）之间的交互可以通过使用瞬时信道同步或具有零时间延迟的事件广播来建模。这样的语义简化了对系统的输入和输出的建模，使得建模/验证复杂性降低。然而，这种语义的正确实现在应用级别几乎是不可能的，因为那些动作的执行需要具有非零时延的组件之间的交互。

以下案例研究集中在 PCA 输液泵系统的开发上，并考虑了几种方法来解决这些挑战。

1.3.3.3　案例研究：PCA 输液泵

PCA 输液泵主要用于输送止痛药，可以根据病人的需求对药物输送剂量加以限制。这种输液泵广泛用于术后患者的疼痛控制。然而，如果泵给患者输入过量类罂粟碱药物，患者就可能有呼吸抑制甚至死亡的危险。因此，为了防止药物过量摄入，医疗设备受到严格的安全限制。

FDA 的输液泵改进计划［FDA10a］显示，2005 年至 2009 年，FDA 收到了超过 56 000份有关输液泵使用过程中不良反应的报告。在同一时期，FDA 进行了 87 次输液泵召回，输液泵的主要制造商均受到影响。相关问题的高发生率表明了对更先进技术的迫切需求。

（1）通用 PCA 项目

宾夕法尼亚大学 PRECISE 中心与 FDA 研究人员共同研究了通用 PCA 项目（GPCA），它旨在开发一系列 PCA 输液泵制造商可用的公开指导规范。在项目的第一阶段，已经完成了一系列文档的开发，包括危害分析报告［UPenn-b］、一套安全要求规范［UPenn-a］和 PCA 输液泵系统的参考模型文档［UPenn］。根据这些文件，公司可以基于模型驱动来开发 PCA 输液泵控制器软件。

在实际案例中，我们通过使用模型驱动方法来开发 PCA 泵控制软件，这种模型驱动开发方法始于参考模型和安全需求两部分。文献［Kim11］详细介绍了这一成果。

开发过程遵守图 1-2 中所示的流程。详细步骤如图 1-3 所示。此外，案例研究包括建立一个保证案例，保证案例是一个基于开发过程中收集到的证据的结构化论证，其目标是说明 GPCA 参考实现符合安全要求。1.3.7 节更详细地讨论了保证案例的开发过程。

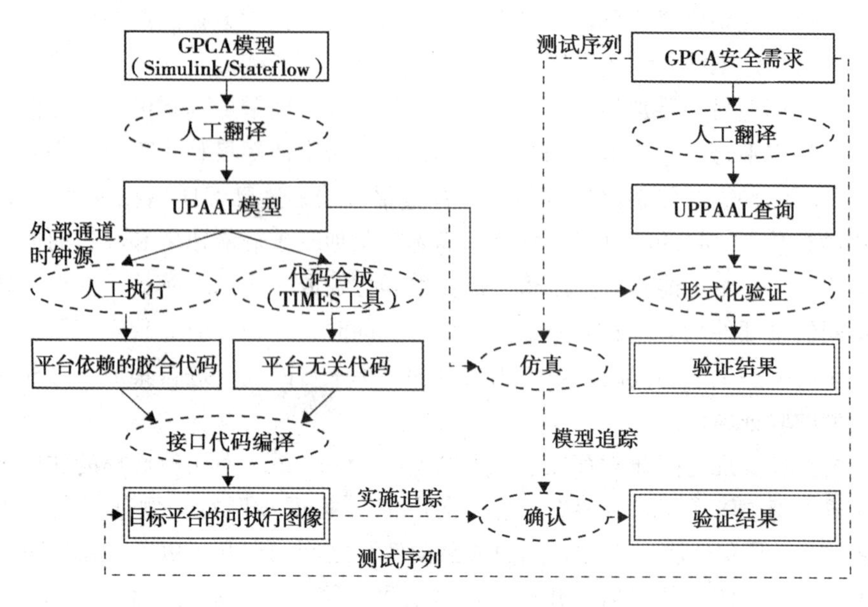

图 1-3　GPCA 原型的模型驱动开发

（2）建模

我们利用 Simulink / Stateflow 来产生 GPCA 泵的参考模型，并把它作为功能性需求的来源，之后通过半手工及系统的翻译方式将其转换成相应的 UPPAAL 内容［Behrmann04］。这个模型结构沿用图 1-4 所示的参考模型整体架构。该软件由两个状态机构组成：状态控制器和预警监测组件。在后续案例研究［Masci13］中考虑了用户接口。两台状态机均与泵平台上的传感器和作动器相互作用。

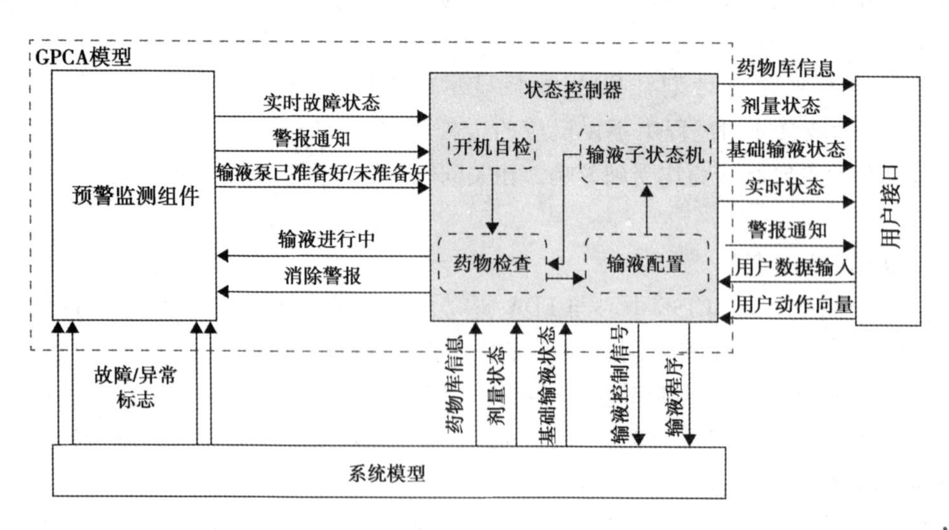

图 1-4　GPCA 模型的系统架构

状态机由一组模式组成，其中每个模式可以作为一个单独的子状态机。具体而言，状态控制器包含四种模式：

- 开机自检（POST）模式是启动时检查系统组件的初始模式。
- 药物检查模式代表一系列检查，护理人员执行这些检查来确保药物已加进输液泵中。
- 输液配置模式代表护理人员和输液泵之间的交互，通过这些交互护理人员可以配置输液泵参数，例如输液速率、输液体积（VTBI），也可以利用药物库中的限制条件来验证它们。
- 输液阶段是泵根据配置和患者剂量需求来控制药物的输送。

（3）模型验证

GPCA的安全需求语句用英语表示为包含“必须”（shall）的陈述句。代表性需求语句为“当输液泵发出警报时，必须不实施正常的剂量”和“如果设备暂停超过t分钟，输液泵必须发出警报”。

在进行验证之前，需要将需求形式化为可以检验的属性。我们可以根据需求的精度和抽象级别对其进行分类：

- A类：需求足够详细，可以形式化和通过模型来验证。
- B类：需求超出模型的范围。
- C类：需求太不精确以至于无法形式化。

只有A类中的需求可以用于验证。97个GPCA需求中只有20个属于这一类。

B类中的大多数要求涉及系统功能方面的问题，这些问题是从建模层面抽象出来的。例如下面这个需求，如果输液泵由于故障而发生暂停，则它必须立即停止，而不是继续完成当前的冲程。同时还存在另一个需求，即在其他类型的警报发生的情况下当前冲程需要完成。因此，情况不同，电机停止方式不同。因为模型没有详细描述输液泵冲程，所以这些需求属于B类。我们可以通过多种方式来处理这一类别中的属性。

一种方式是在模型中引入额外的平台特定细节，但是这会增加模型的复杂性。同时这模糊了平台无关模型和平台特定模型之间的区别，而这种区别在基于模型的开发中是十分有用的。一种替代方法是在基于模型的开发过程之外处理这些需求，例如通过测试来验证它们。在这种情况下，形式化建模的优点就会丢失。

更好的方法是通过进一步分解需求来匹配细节水平。在平台无关级别，我们可能会检查到系统执行两种不同的停止动作来响应不同的报警条件（这是A类需求）。然后，在平台特定的级别，我们可以检测一个停止动作是否对应于电机的立即停止，而另一个停止动作使电机完成当前冲程。

C类需求的一个例子是“低流速下输液不连续性的最小化”，这个需求没有确定什么是低流速和不连续性最小化的程度。这种情况说明在形式化建模过程中特定化需求的缺点。

一旦需求的分类完成，A类中的需求将使用模型检测器进行形式化和验证。在案例研究中，需求转换为UPPAAL查询。UPPAAL中的查询使用定时计算树逻辑（Computation Tree Logic，CTL）时序逻辑的子集，并且可以用UPPAAL模型检测器验证。

（4）代码生成和系统集成

一旦模型验证完成，代码生成工具以属性保留的方式来生成代码。使用UPPAAL时间自动机的 TIMES［Amnell03］就是这样一种工具。由于该模型是平台无关的，所生成的代码也是平台无关的。例如，该模型没有指定实际操作中输液泵与附接到特定目标平台的传感器和作动器进行交互的方式。在模型中，将输入和输出动作（例如，患者的剂量请求或输液泵硬件的阻塞警报）抽象为与环境的输入/输出同步的瞬时转换。在某一特定平台上，底层操作系统调度执行，从而影响其执行时间。

在整合阶段可以采用多种方法来解决这个问题。在文献［Henzinger07］中，提出将更高层次的抽象编程作为对定时方面进行建模和代码生成的方法，这种代码生成可产生独立于特定平台调度算法的代码。然后通过验证时间安全性来执行平台集成，即检查平台无关代码是否可以在特定平台上进行调度。另一种方法是系统地生成一个 I/O 接口，这个接口帮助平台无关和平台依赖代码以可追踪的方式进行集成［Kim12］。从代码生成的角度来看，文献［Lublinerman09］提出了一种方法来为模型的给定复合块生成代码，这种方法独立于上下文并使用最少块的内部信息。

（5）验证实施

除非实际平台的操作完全形式化，否则在验证和代码生成阶段不可避免地会有一些不能保证形式化的假设。验证阶段旨在检查这些假设是否会破坏具体实现。在一些案例中使用从模型派生的测试用例，实验可以系统地运行代码。有关基于模型的测试生成方面存在丰富的文献资料，参见文献［Dias07］在该领域的研究。这种基于测试验证的目标是系统性地检测整个系统行为与验证模型行为之间的偏差。

1.3.4　按需医疗设备及其安全保障

按需医疗系统是安全关键系统的新范例：系统最终由用户而不是制造商组装。对这些系统的安全评估是目前很活跃的研究领域。本节中描述的项目是了解与此类系统相关的工程和管理挑战的第一步。这些系统的成功和安全不仅取决于新的工程技术，还将取决于新的管控方法和行业成员采用互操作性标准的意愿。

1.3.4.1　设备协调

以前医疗设备被单独地使用来治疗患者。为了提供复杂的治疗，护理人员（即医生和护士）必须手动地协调各种医疗装置。这给护理人员增加了负担，且容易引发错误和事故。

1.2 节中提到的 X 射线机与呼吸机之间的协调就是目前实际应用中人工协调的例子，另一个例子是用激光手术刀来进行气管或喉手术。在这种类型的手术中，患者全身麻醉，外科医生使用高强度激光切割喉咙。由于患者处于麻醉状态，患者的呼吸由向患者提供高浓度氧气的麻醉呼吸机来支持。如果医生意外地用激光切到了呼吸管，高浓度的氧气会剧烈地燃烧，患者就会被点燃。为了降低这种危险，医生和麻醉师需要不断地沟通：当医生需要切的时候，医生向麻醉师发信号，麻醉师减少或停止给患者供应氧气，如果患者的氧气水平太低，麻醉师通知医生停止切以便再次供应氧气。

如果医疗设备可以协调它们的行动，那么外科医生和麻醉师就不必花费精力来确保医疗设备活动的安全同步。患者也不必面临潜在的人为失误。

其他的临床场景也可能会受益于这种自动化医疗设备协调机制。这些情景涉及设备同步、数据融合、闭环控制。激光手术刀与呼吸机安全互锁集中体现为设备同步，每个设备必须处于相对其他设备正确的状态。在数据融合中，将来自多个单独设备的生理数据作为一个整体。这种应用示例包括智能警报和临床决策支持系统（见1.3.5节）。最后，通过从感知患者生理状态的装置收集数据，然后使用这些数据来控制作动器（例如输液泵），从而实现治疗的闭环控制（见1.3.6节）。

1.3.4.2　定义：虚拟医疗设备

本小节将阐明虚拟医疗设备的概念，并阐述它作为新的实体的原因。关于多个医疗设备共同工作来解决特定临床场景的问题，这些设备组成的集合本质上是一种新的医疗设备。由于没有一家制造商生产这种设备并将其组合好给临床医生，所以这种集合称为虚拟医疗设备（VMD）。在病床边进行组装之前，VMD是不存在的。每当临床医生组装一系列特定设备组并将它们连接在一起时，就创建了一个VMD实例。

1.3.4.3　标准与规定

为实现医疗设备的互连性和互操作性，学术界已经设计出了一些标准。这些标准包括：Health Level 7标准［Dolin06］、IEEE-11073［Clarke07，ISO/IEEE11073］和IHE简介［Carr03］。虽然这些标准使得医疗设备能够相互交换和解释数据，但不能充分解决医疗设备间更复杂的交互，例如激光手术刀和呼吸机组合所需的设备间协调和控制。VMD的概念提出了一个根本性问题：如何确保用户组装系统的安全性？传统上，绝大多数注重安全的信息物理系统，如飞机、核电厂和医疗设备，在使用之前，监管机构都对其进行过安全评估。

安全评估中最先进的技术是考虑整个系统。因为完整的系统是由单个系统集成商制造的，所以考虑整个系统是可能的。相比之下，虚拟医疗设备根据单个患者的需求和可用设备在具体医疗场景里构造。护理人员可以通过医疗设备（即制造、型号、特征集方面不同）的组合来实例化一个VMD，人们之前可能从未将这些设备组合成用于该特定临床场景的综合系统。最后，VMD的“按需”实例化会影响目前可用的医疗设备的管理方式。对于VMD，监管机构并没有达成共识。监管机构是否授权给出具体标准？监管机构是否需要采用组件式认证制度？如果存在第三方认证机构，它们将扮演什么样的角色？

1.3.4.4　案例研究

按需医疗系统的安全评估一直是一些研究项目的重点。这些项目探索了按需医疗系统的方方面面，例如安全性和可能的监管机制。医疗设备即插即用项目阐述了对按需医疗系统的需求，并记录了可用的医疗场景，还开发了综合临床环境（Integrated Clinical Environment，ICE）架构，这个架构已经被编成ASTM标准（ASTM F2761-2009）［ASTM09］。ICE提出应对工程和监管方面挑战的方法：通过围绕支持组合认证的系统架构来构建医疗系统。在这样的架构下，每个医疗系统将由各种组件（临床应用、医疗应用平台和医疗设备）组成，这些组件将被监管、认证，然后医疗机构可以单独购买它们［Hatcliff12］。

(1) 综合临床环境

图 1-5 显示了综合临床环境（ICE）架构的主要组成部分。本案例研究总结了这些组件的预期功能和目标。由于这个案例完全符合架构标准，ASTM F2761-2009 不对这些组件提供详细的要求，架构中每个组件的作用包含着某些非正式的需求。

- *应用程序*：应用程序是为特定临床场景（如智能报警、设备闭环控制）提供协调算法的软件程序。除了可执行代码，这些应用程序还包含设备要求声明，也就是医疗设备正确操作的描述。这些应用程序在市场销售之前将根据其需求进行核实和验证。
- *设备*：ICE 架构中的医疗设备将实现互操作性标准并携带一种自描述模型，这种模型称为能力规范。在销售给用户之前，认证每个医疗设备来表明它符合规范。
- *监管部分*：监管部分为临床应用提供安全的隔离内核和虚拟机（VM）执行环境。它将负责确保应用程序在数据和时间上相互分离。
- *网络控制器*：网络控制器是生理信号数据流和设备控制消息的主要传输渠道。网络控制器负责维护所连接设备的列表并保证在时间和数据流数据分割方面适当的服务质量，以及设备认证和数据加密相关的安全服务。
- ICE *接口描述语言*：描述语言是符合 ICE 标准的设备将其功能导出到网络控制器的主要的机制。这些功能包括设备上存有哪些传感器和作动器，以及它支持哪些命令集。

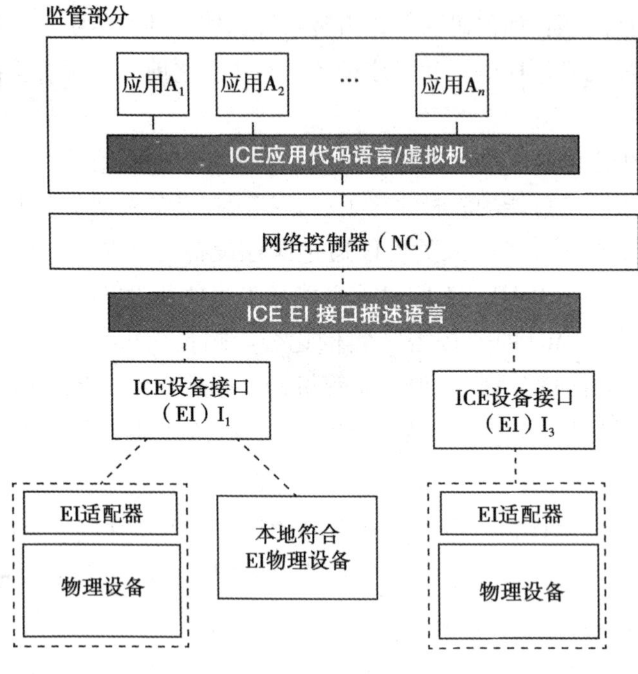

图 1-5　ICE 架构

(2) 医疗设备协调框架

医疗设备协调框架（Medical Device Coordination Framework，MDCF）[King09，MDCF] 是一个开源项目，它旨在提供符合 ICE 标准的医疗应用平台的软件实现。模块化框架使研究人员能够快速构建系统原型，探索与按需医疗系统相关的实施和工程问题。

MDCF是共同提供特定功能的服务集合，这些功能是ICE作为医疗应用平台必需具备的。这些服务也可以沿着ICE架构边界进行分解（如图1-6所示）；也就是说，MDCF由网络控制器服务、监管服务和全局资源管理服务组成。

网络控制器服务如下。

- *消息总线*：将低层网络实现（例如TCP/IP）抽象出来，并提供发布/订阅消息服务。医疗设备与MDCF之间的通信都通过消息总线，包括协议控制消息、患者生理数据交换以及从应用程序发送命令到设备。消息总线还提供基本的实时性保证（例如，有界的端到端消息传输延迟），那些应用程序可以将此作为假设条件。此外，消息总线支持各种细粒度的消息和流的访问控制和隔离策略。虽然当前实现的消息总线使用XML对消息进行编码，实际的编码策略通过消息总线API从应用和设备中抽象出来，这样把消息作为结构化对象显示在内存中。
- *设备管理器*：维护当前所有与MDCF连接的医疗设备的注册表。设备管理器实现MDCF设备连接协议的服务器端（医疗设备实现客户端），并跟踪这些设备的连接性，如果设备意外脱机，通知适当的应用程序。设备管理器还具有另外一个重要作用：它通过确定连接设备是否具有有效的证书来验证连接设备的可信赖性。
- *设备数据库*：维护已被批准使用的特定医疗设备的清单。数据库还列出了每个设备的唯一标识符（例如，以太网MAC地址）、设备的制造商以及设备管理器将用于对连接设备进行认证的安全密钥或证书。
- *数据记录器*：监听消息总线上移动的消息流，并选择性地记录它们。记录器可以配置一个策略，这个策略指定记录哪些消息。由于消息总线承载系统中的任何消息，我们可以将记录器配置为记录通过MDCF传播的任何消息或事件。日志必须是防篡改和记录篡改的；记录器必须记录对日志的访问，并由安全策略进行物理和电子控制。

监管服务如下。

- *应用程序管理器*：为要执行的应用程序提供虚拟机。除了简单地执行程序代码之外，应用程序管理器还会检查MDCF是否能够在运行时确保应用程序的需求，并提供资源和数据隔离以及访问控制和其他安全服务。如果应用程序需要某种医疗设备、通信延迟或应用程序的任务响应时间，但是MDCF当前无法做出这些保证（例如，由于系统负载或医疗设备未连接），应用程序管理器不会让临床医生启动相关应用程序。如果资源可用，应用程序管理器将保留这些资源，以保证应用程序所需的性能。因为各个应用程序是隔离的，并且可能不知道与给定患者相关联的其他应用程序，应用程序管理器还可以进一步检测并标记潜在有意义的医疗应用程序交互。
- *应用程序数据库*：存储安装在MDCF中的应用程序。每个应用程序都包含可执行代码和需求元数据，应用程序管理器根据其来为应用程序运行分配合适的资源。

- 临床医生服务：为临床医生控制台 GUI 提供界面，以检查系统的状态、启动应用程序和显示应用程序 GUI 元素。由于该界面作为服务使用，因此临床医生控制台可以在运行监管服务的本地机器上（在同一机器上）运行，或者可以远程运行（例如，在护士站）。
- 管理员服务：提供管理员控制台的界面。系统管理员可以使用管理员的控制台来安装新的应用程序、删除应用程序、将设备添加到设备数据库并监测系统的性能。

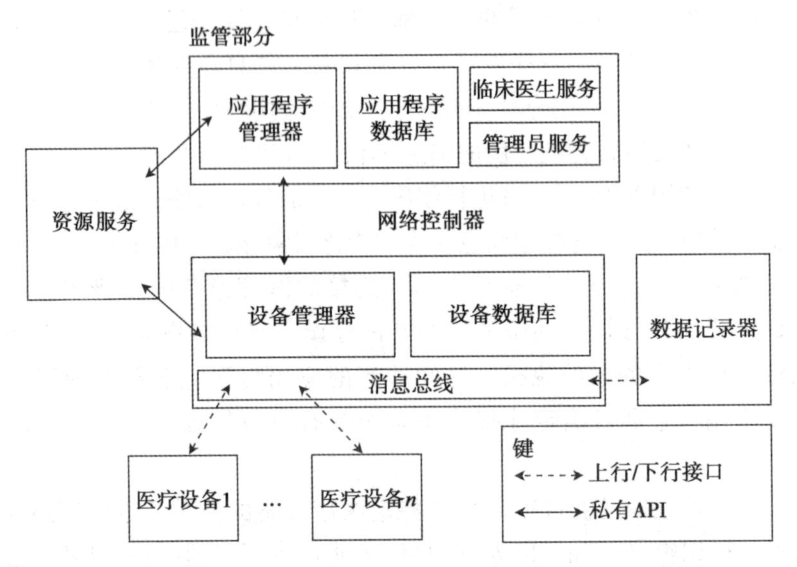

图 1-6 沿着 ICE 架构边界进行分解的 MDCF 服务

1.3.5 智能报警以及医疗决策支持系统

基本上，临床决策支持（CDS）系统是一种特殊形式的 MCPS，它的物理驱动受可视化的限制。它将多个数据流作为输入，如生命体征、实验室测试值和患者病史；然后对这些输入进行某种形式的分析，将该分析的结果输出给临床医生。智能报警是决策支持系统中最简单的形式，它分析多个数据流来为临床医生产生警报。更复杂的系统可以使用趋势、信号分析、在线统计分析或先前构建的患者模型，并且可以使细节可视化。

随着更多的医疗设备能够记录持续的生命体征，医疗系统互操作性越来越多，CDS 系统将演变成临床医生处理、解释和分析患者数据的重要工具。虽然 CDS 系统在临床环境中的广泛应用还面临一些挑战，但目前有关工作有望发现其临床实用性，并为克服这些挑战提供动力。

1.3.5.1 有噪声的重症监护环境

医院重症监护病房（ICU）利用一系列的医疗设备来对病人进行护理。这些医疗设备包括检测体内各种物理和化学信号强度的传感器。这些传感器使临床医生（医生、护士和其他临床护理人员）可以更好地了解患者的状态。传感器包括自动血压袖带、温度计、心率监测器、脉搏血氧仪、脑电图仪、自动血糖仪、心电图仪等。这些传感器的技术从简单到复杂不一而足。在传统技术基础上，数字技术使新的传感器在临床应用范围内开发和评估。

这些医疗设备绝大多数都是相互隔离的，读取特定的信号，并将该信号的结果输出到某种可视化设备，这样临床医生就可以访问这些信号。为方便使用，一些设备将数据流传输到集中的可视化系统（如床头监护仪或护理站［Phillips10，Harris13］）。但每个信号仍然独立显示，之后由临床医生通过整合信息来确定患者的实际状况。

这些设备的绝大部分可为临床医生提供患者状况恶化的警报。目前，大多数传感器只能配置阈值警报，当所测量的特定人体特征超过预定义的阈值时激活。虽然阈值警报可以及时发现紧急状态，但它们已被证明是不科学的［Lynn11］，具有很高的误报率［Clinical07］，这是由于它常被不重要的随机波动引发，这些波动可能来源于患者的生命体征或由外部刺激引起的噪音。例如，患者移动可能导致传感器移动、被压或脱落。这种装置产生的大量错误警报会导致警报疲劳，即对这些警报不再敏感，这会导致临床医生忽视这些警报［Commission13］。为了减少虚假警报的数量，临床医生可能重新调整显示器上的设置或完全关闭报警［Edworthy06］。这两种行为都可能导致错过真实警报而降低护理质量［Clinical07，Donchin02，Imhoff06］。

研究者已经做了很多工作来减少报警疲劳。这些策略通常侧重于改进工作流程，建立适当的患者个性化阈值，以及识别与临床无关的警报［Clifford09，EBMWG92，Oberli99，Shortliffe79］。然而，相互隔离的阈值警报不能通过充分捕获患者状态的细微差别来消除假警报。这些报警器只是向临床医生提供一些阈值被超过的事实；它们不能提供关于患者当前状态的任何生理或诊断信息，而这些信息可能有助于揭示患者病痛的潜在原因。

临床医生常通过多种生命体征来了解患者状况。例如，低心率（心动过缓）可能是正常和健康的。如果低血压与异常血压或低血氧水平同时发生，这种情况就需要额外注意。因此，开发一种在警报之前考虑多种生命体征的智能报警系统是有必要的。这样可以减少误报，提高报警精度，减少报警疲劳，从而改善护理。

这样的智能报警系统是CDS系统的简单版本［Garg05］。临床决策支持系统将多种来源的患者信息与预存的健康知识相结合，可以帮助临床医生作出更明智的决策。设计良好的CDS系统可以显著改善患者护理，这不仅仅是通过减少报警疲劳，而是通过使临床医生更充分利用数据来评估患者状态。

1.3.5.2　核心功能难点

因为CDS系统是MCPS的具体形式，所以CDS系统的开发需要满足CPS开发的核心功能。没有这些功能，CDS系统开发实际上是不能完成的。CDS系统未能广泛应用反映了在医院环境中建立这些功能遇到了困难。

最基本的功能之一就是实现设备互操作。即使是最简单的CDS系统（如智能报警系统）也必须获得对实时生命体征数据的访问权限，这些数据由连接着患者的不同医疗装置收集。要获取这些数据，收集生命体征的设备必须能够互操作，如果不能互操作，那么需要与中央数据库互操作。在这个库中，可以实现收集数据、时间同步、分析和可视化。

过去，实现医疗设备的互操作性是一个主要障碍。随着成本的增加，管理的难度呈指数级增长，销售一套具有有限互操作性的设备的潜在成本也随之增加，设备制造商目前几乎没有动力去增加设备的互操作性。开发用于设备通信的互操作平台将可以使MCPS从设备中得到实时医疗信息。

其他的挑战也是存在的。例如，CPS 的安全性和有效性依赖于诸如网络可靠性、消息传递的实时性保障等因素。由于目前医院系统中的网络通常是 ad hoc，复杂度高，并且已建立了数十年，所以可靠性低。

另一个挑战与数据存储有关。为了达到较高的精度，CDS 系统计算智能的参数必须经常使用大量回溯数据进行调整。因此大数据处理是 CDS 系统发展的重要组成部分。解决这个问题将需要医院认识到主动捕获和存储患者数据的价值，同时医院要把开发存储和访问数据的专业基础设施作为日常工作流程的一部分。

CDS 系统需要一定程度的情景感知计算智能。来自多个医疗设备的信息必须经过提取和过滤，之后与患者模型一起使用，这可以创建患者的情境感知临床图像。有三种主要的方式可以实现情景感知的计算智能：将医院指导方案编程、捕获临床医生的心理模型和创建基于机器学习的医学数据模型。

虽然大多数医院指导方案可以编为一系列简单规则的程序，但它们通常是模糊的或不完整的。虽然它们是有用的，但是这些指导方案通常难以实现情景感知的计算智能。收集临床医生的心理模型需要与大量临床医生进行面谈，了解其决策过程，然后根据谈话中收集到的知识人工写算法。这个过程可能很费力，临床医生的想法在软件中可能很难量化，并且很难在不同临床医生的心理模型间进行调和。使用机器学习创建模型通常是最简单的方法。然而，训练这些模型需要大量的患者数据和明确的结果标签，这两者都很难获得。即使可以得到这些数据集，它们经常被证明是有噪声的，有许多缺失值。选择一个合适的机器学习算法也是困难的。虽然算法透明度是一个很好的指标（它使临床医生能够了解潜在过程，并避免不透明的黑盒算法），但是没有一种机器学习算法适合所有场景。

1.3.5.3 案例研究：CABG 患者智能报警系统

经历过冠状动脉旁路移植术（Coronary Artery Bypass Graft，CABG）手术的患者生理状况存在一定风险，所以常规做法是连续监测其生命体征。人们希望通过检测生理变化来让医护人员及时干预并预防手术并发症。如前所述，连续生命体征监测器通常只配备简单的阈值报警，再加上患者手术后状态变化较快，这可能导致大量的虚假警报。例如，当 ICU 中的患者坐在床上时，连接着脉搏血氧仪的手指传感器常常会脱落，再者护理环境中人造灯光的变化也会导致错误的读数。

为了减少错误的警报，人们开发了一种智能报警系统，这个系统结合了在外科 ICU（SICU）中收集的四种主要生理特征：血压（BP）、心率（HR）、呼吸频率（RR）和血液氧饱和度（SpO_2）。通过采访 ICU 护士们，他们确定了将生理特征划分为若干有序集合的范围（例如用“低”、“正常”、“高” 和 “非常高” 来划分，将大于 107mm Hg 的血压分类为“高”）。以这种方式来划分生理特征有利于针对每个患者的基本生理特征建立一套规则集。对特殊患者（例如静息心率非常低的患者），划分标准可以在不重写整个规则集的基础上进行更改。

之后，与护士一起制定了一套规则，这些规则可以识别哪种生理特征状态的组合需要引起注意。智能警报器监测患者的四个生理特征，之后根据生理特征所属的集合对其进行分类，并在规则表中搜索相应级别进行输出。为了处理数据丢失（由于网络或传感器故障），在生理特征信号持续下降期间，一个生理特征快速降低为零，我们保守地将这个生理特征信号分类为“低”。

这种智能警报系统可以避免 CDS 系统在临床环境中所面临的很多挑战。所采用的那套生理特征集的数据是很有限的，它只包括由同一医疗设备常规收集和同步的信息。智能报警系统的“智能”是指基于临床医生心理模型的简单规则表，它不需要大量后期数据进行校准，它是透明的并且对临床医生来说是易于理解的。虽然网络可靠性是在 ICU 中运行的系统需要注意的关键问题，但是万一发生短暂的故障，缺失值分类为“低”这种方法提供了保守的退路。此外，在实时中间件产品上运行系统必须提供必要的数据传输保证，这样才能确保系统的安全性。

为了评估该系统的性能，他们观察了 27 名患者，这些患者在 CABG 手术后立即在 ICU 中进行疗养。在这 27 例患者中，将 9 例患者在观察期间产生的必要生理特征信息样本存储在医院 IT 系统中。他们观察每个患者 26 至 127 分钟，共观察 751 分钟。为了将监控器警报与 CABG 智能报警的性能器进行比较，这些患者每分钟的生理特征样本都从 UPHS 数据存储中检索（观察之后）。智能警报算法应用于检索到的数据流，如果患者床边的智能警报激活，智能警报将产生这些行为轨迹输出。由于患者病情恶化的速率相对较慢以及护理人员的预期响应时间较长，如果报警发生在干预行为后的 10 分钟内，一个干预警报就会被智能警报覆盖掉。

总的来说，智能报警系统产生的报警较少。在研究期间，智能报警器被激活的时间占标准监视器警报被激活时间的 55%，在观察期间的 10 次干预措施中 9 个被智能报警器覆盖。重要警报之所以被认为是“重要的”，不是由于观察到生理特征的绝对值，而是由于其趋势。该智能警报系统的改进版本将包括关于每个生命体征趋势的规则。

1.3.6　闭环系统

鉴于医疗设备旨在控制人体中的特定生理过程，它们可以看作装置和患者之间的闭环。在本节中，我们从这个角度探讨临床场景。

1.3.6.1　智能水平较高

临床场景可以看作一个控制循环：患者是被控对象，控制器从传感器收集信息（例如床边监护仪），并将配置命令发送到作动器（例如输液泵）[Lee12]，传统情况下，护理人员作为控制器。这个角色给他们带来了显著的决策负担，因为一个护理人员通常需要照顾多个病人，但只能低频率地检查每个病人。持续监测是一个活跃的研究领域[Maddox08]，凭借它，病人的病情可以处于连续的监视下。为了进一步提高患者的安全性，系统对患者状况的变化应该持续作出反应。

上一节讨论的智能报警系统和决策支持系统有助于整合和解释临床信息，帮助护理人员更有效地做出决策。闭环系统旨在实现更高水平的智能化：在这样的系统中，基于软件的控制器自动收集和解释生理数据，并控制治疗装置。许多注重安全的系统使用自动控制器——例如飞机中的自动驾驶仪和车辆中的自适应巡航控制。在患者护理中，当患者的状况在预定义的操作范围内时，控制器可以连续地监视患者的状态并自动重新配置作动器。如果患者的状态开始脱离安全范围，它将报警并将控制权移交给护理人员。这种生理闭环系统可以承担部分护理人员的工作量，使他们能够更好地专注于处理关键事件，从而达到提高患者安全的目的。此外，软件控制器可以运行先进的决策算法（例如，血糖调节中的模型预测控制［Hovorka04］），但对于护理人员来说这些算法的计算太过复杂，这些算法可以进一步提高患者护理的安全性和有效性。

医疗应用中已经引入闭环控制的概念。例如，包含心律转复除颤器在内的可植入装置和其他特殊用途的独立装置。生理闭环系统也可以通过将多个现有设备（如输液泵和生命体征监测器）联网来构建。联网生理闭环系统可以建模为 VMD。

1.3.6.2 闭环系统的危害

网络闭环设置引入了可能危及患者安全的新危害。这些危害需要通过系统方式来识别和缓解。尤其，闭环 MCPS 对安全工程提出了几个独特的挑战。

首先，对象（即病人）是非常复杂的系统，通常表现出显著的可变性和不确定性。生理建模已经是生物医学工程师和医学专家长达十年的挑战，该领域仍然处于科学的前沿。与诸如机械工程或电子电路设计的其他工程学科不同，这些学科中高保真第一性原理模型通常直接适用于理论控制器设计，然而生理模型通常是非线性的，并且包含高度独立、时变、根据现有的技术不易识别的参数。这对控制设计和系统级安全推理造成了重大的负担。

其次，在闭环医疗设备系统中，在患者的连续生理学与控制软件、网络的离散行为之间常发生复杂的相互作用。由于大多数闭环系统需要用户（护理者或患者本身）的监督，所以在安全论证中必须考虑到人的行为。

再者，控制回路受到传感器、作动器和通信网络的不确定性的影响。例如，一些身体传感器对患者运动非常敏感，生命体征监测器可能会由于手指夹而引起错误的读数，并且由于技术限制，一些生物传感器即使在正确使用时（如，连续葡萄糖监测仪）也有不可忽视的误差［Ginsberg09］。网络行为也对患者的安全性产生了重大影响：如果携带关键控制指令的数据包在网络传播时丢失，那么作动器可能会对患者造成伤害。

1.3.6.3 案例研究：闭环 PCA 输液泵

系统地解决闭环系统所面临挑战的一种方法是采用类似于 1.3.3 节所述的基于模型的方法。这项工作内容涉及将基于危险识别和缓解的高可信度方法从个别设备扩展到由设备和患者集合组成的系统。

本节简要介绍了在 PCA 输液泵的疼痛控制方面使用生理闭环的案例，这在 1.3.3.3 节也有所介绍。使用 PCA 泵进行疼痛控制产生的最大安全问题是过量使用类罂粟碱镇痛剂，这可能导致呼吸衰竭。PCA 泵内置的现有安全机制包括推注量的限制以及连续推注剂量之间的最小时间间隔，这在注射开始之前由护理人员通过程序设定。此外，护理手册规定护士应该对患者状况进行定期检查，但是这些机制被认为不足以涵盖所有可能的情况［Nuckols08］。

有案例研究［Pajic12］提出了 PCA 输液泵的安全联锁设计，如 1.3.4 节所述的按需 MCPS 所示。脉搏血氧仪连续监测心率和血氧饱和度。控制器从脉搏血氧仪接收测量值，如果 HR/SpO_2 读数显示呼吸活动急剧降低，控制器可能停止 PCA 输液，从而防止过量输入。

该系统的安全需求基于两个传感器报告的患者状态空间中的两个区域，如图 1-7 所示。关键区域对患者构成迫在眉睫的危险，必须始终避免；报警区域不是即刻危险的，而是应该引起临床注意。

一旦患者状态进入警报区域，安全联锁控制策略可立即停止输液。将警报区域定义得足够大，患者进入区域之前就可以停止泵。但是，如果该区域太大，就会产生误报，误报会不必要地降低疼痛控制的有效性。寻找适当的平衡和确定两个区域的确切边界超出了案例研究的范围。

案例研究的目的是验证闭环系统满足其患者需求。为了实现这一目标，我们需要输液泵、脉搏血氧仪、控制算法和患者的生理学之间的模型。

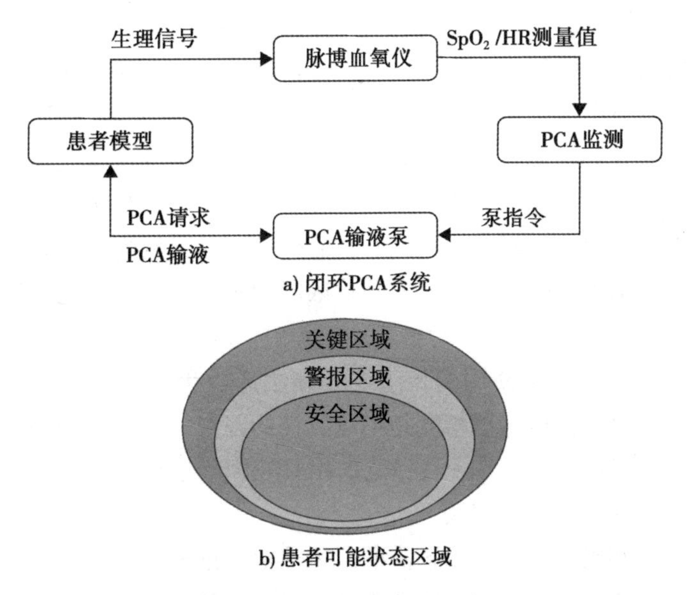

a) 闭环PCA系统

b) 患者可能状态区域

图 1-7　PCA 安全联锁设计

在这种情况下，患者建模是关键的。建模应该考虑生理学的药物代谢动力学和药效学方面［Mazoit07］。药物代谢动力学指明患者的内部状态如何受输注速率的影响，其中患者内部状态是以血液中药物浓度为代表的。药效学指明患者的内部状态如何影响模型的可观察输出，即药物浓度与由脉搏血氧仪测量的氧饱和度水平之间的关系。案例研究中采用的概念验证方法依赖于文献［Bequette03］的简化药物代谢动力学模型。为了使模型适用于多样化的患者群体，将模型的参数设为范围而不是固定值。为了避免药效学的复杂性，假定药物浓度与患者生命体征之间的关系是线性的。

验证工作集中于控制回路的时间安排。患者进入警报区域后，控制器需要时间检测危险并对其做出反应。在获取传感器读数、将脉搏血氧仪读数传送到控制器、计算控制信号、将信号传送到泵并最终停止泵发动机方面存在延迟。为确保验证结果的可信度，使用患者模型的连续动态特性来推导 t_{crit}，即在患者模型中所有参数值组合的最小时间，也就是从患者状态进入警戒区域时到进入临界区域的那一刻之间的时间。通过这种方法，验证就可以从连续动态中抽象出来，大大简化了问题。使用系统中组件的时序模型，可以验证停止泵所需的时间总是小于 t_{crit}。

1.3.6.4　其他挑战因素

PCA 系统是闭环医疗设备中一个相对简单但有用的案例。相比之下，其他类型的闭环系统由于其功能和要求而需要引入新的工程挑战。例如，糖尿病患者的血糖控制已经得到了工程界和临床界的关注，他们提出了闭环或半闭环系统的各种概念［Cobelli09，Hovorka04，Kovatchev09］。与 PCA 系统相比，闭环葡萄糖控制系统更复杂，并提供了许多新研究的机会。

PCA 系统的故障安全模式与临床目标密切相关：过度投药是关注的主要问题。尽管 PCA 停止时患者可能会感到更多的疼痛，但至少在合理的持续时间内，停止输注被认为是安全的。在其他临床场景中，这种故障安全模式可能不存在。例如，在葡萄糖控制系统中，目标是将葡萄糖水平保持在指定范围内。在这种情况下，停止胰岛素泵默认是不安全的措施，因为较高的血糖水平是有害的。

PCA 系统中的安全标准通过描述患者模型的状态空间中的区域（例如在先前的案例研究中的关键区域）来定义。然后当患者生命体征流超过阈值则检测到安全违规。这种基于阈值的规则通常是简化的。生理系统具有一定的弹性，健康风险与生理变量之间的真正关系尚未被完全探明。暴露时间也很重要：药物浓度的短暂上升可能比持续更长时间间隔的较低浓度的危害更小。

脉搏血氧仪（PCA 系统中使用的传感器）在临床医生决策时考虑的范围内是相对准确的。在其他一些情况下，传感器精度是不可忽视的因素。例如，葡萄糖传感器的相对误差可以高达 15%［Ginsberg09］；鉴于目标范围相对较窄，这种误差可能会严重影响系统运行，必须明确考虑到安全方面的问题。

即使传感器完全准确，也是难以预测的。虽然血氧饱和度可用于检测呼吸衰竭，但是在对患者的伤害已经造成之后，该值可能直到相对较晚的时间点才会下降。二氧化碳监测数据是用来测量患者呼出的二氧化碳水平，它可以更迅速检测出问题，但与脉搏血氧饱和度相比，该技术更昂贵并涉及创伤技术（invasive technology）。这个例子指出：将更准确的药效学数据包括在患者模型中可以解释检测延迟。

闭环医疗系统的另一个重要因素是用户行为。在 PCA 系统中，用户行为相对简单：临床医生在出现某些情况时会收到通知，大部分时间不需要介入控制回路的操作。然而，在其他具有更复杂要求的应用中，用户可能要求在控制中负担更多的动手功能。例如，在葡萄糖控制应用中，当葡萄糖水平显著超出范围时，用户将需要收回控制权限；即使当自动控制器正在运行时，用户可以由于各种原因（例如，患者对于大剂量的胰岛素感到不舒服）来拒绝某些控制动作。这种更复杂的用户交互模式为基于模型的认证和验证工作带来了新的挑战。

1.3.7　安全案例

最近，安全案例（safety case）已成为系统参与者之间传达关于注重安全的系统想法的可接受方式。在医疗设备领域，FDA 发布了医用输液泵制造商指导草案，草案显示他们应提供其上市前提交的安全案例［FDA10］。在本节中，我们简要介绍安全案例的概念和用于描述安全案例的符号。我们将讨论三个方面，即促进安全案例构建、证明存在对安全论据（safety argument）和引证充分信任的理由、为安全评估法规和认证提供框架，它们的实施可使安全案例实际有效。

安全案例模式可以帮助设备制造商和监管机构更有效地构建和审查安全案例，同时提高可信度，缩短 FDA 批准设备应用程序的时间。在设备中可信的定性推理被认为比定量推理更符合安全案例中的遗传主体性。安全性和置信度之间的分离减少了核心安全性论证的规模。因此，这种结构被认为有助于开发和审查安全案例的过程。在文献［Ayoub13，Cyra08，Kelly07］中显示，建立的可信论证应该应用于保证论据（assurance argument）的评估过程。

鉴于安全案例的主观性质，审查方法无法取代人工审查者。相反，它们形成了通过评估过程引导安全案例审查者的框架。因此，安全案例审查过程的结果总是主观的。

1.3.7.1　安全保证案例

医疗系统的安全性受到公众的广泛关注，其中值得关注的一点是这样的系统必须遵守政府规定或得到发证机构的认证［Isaksen97］。例如，在美国销售的医疗设备由 FDA 监管。在接受 FDA 批准之前，这些医疗设备（例如输液泵）不能商业化流通。需要与一系列参与者（例如，医疗器械制造商、监管机构）沟通、审查和辩论系统的可信赖性。

可以使用保证案例证明医疗器械系统的充分性。保证案例是一种用证据主体来证明论断正当性的方法。解决安全问题的一个保证案例称为*安全案例*。一个安全保证案例提供了一个由一系列证据支持的论证，即一个系统在给定的情景中使用时可以认为它是安全的［Menon09］。许多欧洲工业部门（例如，飞机、火车、核电）目前已经接受了安全案例的概念。在美国，FDA 最近发布了指导草案，指出医用输液泵制造商应在上市前提供安全案例［FDA10］。因此，输液泵制造商不仅希望实现安全，而且还要通过提交的安全案例来说服监管机构相信安全已被实现［Ye05］。制造商的角色是制定和向监管机构提交安全案例来显示其产品在预期的情况下是可接受地安全地运行的［Kelly98］，监管者的角色是评估提交的安全案例并确保系统真正安全。

安全案例的组织和呈现可采用许多不同的方法。目标结构符号（Goal Structuring Notation，GSN）是一种已证明对构建安全案例有用的表示技术［Kelly04］。GSN 是在约克大学开发的图形化论证符号。GSN 图包括代表目标（goal）、论证策略（argument strategy）、环境（context）、假设（assumption）、论证依据（justification）和证据（evidence）。GSN 中所有目标结构其主要目的是显示有效和可信的论据如何支持目标（也就是用矩形文本表示的系统论断）的。为此，目标通过隐含或明确的策略逐步分解为子目标。平行四边形文本框表示的策略明确定义目标如何分解为子目标。这种分解持续到论断可以被现有证据直接支持，圆形文本框表示解决方案。假设/论证依据定义了分解方法的基本原理，用椭圆表示。目标的上下文用圆边矩形表示。

另一种流行的表示技术称为 Claim-Arguments-Evidence（CAE）符号［Adelard13］。虽然这种符号的标准化程度不及 GSN，但它与 GSN 具有相同的元素类型。它们之间主要区别在于策略元素被替换为参数元素。这里，我们使用 GSN 符号来表示安全案例。

1.3.7.2　论证依据和可信度

安全案例开发的目标是为设计和工程决策提供合理的理由，给参与者（例如，制造商和监管机构）对这些设计决策（在系统行为的背景下）灌输信心。采用保证案例必然需要适当的审查机制。这些机制解决了保证案例的主要方面——即建立、信任和审查保证案例。

保证案例的三个方面都带来了挑战。解决这些挑战才能使安全案例在实际上是有用的。

- *建立保证案例*：六步法［Kelly98a］是广泛使用的系统构建安全案例的方法。遵循六步法或其他方法并不能必然防止安全案例开发人员产生一些常见错误，例如从论断跳到证据。即便如此，在安全案例中得到成功的（即令人信服的、合理的）论证并重新利用它们构建新的安全案例，也可以最大限度地减少在安全案例开发过程中可能犯的错误。对论证可重用性的需求激发了安全案例结构中模式概念的使用（模式是指用作原型的模型或原件）。预定义的模式通常可以为新的安全案例开发提供灵感或起点。使用模式也有助于提高安全案例的成熟度和完整性。因此，模式可以帮助医疗设备制造商在完整性方面以更有效的方式构建安全案例，从而缩短开发周期。安全案例模式的概念在文献［Kelly97］中定义为在安全案例中获得和重用“最佳做法”的一种方式。最佳做法包括公司的专业知识、成功的认证方法和其他认可的质量保证手段。例如，从为特定产品构建的安全案例中提取的模式可以重新用于构建通过类似开发过程的其他产品的安全案例。文献［Alexander07，Ayoub12，Hawkins09，Kelly98，Wagner10，Weaver03］中介绍了许多获得最佳做法的安全案例模式。
- *信任保证案例*：虽然一个结构化的安全案例明确地解释了现有证据如何支持可接受范围的安全性的整体要求，它不能确保论证本身是好的（即对目的是充分的）或证据是充分的。安全论据通常有一些缺点，所以它们不能完全信任自身。换句话说，安全论据和引证的信任水平总是存在一些问题，这使得论证依据对安全案例的可信度至关重要。一些工作尝试去量化安全案例的可信度，例如文献［Bloomfield07，Denney11］。

文献［Hawkins11］介绍了一种创建明确安全案例的方法，这种方法可以促进安全案例的开发并增加对构建案例的信任度。这种方法主要是把将安全案例分为安全论证和可信度论证。安全论证仅限于直接针对系统安全的论据和证据，例如，解释特定的危险为什么不太可能发生，通过将测试结果作为证据来证明这一论断。可信度论证是单独做出的，它力求证明安全论证充分可信。例如，关于给定测试结果证据的可信度问题（例如，该测试是否是详尽的）应在可信度论证中解决。虽然这两个部分是分开呈现的，但是它们是相互关联的，所以有充分的理由给予安全部件各部分足够的信心，并且这些理由不会与安全部件自身相混淆。

任何不利于对安全论证的完全信任的缺口都称为保障性赤字（assurance deficit）[Hawkins11]。文献[Hawkins11]介绍了可信度论证的论证模式。这些模式是基于识别和管理保障性赤字来定义的，这样安全论证表现出足够的可信度。为此，有必要确保保障性赤字是切实可行的。采取系统的方法（例如文献[Ayoub12a]提出的方法）将有助于保证有效识别保障性赤字。在文献[Menon09，Weaver03]中介绍了在确定论证置信度时应考虑的主要因素。在确定每个因素的充分性时，还要考虑到问题自身。

为了使安全论据表现出足够的可信度，开发商的信心论证首先需要探明对安全论证可信度水平的所有担忧，然后解决这些担忧。如果论断不能得到令人信服的证据支持，那么我们就会发现一个赤字。当通过实例化文献[Hawkins11]中给出的置信度模式来显示残留的赤字是可接受的时候，我们可以使用公认的保障性赤字清单。

- 审查保证案例：安全案例论证很少是可证明的推导论证，常常是归纳的。反过来说，安全案例本质上往往是主观的[Kelly07]。因此，安全案例评估的目的是评估双方是否均可接受这个主观立场。人类思想不能很好解决不确定知识来源[Cyra08]的复杂推论，而这种复杂推论在安全论证中是常见的。因此，审查者应该对安全案例的基本要素发表意见。然后综合审查人员对安全案例基本要素的意见，这样便于传递关于总体安全是否充分的信息。

已经提出了几种评估保证案例的方法。文献[Kelly07]中提出了一种结构化的保证案例审查方法，它主要侧重于评估保证案例论证的保证程度。文献[Goodenough12]描述了一个框架来解释对保证案件论断的真实性可信度。这个框架是基于排除归纳法（eliminative induction）的概念，即由于识别和排除了怀疑论断真实性的原因，对论断真实性可信度随之增加。错误的怀疑提出怀疑的可能原因。然后，使用归纳概率的概念，根据已经识别和排除了多少个错误怀疑来得出保证案例的可信度。

文献[Ayoub13]描述了一种评估安全论证的充分性与不足程度的结构化方法。审查者和他们的综合结果用Dempster-Shafer模型[Sentz02]表示。文献[Ayoub13]中给出的评估机制可以与文献[Kelly07]中提出的逐步审查方法结合起来使用，这样可以给出安全论据的整体充分性。换句话说，文献[Kelly07]中的方法为系统评估过程提供了一个框架；文献[Ayoub13]的机制提供了一个系统的流程来衡量安全论证的充分性和不足之处。文献[Cyra08]提出了使用Dempster-Shafer模型评估信任案例的评估机制。

最后，文献[Cyra08]提出了语言标准，这作为表达审查者专家意见和汇总结果的手段。语言标准在这种情况下是吸引人的，因为它们比数字更接近人的本性。它们基于如“高”、“低”和“非常低”这样的定性值，并映射到评估区间。

1.3.7.3 案例研究：GPCA安全

本节主要介绍基于1.3.3.3节中的GPCA输液泵的案例研究。医疗器械的保证案例已在文献[Weinstock09]中讨论过。文献[Weinstock09]中的工作可以作为GPCA安全案例建设的起点。在文献［Jee10］中给出的安全案例是针对起搏器构建的，该起搏器采用类似于 GPCA 案例研究中使用的基于模型的方法开发。

（1）安全案例模式

开发方式的相似可能导致安全论证的相似。我们用安全案例模式［Kelly97］作为获取论证之间相似处的方法。模式允许使用设备特定的细节来阐述通用论证结构。为了获得以基于模型的方式开发的系统的通用论证结构，文献［Ayoub12］提出了一种称为 from_to 模式的安全案例模式。在本节中，我们阐述了 from_to 模式并以此来实例化 GPCA 参考实现。

GPCA 参考实现的安全案例需要声明 PCA 实现软件在预期环境中使用时不会对系统造成危害。为了实现这个声明，PCA 实现软件在预期的环境下需要满足 GPCA 的安全要求。这就是模式的起点。该声明的背景是将 GPCA 的安全需求定义为减轻 GPCA 危害，这将在安全案例的另一部分中单独讨论。

图 1-8 显示了 from_to 模式的 GSN 结构。在这里，{to} 指系统实现，{from} 是指系统的模型。关于实现正确性（即满足 C1.3 中引用的某些属性）的论断（G1）不仅需要系统实现验证的正当性（S1.2 至 G4），而且还需要模型的正确性（S1.1 至 G2）和模型与基于模型的实现之间的一致性（S1.1 至 G3）来证明。通过模型验证（即，基于模型的方法的第二步）来保障模型正确性（即 G2 的进一步推导）。模型和实现之间的一致性（即 G3 的进一步推导）由验证模型的代码生成（即，基于模型的方法的第三步）来支持。由于模型和实现之间的抽象层次不同，部分属性（参见 C2.1）只能在模型级别进行验证。然而，验证论证（S1.2）涵盖了所有关注的属性（参考 C1.3）。附加的理由（在 S1.1 中给出的）增加了对高级论断（G1）的保障。

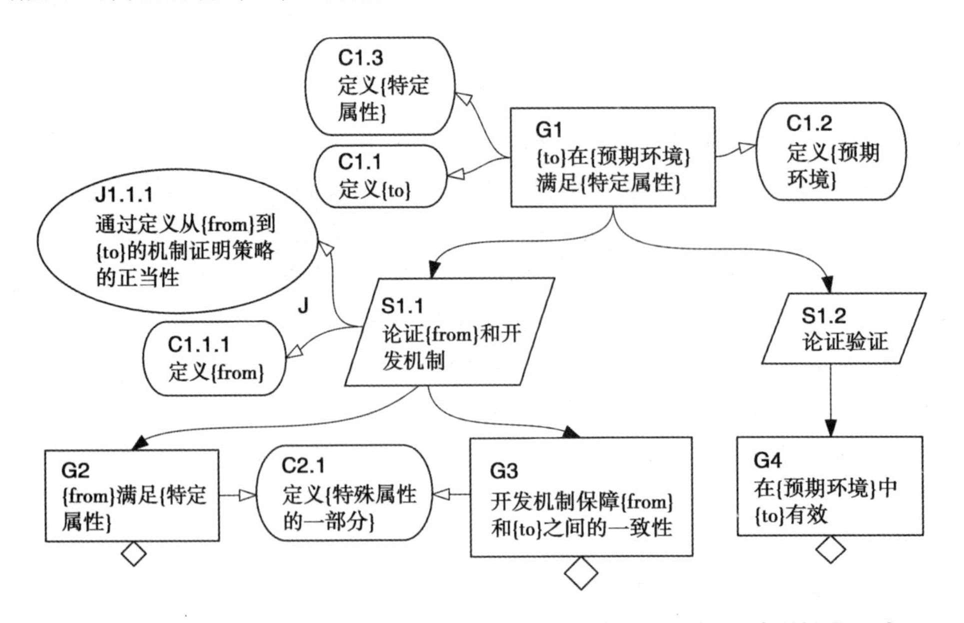

图 1-8　from_to 模式。A. Ayoub, B. Kim, I. Lee, O. Sokolsky. *Proceedings of NASA Formal Methods*: *45th International Symposium*, pp. 141-146. 经 Springer 出版社许可

图1-9显示了模式的一个实例，这个模式是PCA安全案例的一部分。基于文献[Kim11]，对这个模式实例而言，{to}部分是PCA实现软件（参见C1.1），{from}部分是GPCA时间自动机模型（参见C1.1.1），GPCA安全需求（参见C1.3）表示有关属性。在这种情况下，正确的PCA实现意味着它满足保障PCA安全性的GPCA安全需求。GPCA安全需求在实现阶段（G1）的满意度被两种策略分解（S1.1和S1.2）。S1.1中的论证由GPCA时间自动机模型的正确性（G2）以及模型与实现的一致性（G3）支持。通过对GPCA安全需求应用UPPAAL模型检测器，证明了GPCA时间自动机模型（即G2的进一步扩展）的正确性，这可以被形式化（参见C2.1）。经过验证的GPCA时间自动机模型的代码合成支持模型与实现之间的一致性（即G3的进一步扩展）。

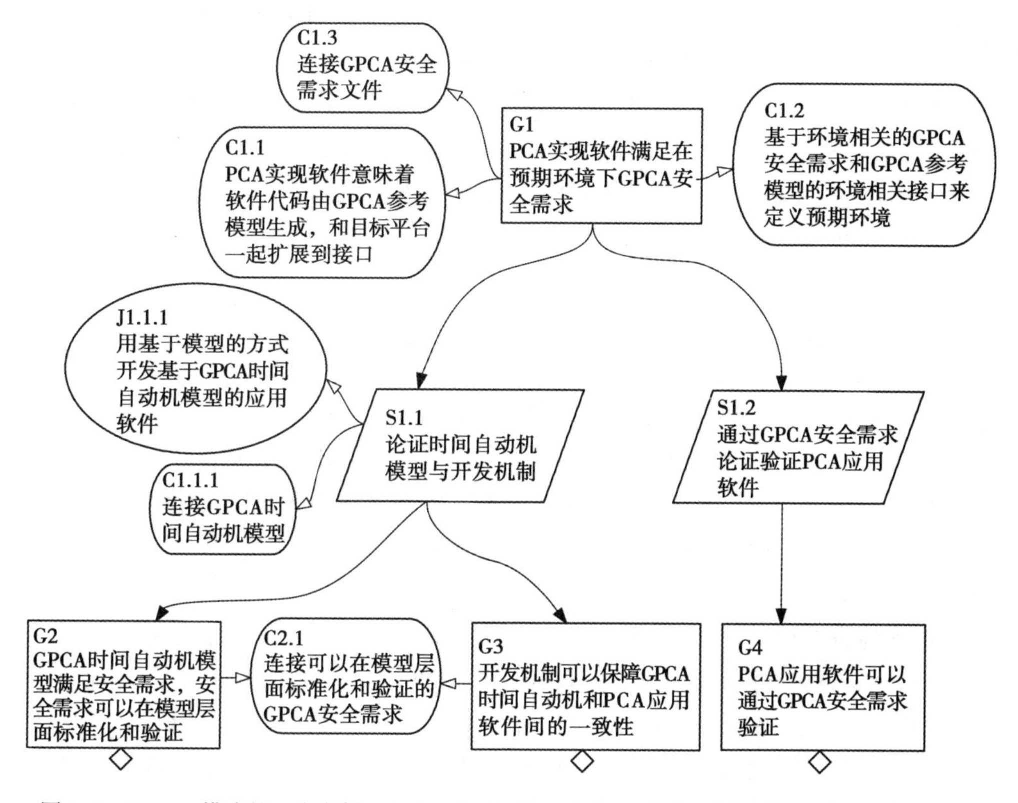

图1-9 from_to模式的一个实例。A. Ayoub, B. Kim, I. Lee, O. Sokolsky. *Proceedings of NASA Formal Methods: 45th International Symposium*, pp. 141 - 146. 经Springer出版社许可

注意，并不是所有GPCA安全需求（参见C1.3）都可以被GPCA时间自动机模型[Kim11]验证。只有C2.1中引用的部分才能在模型级别进行形式化和验证（例如，“在开机自检期间不可以推注药剂”）。鉴于其详细程度（例如，“药剂量的流量应为可编程”，这不能有意义地形式化，然后在模型水平上进行验证），其他需求不能由模型进行形式化或验证。

注意

一般来说，使用安全案例模式并不能保证所构建的安全案例是足够令人信服的。因此，当实例化 from_to 模式时，有必要证明每个实例化决定是合理的，以保证所构建的安全案例充分令人信服。在整个构建安全论证的过程中，我们应识别出保障性赤字。如果确定了保障性赤字，则有必要证明赤字是可接受的或可以解决的，这样的话安全论证就变得可以接受。同时我们应该提供明确的论证依据来说明为什么残留的保障赤字是可以接受的。这可以通过采用适当的方法来实现，例如 ACARP（作为合理可行的可信度）[Hawkins09a]。

（2）保障性赤字例子

如 1.3.3.3 节所述，如图 1-3 所示，GPCA Simulink/Stateflow 模型转换为等效的 GPCA 时间自动机模型。尽管将在 Simulink/Stateflow 中编写的原始 GPCA 模型转换为 UPPAAL 时间自动机模型相对简单，但没有明确的证据表明两个模型在语义层面上是等价的。与 GPCA时间自动机模型（图 1-9 中的环境 C1.1.1）相关联的潜在的保障性赤字可以表示为“Simulink/Stateflow 与 UPPAAL 时间自动机模型间的语义差异”。为了减少残余保障性赤字，GPCA Simulink/Stateflow 模型和 GPCA 时间自动机模型间的全面一致性测试可能足够有效。

1.4 从业者的影响

MCPS 中的参与者可以明确地分为以下几个群体：

- MCPS 开发者，包括医疗仪器的制造商和医疗信息技术的集成者。
- MCPS 管理者，主要是医院中的临床工程师，负责 MCPS 的操作和维修。
- MCPS 用户——运用 MCPS 进行诊疗的临床医生。
- MCPS 对象——患者。
- MCPS 监管机构负责确认 MCPS 的安全性以及批准 MCPS 的医疗用途。

在美国，FDA 是一家负责测评医疗仪器安全性和有效性的监管机构，同时还负责批准这些仪器的特殊用途。就保证 MCPS 的安全性来说，每个参与群体都能从中获得益处。但是，在临床医学背景下设计和运用 MCPS，每个群体还需考虑其他的驱动因素。本节将讨论所有参与群体并分析他们各自的关注点以及带来的挑战。

1.4.1 MCPS 开发者角度

在过去的三十年间，对于 MCPS 软件的依赖以及用于医疗设备的软件复杂程度与日俱增。近年来，医疗设备制造业一直面临着由软件导致的召回问题。在美国，有 19% 的医疗设备是因为出现了软件问题而被召回 [Simone13]。

其他一些安全管制产业（如航空电子学和核能）的运作则需要更长的软件设计周期。相较而言，由于巨大的市场压力，医疗设备制造公司不得不加快步伐，为自己的产品增加新卖点。同时，医疗设备通常是由一些相对较小的公司研发的，这些公司缺乏资源，因此无法将他们引进的每一个新卖点进行验证和确认。基于模型的开发技术，例如在 1.3.3 节中提到的那些技术实现了更有效率的验证和确认，因此开发周期较短。

同时，许多医疗设备制造公司还抱怨 FDA 和一些其他的国家监管机构的管控过于严格。基于模型的开发方法得出了正式的模型和校验结果，从而证明了 MCPS 的安全性。根据这个论据可以确定 MCPS 是安全的，加上这一论点，这些严谨的开发方法就能帮助减轻施于 MCPS 开发者的负担。

1.4.2　MCPS 管理者角度

医院中，临床工程师负责维护组成 MCPS 的诸多医疗设备。当今，大多临床情景都包含多种的医疗设备。临床工程师需要做的就是确保用于医疗病人的仪器都能运作良好，相互配合。如果在治疗开始后才发现仪器之间运作失调，会给病人造成伤害。在 1.3.4 节提及的互操作性技术能确保仪器之间相互协调运作，使得维护临床情景的库存和组装的工作更容易。这反过来又能减少诊断失误，提高诊疗效果，同时还能节约医院资金。

1.4.3　MCPS 用户角度

临床医生将 MCPS 视为治疗的一部分。在大多数情况下，MCPS 可以使用来自不同供应商的类似设备，通过不同的实施方式来执行特定的处理。最主要的是确保临床医生对不同的实施方式都同样熟悉。MCPS 可以通过 1.3.4 节中介绍的临床场景和虚拟医疗设备的概念来建立通用的用户界面，而不考虑其底层具体的实现设备，使用这种界面能减少使用医疗仪器时出现的临床医疗错误。此外，如文献［Masci13］所说，可以将用户界面看作 MCPS 模型分析的一部分。

MCPS 开发要考虑现有的护理标准，临床人员需要参与情景模型的分析，以确保它们符合相应疗法的现有临床指南，并且便于护理者使用。

现代医疗行业中医护人员面临着高工作负荷。每个医护人员可能要照顾多个患者，并且必须跟踪了解关于每个患者的诸多信息，他们可以使用按需 MCPS 提供的虚拟设备来减轻负担，因为这些虚拟设备能够智能呈现临床信息，还具备智能报警功能。智能报警可以关联或优先考虑单个设备的报警，从而更准确地描述患者的状况并降低误报率［Imhoff09］，这对护理人员来说十分有用。

1.4.4　患者角度

在所有相关者群体中，引进 MCPS 无疑能使患者获益最多。提高单个装置及其临床组件的可靠性不仅能使治疗安全性得到改善，还能使患者从治疗改善中获得益处。这些改善可能来自多个方面。

一方面，MCPS 可以提供医护人员无法做到的持续监测。日常工作中，医护人员通常需要照顾多个患者，无暇兼顾。临床指南要求医护人员每隔一段固定的时间（例如，每 15 分钟）获取患者数据。MCPS 可以实现在传感器允许的频次内尽可能多地收集患者数据，并及时向医护人员通报患者情况的变化，从而让医护人员在患者病情恶化前及时干预。此外，就像 1.3.5 节中讨论的系统，MCPS 可以实现连续监测与预测决策相结合，使治疗地位由被动转为主动。

护理质量最大改善之处在于：根据患者本身的特点为其提供个性化治疗方案。如果没有详细的患者模型，则不能实现个性化治疗。这种模型可以记载在患者医疗记录中，在其接受诊疗时由 MCPS 进行阐释。

1.4.5 MCPS 监管机构角度

医疗器械行业监管机构的任务是评估 MCPS 的安全性和有效性。这些监管机构面临着两个主要问题：一是提高评估的质量，二是充分利用各机构的有限资源用于执行评估。这两个问题不是独立的，更有效的执行评估方式将使得监管机构有更多时间进行更深入的评估。1.3.7 节中讨论的安全案例技术有助于解决这两个问题。监管机构向循证评估转变能进行更准确、可靠的评估。同时，监管机构将获得一系列连贯的评估论据，这有助于他们更有效地进行评估。

1.5 总结与挑战

本章概述了 MCPS 的趋势和这些趋势带来的挑战。并根据 MCPS 研究的最新结果，讨论了解决这些问题的可行方案。

挑战之一是目前 MCPS 中支持的软件功能有限，使得保障患者安全更加困难。目前基于模型的开发技术能确保系统安全且渐渐为医疗器械行业所接受。即使如此，近年来医疗设备依然被大量召回，设备的安全性问题还远未得到解决。

另一挑战是将单个设备组织为设备互联的系统并能在复杂的临床情况下集中地治疗患者。这种多设备的 MCPS 提供新的治疗模式，向临床医生提供更好的反馈，并且提高患者的安全系数。但是，通信故障和设备之间缺乏互操作性会导致其他问题产生。临床中按需 MCPS 由各种设备组合形成，这就导致其安全性得不到保障，需要中间件来确保设备之间正确交互，我们称这种中间件为医疗应用平台。这种中间件的原型正处在研发阶段，其有效性需要进一步评估。此外，按需 MCPS 的互操作性标准需进一步提高并获得更广泛的认可。

为了充分利用多设备 MCPS 的优势，需要开发新的算法来处理和集成来自多个传感器的患者数据，为临床医生提供更好的决策支持，产生更准确的、更具信息性的警报等。这一需求会产生两种挑战：一方面，MCPS 得到了由不同数据源组合形成的新信息，为了确保新信息使用得当，需要额外进行临床研究以及数据分析；另一方面，为促进快速原型设计、新决策部署及可视化算法，我们需要开发新的软件工具。

MCPS 可以形成大范围的生理闭环系统，其中从多个传感器收集的关于患者状况信息可以用于调节治疗过程或其参数。近年来，对这样的闭环控制算法的研究成效越来越卓越，尤其是改善糖尿病患者的血糖控制的方法得到进一步发展。然而，为更好地了解患者生理状况，我们仍需进行更多的研究，也需要开发针对不同患者提供个性化治疗方案的适应性控制算法。

在所有这些应用中，患者的安全和治疗的有效性摆在首位。MCPS 制造商需要使监管机构相信其系统是安全有效的。MCPS 的复杂性、高连接性以及软件功能的普遍性日益增加，因此对其进行安全性评估变得十分困难。为 MCPS 以及通用 CPS 建立有效的安全案例，仍然是一个挑战。

参考文献

[Adelard13]. Adelard. "Claims, Arguments and Evidence (CAE)." http://www.adelard.com/asce/choosing-asce/cae.html, 2013.

[Alexander07]. R. Alexander, T. Kelly, Z. Kurd, and J. Mcdermid. "Safety Cases for Advanced Control Software: Safety Case Patterns." Technical Report, University of York, 2007.

[Amnell03]. T. Amnell, E. Fersman, L. Mokrushin, P. Pettersson, and W. Yi. "TIMES: A Tool for Schedulability Analysis and Code Generation of Real-Time Systems." In *Formal Modeling and Analysis of Timed Systems*. Springer, 2003.

[Arney09]. D. Arney, J. M. Goldman, S. F. Whitehead, and I. Lee. "Synchronizing an X-Ray and Anesthesia Machine Ventilator: A Medical Device Interoperability Case Study." *Biodevices*, pages 52–60, January 2009.

[ASTM09]. ASTM F2761-2009. "Medical Devices and Medical Systems—Essential Safety Requirements for Equipment Comprising the Patient-Centric Integrated Clinical Environment (ICE), Part 1: General Requirements and Conceptual Model." ASTM International, 2009.

[Ayoub13]. A. Ayoub, J. Chang, O. Sokolsky, and I. Lee. "Assessing the Overall Sufficiency of Safety Arguments." Safety Critical System Symposium (SSS), 2013.

[Ayoub12]. A. Ayoub, B. Kim, I. Lee, and O. Sokolsky. "A Safety Case Pattern for Model-Based Development Approach." In *NASA Formal Methods*, pages 223–243. Springer, 2012.

[Ayoub12a]. A. Ayoub, B. Kim, I. Lee, and O. Sokolsky. "A Systematic Approach to Justifying Sufficient Confidence in Software Safety Arguments." International Conference on Computer Safety, Reliability and Security (SAFECOMP), Magdeburg, Germany, 2012.

[Becker09]. U. Becker. "Model-Based Development of Medical Devices." *Proceedings of the Workshop on Computer Safety, Reliability, and Security (SAFECERT)*, Lecture Notes in Computer Science, vol. 5775, pages 4–17, 2009.

[Behrmann04]. G. Behrmann, A. David, and K. Larsen. "A Tutorial on UPPAAL." In *Formal Methods for the Design of Real-Time Systems*, Lecture Notes in Computer Science, pages 200–237. Springer, 2004.

[Bequette03]. B. Bequette. *Process Control: Modeling, Design, and Simulation*. Prentice Hall, 2003.

[Bloomfield07]. R. Bloomfield, B. Littlewood, and D. Wright. "Confidence: Its Role in Dependability Cases for Risk Assessment." 37th Annual IEEE/IFIP International Conference on Dependable Systems and Networks, pages 338–346, 2007.

[Carr03]. C. D. Carr and S. M. Moore. "IHE: A Model for Driving Adoption of Standards." *Computerized Medical Imaging and Graphics*, vol. 27, no. 2–3, pages 137–146, 2003.

[Clarke07]. M. Clarke, D. Bogia, K. Hassing, L. Steubesand, T. Chan, and D. Ayyagari. "Developing a Standard for Personal Health Devices Based on 11073." 29th Annual International Conference of the IEEE Engineering in Medicine and Biology Society, pages 6174–6176, 2007.

[Clifford09]. G. Clifford, W. Long, G. Moody, and P. Szolovits. "Robust Parameter Extraction for Decision Support Using Multimodal Intensive Care Data." *Philosophical Transactions of the Royal Society A: Mathematical, Physical and Engineering Sciences*, vol. 367, pages 411–429, 2009.

[Clinical07]. Clinical Alarms Task Force. "Impact of Clinical Alarms on Patient Safety." *Journal of Clinical Engineering*, vol. 32, no. 1, pages 22–33, 2007.

[Cobelli09]. C. Cobelli, C. D. Man, G. Sparacino, L. Magni, G. D. Nicolao, and B. P. Kovatchev. "Diabetes: Models, Signals, and Control." *IEEE Reviews in Biomedical Engineering*, vol. 2, 2009.

[Commission13]. The Joint Commission. "Medical Device Alarm Safety in Hospitals." *Sentinel Event Alert*, no. 50, April 2013.

[Cyra08]. L. Cyra and J. Górski. "Expert Assessment of Arguments: A Method and Its Experimental Evaluation." International Conference on Computer Safety, Reliability and Security (SAFECOMP), 2008.

[Denney11]. E. Denney, G. Pai, and I. Habli. "Towards Measurement of Confidence in Safety Cases." International Symposium on Empirical Software Engineering and Measurement (ESEM), Washington, DC, 2011.

[Dias07]. A. C. Dias Neto, R. Subramanyan, M. Vieira, and G. H. Travassos. "A Survey on Model-Based Testing Approaches: A Systematic Review." *Proceedings of the ACM International Workshop on Empirical Assessment of Software Engineering Languages and Technologies*, pages 31–36, 2007.

[Dolin06]. R. H. Dolin, L. Alschuler, S. Boyer, C. Beebe, F. M. Behlen, P. V. Biron, and A. Shvo. "HL7 Clinical Document Architecture, Release 2." *Journal of the American Medical Informatics Association*, vol. 13, no. 1, pages 30–39, 2006.

[Donchin02]. Y. Donchin and F. J. Seagull. "The Hostile Environment of the Intensive Care Unit." *Current Opinion in Critical Care*, vol. 8, pages 316–320, 2002.

[Edworthy06]. J. Edworthy and E. Hellier. "Alarms and Human Behaviour: Implications for Medical Alarms." *British Journal of Anaesthesia*, vol. 97, pages 12–17, 2006.

[EBMWG92]. Evidence-Based Medicine Working Group. "Evidence-Based Medicine: A New Approach to Teaching the Practice of Medicine." *Journal of the American Medical Association*, vol. 268, pages 2420–2425, 1992.

[FDA10]. U.S. Food and Drug Administration, Center for Devices and Radiological Health. "Infusion Pumps Total Product Life Cycle: Guidance for Industry and FDA Staff." Premarket Notification [510(k)] Submissions, April 2010.

[FDA10a]. U.S. Food and Drug Administration, Center for Devices and Radiological Health. "Infusion Pump Improvement Initiative." White Paper, April 2010.

[Garg05]. A. X. Garg, N. K. J. Adhikari, H. McDonald, M. P. Rosas-Arellano, P. J. Devereaux, J. Beyene, J. Sam, and R. B. Haynes. "Effects of Computerized Clinical Decision Support Systems on Practitioner Performance and Patient Outcomes: A Systematic

Review." *Journal of the American Medical Association*, vol. 293, pages 1223–1238, 2005.

[Ginsberg09]. B. H. Ginsberg. "Factors Affecting Blood Glucose Monitoring: Sources of Errors in Measurement." *Journal of Diabetes Science and Technology*, vol. 3, no. 4, pages 903–913, 2009.

[Goldman05]. J. Goldman, R. Schrenker, J. Jackson, and S. Whitehead. "Plug-and-Play in the Operating Room of the Future." *Biomedical Instrumentation and Technology*, vol. 39, no. 3, pages 194–199, 2005.

[Goodenough12]. J. Goodenough, C. Weinstock, and A. Klein. "Toward a Theory of Assurance Case Confidence." Technical Report CMU/SEI-2012-TR-002, Software Engineering Institute, Carnegie Mellon University, Pittsburgh, PA, 2012.

[Harris13]. Harris Healthcare (formerly careFX). www.harris.com.

[Hatcliff12]. J. Hatcliff, A. King, I. Lee, A. Macdonald, A. Fernando, M. Robkin, E. Vasserman, S. Weininger, and J. M. Goldman. "Rationale and Architecture Principles for Medical Application Platforms." *Proceedings of the IEEE/ACM 3rd International Conference on Cyber-Physical Systems (ICCPS)*, pages 3–12, Washington, DC, 2012.

[Hawkins09]. R. Hawkins and T. Kelly. "A Systematic Approach for Developing Software Safety Arguments." *Journal of System Safety*, vol. 46, pages 25–33, 2009.

[Hawkins09a]. R. Hawkins and T. Kelly. "Software Safety Assurance: What Is Sufficient?" 4th IET International Conference of System Safety, 2009.

[Hawkins11]. R. Hawkins, T. Kelly, J. Knight, and P. Graydon. "A New Approach to Creating Clear Safety Arguments." In *Advances in Systems Safety*, pages 3–23. Springer, 2011.

[Henzinger07]. T. A. Henzinger and C. M. Kirsch. "The Embedded Machine: Predictable, Portable Real-Time Code." *ACM Transactions on Programming Languages and Systems (TOPLAS)*, vol. 29, no. 6, page 33, 2007.

[Hovorka04]. R. Hovorka, V. Canonico, L. J. Chassin, U. Haueter, M. Massi-Benedetti, M. O. Federici, T. R. Pieber, H. C. Schaller, L. Schaupp, T. Vering, and M. E. Wilinska. "Nonlinear Model Predictive Control of Glucose Concentration in Subjects with Type 1 Diabetes." *Physiological Measurement*, vol. 25, no. 4, page 905, 2004.

[Imhoff06]. M. Imhoff and S. Kuhls. "Alarm Algorithms in Critical Care Monitoring." *Anesthesia and Analgesia*, vol. 102, no. 5, pages 1525–1536, 2006.

[Imhoff09]. M. Imhoff, S. Kuhls, U. Gather, and R. Fried. "Smart Alarms from Medical Devices in the OR and ICU." *Best Practice and Research in Clinical Anaesthesiology*, vol. 23, no. 1, pages 39–50, 2009.

[Isaksen97]. U. Isaksen, J. P. Bowen, and N. Nissanke. "System and Software Safety in Critical Systems." Technical Report RUCS/97/TR/062/A, University of Reading, UK, 1997.

[ISO/IEEE11073]. ISO/IEEE 11073 Committee. "Health Informatics—Point-of-Care Medical Device Communication Part 10103: Nomenclature—Implantable Device, Cardiac." http://standards.ieee.org/findstds/standard/11073-10103-2012.html.

[Jackson07]. D. Jackson, M. Thomas, and L. I. Millett, editors. *Software for Dependable Systems: Sufficient Evidence?* Committee on Certifiably Dependable Software Systems, National Research Council. National Academies Press, May 2007.

[Jee10]. E. Jee, I. Lee, and O. Sokolsky. "Assurance Cases in Model-Driven Development of the Pacemaker Software." 4th International Conference on Leveraging Applications of Formal Methods, Verification, and Validation, Volume 6416, Part II, ISoLA'10, pages 343–356. Springer-Verlag, 2010.

[Jeroeno4]. J. Levert and J. C. H. Hoorntje. "Runaway Pacemaker Due to Software-Based Programming Error." *Pacing and Clinical Electrophysiology*, vol. 27, no. 12, pages 1689–1690, December 2004.

[Kelly98]. T. Kelly. "Arguing Safety: A Systematic Approach to Managing Safety Cases." PhD thesis, Department of Computer Science, University of York, 1998.

[Kelly98a]. T. Kelly. "A Six-Step Method for Developing Arguments in the Goal Structuring Notation (GSN)." Technical Report, York Software Engineering, UK, 1998.

[Kelly07]. T. Kelly. "Reviewing Assurance Arguments: A Step-by-Step Approach." Workshop on Assurance Cases for Security: The Metrics Challenge, Dependable Systems and Networks (DSN), 2007.

[Kelly97]. T. Kelly and J. McDermid. "Safety Case Construction and Reuse Using Patterns." International Conference on Computer Safety, Reliability and Security (SAFECOMP), pages 55–96. Springer-Verlag, 1997.

[Kelly04]. T. Kelly and R. Weaver. "The Goal Structuring Notation: A Safety Argument Notation." DSN 2004 Workshop on Assurance Cases, 2004.

[Kim11]. B. Kim, A. Ayoub, O. Sokolsky, P. Jones, Y. Zhang, R. Jetley, and I. Lee. "Safety-Assured Development of the GPCA Infusion Pump Software." *Embedded Software (EMSOFT)*, pages 155–164, Taipei, Taiwan, 2011.

[Kim12]. B. G. Kim, L. T. Phan, I. Lee, and O. Sokolsky. "A Model-Based I/O Interface Synthesis Framework for the Cross-Platform Software Modeling." 23rd IEEE International Symposium on Rapid System Prototyping (RSP), pages 16–22, 2012.

[King09]. A. King, S. Procter, D. Andresen, J. Hatcliff, S. Warren, W. Spees, R. Jetley, P. Jones, and S. Weininger. "An Open Test Bed for Medical Device Integration and Coordination." *Proceedings of the 31st International Conference on Software Engineering*, 2009.

[Kovatchev09]. B. P. Kovatchev, M. Breton, C. D. Man, and C. Cobelli. "In Silico Preclinical Trials: A Proof of Concept in Closed-Loop Control of Type 1 Diabetes." *Diabetes Technology Society*, vol. 3, no. 1, pages 44–55, 2009.

[Lee06]. I. Lee, G. J. Pappas, R. Cleaveland, J. Hatcliff, B. H. Krogh, P. Lee, H. Rubin, and L. Sha. "High-Confidence Medical Device Software and Systems." *Computer*, vol. 39, no. 4, pages 33–38, April 2006.

[Lee12]. I. Lee, O. Sokolsky, S. Chen, J. Hatcliff, E. Jee, B. Kim, A. King, M. Mullen-Fortino, S. Park, A. Roederer, and K. Venkatasubramanian. "Challenges and Research Directions in Medical Cyber-Physical Systems." *Proceedings of the IEEE*, vol. 100, no. 1, pages 75–90, January 2012.

[Lofsky04]. A. S. Lofsky. "Turn Your Alarms On." *APSF Newsletter*, vol. 19, no. 4, page 43, 2004.

[Lublinerman09]. R. Lublinerman, C. Szegedy, and S. Tripakis. "Modular Code Generation from Synchronous Block Diagrams: Modularity vs. Code Size." *Proceedings of the 36th Annual ACM SIGPLAN-SIGACT Symposium on Principles of Programming Languages (POPL 2009)*, pages 78–89, New York, NY, 2009.

[Lynn11]. L. A. Lynn and J. P. Curry. "Patterns of Unexpected In-Hospital

Deaths: A Root Cause Analysis." *Patient Safety in Surgery*, vol. 5, 2011.

[Maddox08]. R. Maddox, H. Oglesby, C. Williams, M. Fields, and S. Danello. "Continuous Respiratory Monitoring and a 'Smart' Infusion System Improve Safety of Patient-Controlled Analgesia in the Postoperative Period." In K. Henriksen, J. Battles, M. Keyes, and M. Grady, editors, *Advances in Patient Safety: New Directions and Alternative Approaches*, Volume 4 of *Advances in Patient Safety*, Agency for Healthcare Research and Quality, August 2008.

[Masci13]. P. Masci, A. Ayoub, P. Curzon, I. Lee, O. Sokolsky, and H. Thimbleby. "Model-Based Development of the Generic PCA Infusion Pump User Interface Prototype in PVS." *Proceedings of the 32nd International Conference on Computer Safety, Reliability and Security (SAFECOMP)*, 2013.

[Mazoit07]. J. X. Mazoit, K. Butscher, and K. Samii. "Morphine in Postoperative Patients: Pharmacokinetics and Pharmacodynamics of Metabolites." *Anesthesia and Analgesia*, vol. 105, no. 1, pages 70–78, 2007.

[McMaster13]. Software Quality Research Laboratory, McMaster University. Pacemaker Formal Methods Challenge. http://sqrl.mcmaster.ca/pacemaker.htm.

[MDCF]. Medical Device Coordination Framework (MDCF). http://mdcf.santos.cis.ksu.edu.

[MDPNP]. MD PnP: Medical Device "Plug-and-Play" Interoperability Program. http://www.mdpnp.org.

[Menon09]. C. Menon, R. Hawkins, and J. McDermid. Defence "Standard 00-56 Issue 4: Towards Evidence-Based Safety Standards." In *Safety-Critical Systems: Problems, Process and Practice*, pages 223–243. Springer, 2009.

[Nuckols08]. T. K. Nuckols, A. G. Bower, S. M. Paddock, L. H. Hilborne, P. Wallace, J. M. Rothschild, A. Griffin, R. J. Fairbanks, B. Carlson, R. J. Panzer, and R. H. Brook. "Programmable Infusion Pumps in ICUs: An Analysis of Corresponding Adverse Drug Events." *Journal of General Internal Medicine*, vol. 23 (Supplement 1), pages 41–45, January 2008.

[Oberli99]. C. Oberli, C. Saez, A. Cipriano, G. Lema, and C. Sacco. "An Expert System for Monitor Alarm Integration." *Journal of Clinical Monitoring and Computing*, vol. 15, pages 29–35, 1999.

[Pajic12]. M. Pajic, R. Mangharam, O. Sokolsky, D. Arney, J. Goldman, and I. Lee. "Model-Driven Safety Analysis of Closed-Loop Medical Systems." *IEEE Transactions on Industrial Informatics*, PP(99):1–1, 2012.

[Phillips10]. Phillips eICU Program. http://www.usa.philips.com/healthcare/solutions/patient-monitoring.

[Rae03]. A. Rae, P. Ramanan, D. Jackson, J. Flanz, and D. Leyman. "Critical Feature Analysis of a Radiotherapy Machine." International Conference of Computer Safety, Reliability and Security (SAFECOMP), September 2003.

[Sapirstein09]. A. Sapirstein, N. Lone, A. Latif, J. Fackler, and P. J. Pronovost. "Tele ICU: Paradox or Panacea?" *Best Practice and Research Clinical Anaesthesiology*, vol. 23, no. 1, pages 115–126, March 2009.

[Sentz02]. K. Sentz and S. Ferson. "Combination of Evidence in Dempster-Shafer Theory." Technical report, Sandia National Laboratories, SAND 2002-0835, 2002.

[Shortliffe79]. E. H. Shortliffe, B. G. Buchanan, and E. A. Feigenbaum.

"Knowledge Engineering for Medical Decision Making: A Review of Computer-Based Clinical Decision Aids." *Proceedings of the IEEE*, vol. 67, pages 1207–1224, 1979.

[Simone13]. L. K. Simone. "Software Related Recalls: An Analysis of Records." *Biomedical Instrumentation and Technology*, 2013.

[UPenn]. The Generic Patient Controlled Analgesia Pump Model. http://rtg.cis.upenn.edu/gip.php3.

[UPenn-a]. Safety Requirements for the Generic Patient Controlled Analgesia Pump. http://rtg.cis.upenn.edu/gip.php3.

[UPenn-b]. The Generic Patient Controlled Analgesia Pump Hazard Analysis. http://rtg.cis.upenn.edu/gip.php3.

[Wagner10]. S. Wagner, B. Schatz, S. Puchner, and P. Kock. "A Case Study on Safety Cases in the Automotive Domain: Modules, Patterns, and Models." *International Symposium on Software Reliability Engineering*, pages 269–278, 2010.

[Weaver03]. R. Weaver. "The Safety of Software: Constructing and Assuring Arguments." PhD thesis, Department of Computer Science, University of York, 2003.

[Weinstock09]. C. Weinstock and J. Goodenough. "Towards an Assurance Case Practice for Medical Devices." Technical Report, CMU/SEI-2009-TN-018, 2009.

[Ye05]. F. Ye and T. Kelly. "Contract-Based Justification for COTS Component within Safety-Critical Applications." PhD thesis, Department of Computer Science, University of York, 2005.

第2章
Cyber-Physical Systems

能源 CPS

Marija Ilic[⊖]

本章讨论在能源信息物理系统（CPS）中建模、分析、设计等方面的挑战和机遇，主要强调了智能电网在实现广泛的能源系统方面的作用。本章简要总结了目前的运作模式，并将其与日新月异的科技发展和不断变化的能源需求进行对比；然后描述了一种可能的范式，称为动态监测决策系统（Dynamic Monitoring and Decision System，DyMonDS），并将其作为电能系统的可持续端对端 CPS 的基础。这些系统是完全不同的，因为运营商和规划者的决策是基于系统用户的主动绑定信息交换，这种方法实现了将系统值纳入考虑范围，且能满足困难的社会目标。由于决策的制定是未来的或者接近实时的，因此信息交换需要周期性地重复。

使用 DyMonDS，对所有人来说都是双赢的，根据参与者愿意承担的风险和所选技术的预期值，不确定性将分布在众多参与者之中。系统最终提供新的可靠、高效、清洁的服务和技术，这些技术可以带来价值并持续到补贴阶段（subsidy stage）。实行建议的 CPS 需要定性不同的建模、评估和决策方法，这些方法适用于支持可持续能源处理的多层交互信息处理。本章对这种新方法的基本原理进行了讨论。

2.1 引言

电力行业是国家重要的关键基础设施，它在美国经济中占很大比重（超过 2000 亿美元），与此同时，它目前也是美国碳排放量的主要来源。该行业很有可能成为信息技术（cyber-technology）的最大用户之一。通常来说，工业化经济依赖于低成本的电力服务。目前普遍的看法是电网运行良好，并没有进行创新的必要，而目前电力行业需要解决以下几个关键隐患：

- 服务中断的频率与持续时间加剧（导致数十亿美元的损失）。
- 目前系统存在大量利用率低的问题（根据联邦能源监管委员会（Federal Energy Regulatory Commission，FERC）和相关案例研究，约有 25% 没有经济效益）。
- 陈旧的系统不支持对高渗透可再生资源的经营规划。
- 缺乏无缝电力传输系统。

通常来说，长期的资源组合必须服务于国家的长期需求，目前尚不清楚这一愿景能否

⊖ 本章借鉴了卡内基·梅隆大学电力能源系统组（EESG）许多研究人员的工作，由于内容限制，仅总结研究中由 Kevin Bachovchin、Stefanos Baros、Milos Cvetkovic、Sanja Cvijic、Andrew Hsu、Jhi-Young Joo、Soummya Kar、Siripha Kulkarni、Qixing Liu、Rohit Negi、Sergio Pequito 和 Yang Wang 提出的主要观点。

实现。注意，前面提到的问题都是系统层面的问题，仅仅通过增加发电、输电和配电（T&D）能力很难得以解决。要解决这些问题就要通过创新来改变整个电力行业的运行模式。首先，运用 CPS 使得传统电网能充分利用现有的硬件，且支持端到端的新资源融合。目前电力工业研究中的主要问题是：在电力行业中，硬件和软件改进之间的界限十分模糊。因此，目前在电力行业中设计出系统级改进很少且信息技术应用较零散。

2.2　系统描述与操作场景

目前，尚未有统一的性能指标能够实现使各行业参与者得到各自的最大利益。而传统电力公司、电力用户、发电供应商和输送实体之间权力、规则和责任尚处在定义阶段，这就是无法使用新技术的主要原因。

另外，目前尚无无缝的信息技术（IT）——发电商、用户和在电力公司（即向最终用户销售电力的公司）里工作的输电配电员均可使用的协议，甚至在跨地理区域的互连电力公司之间也没有可用协议。这些协议的缺失会导致一系列问题，譬如应该建立和利用多大规模的风力和太阳能发电系统，以及如何部署必要的基础设施来利用这些新资源。此外，不同参与者和层级之间缺乏整合协议。因此很难激励客户对电力系统的需求作出反应，诸如电动汽车、智能建筑和小区居民等愿意参与系统供需平衡项目的也暂时无法参与。

虽然最近政府投资了试点，进行了小规模的试验来验证这些尚未开发的资源。然而目前由政府支持的大型研发项目中并没有涉及这些缺失协议，这些协议主要是根据定义明确、可量化的目标进行大规模新技术集成。长期、大规模集成新技术的超高电压（EHV）传输计划正处于研究阶段，然而近期研究是对主要场景进行分析型的研究，并不涉及 IT 协议，也无法提供可持续的激励方案；与此同时，即使能够帮助电网实现效率更高、更可靠、更清洁的运营，信息技术依然未得到重视。动态决策的产生正是由于电力系统中存在大量不确定性因素，而政府并不处理与其相关的信息。

本章目的是要认识到信息技术的系统使用能够实现现有系统的性能提高以及新资源的整合，过去物理系统与（现在）不断变化的物理系统相比它们的性能目标是不同的。注意，在新的电力系统中用户级别的性能目标也举足轻重。

在依赖 IT 技术的现代电网中，电网的操作员对其进行的操作也发生变化，不仅要求他们对电网工程有一定的洞察力，还要求会使用特定用途的计算机算法。目前大多数现代电力公司控制中心使用基于模型的前馈技术来开发计算机应用，电力系统根据实际需求来评估和安排最便宜的发电方式。自动发电控制（Automatic Generation Control，AGC）是唯一的电力公司层面的闭环反馈协调方案，它通过调整发电厂的调速器来快速平衡与有用功率预测不符的、准静态的、难以预测的偏差。这些调节器和其他主控制器（例如，自动电压调节器（Automatic Voltage Regulator，AVR））以及一些 T&D 可控设备（例如，变压器和电容器组）的控制逻辑用于确保频率和电压的局部稳定。目前电网分级控制的基础由以下几部分组成：电力公司级别的电力调度、用于频率调节的准静态 AGC、发电机和 T&D 设备的局部初级控制器，其中电力公司级别的电力调度用于解决电力不平衡问题［Ilic00］。

很明显，电网是一个复杂的大型动态网络。要使电网有效运营和规划就需要将电网视为一个复杂的系统，其中能源和信息处理错综复杂地交织在一起。对于通用的 CPS，目前没有工具能在不确定情况下实现大规模动态优化。当可靠性得到保证时，也不能确保能够满足其动态变化。常规的 CPS 概念具有普适性，而使用更一般的 CPS，其效用问题很难被定义。本章将提出与此有关的构想。

在高度复杂的电网中很难确保以上性能，这也为整个电力系统工程带来巨大的挑战。注意，电力行业中的系统动力是高度非线性的；可接受性能在时空尺度上跨度巨大，时间跨度从几毫秒到几十年，空间跨度从一个设备或建筑物到美国东、西部电网互联；目前电网不可控的主要因素是快速存储器数量少、昂贵且难以获取。此外，目前的系统不可动态监测，针对此问题，我们使用功能强大的计算机推出更多有效的算法，但由于电网固有的不确定性，对其进行大规模的优化仍然是个难题。

2.3　关键设计驱动与质量属性

目前，国家范围内的复杂系统一体化正面临着巨大的挑战和机遇。在电力行业，一体化趋势涉及物理能源系统（电网、电力电子、能源资源）、通信系统（硬件和协议）、控制系统（算法和大规模计算）以及经济和政策系统（法规和促进因素）的创新。据估计，实施这些创新的在线 IT 将带来以下好处：

- 经济效率提高约 20%（FERC 估计）。
- 有效地整合可再生能源和减少排放。
- 在不牺牲基本的可靠服务基础上，区分服务质量（Quality of Service，QoS）。
- 无缝防断电。
- 基础设施扩展（如发电、T&D、需求端），实现最大效益和最小干扰。

迄今为止，在线 IT 可以提高电网性能的这一优势尚未得到广泛的认识。本章试图填补这个空白。

在复杂的电网中实施在线 IT 并借此实现系统级目标十分困难，这必须由大学主导转型，这为学者提供了一个千载难逢的好机会。将未来电能系统作为一个异构的、社会的、公众的复杂系统，本该早就对其进行定义和建模。为了填补这一空白，有必要通过这些系统的多层、多方位的动态交互对未来系统进行具体描述，这种动态互动由参差不齐的社会需求和各参与者的需求所驱动，能源系统对动态交互进行整合的同时也在约束着动态交互。现有的物理电能系统（包括其通信、控制和计算机方法）不会为校准经常冲突的目标而轻易地进行多方位交互。相反，T&D 操作智能化是十分必要的，它能够调整目标从而最大限度地利用现有资源，且能提供可接受的服务质量，包括对大部分系统不确定性的弹性响应。

将现有的系统转换为新系统就需要将新传感器和作动器（actuator）部署到传统电网中，CPS 技术在其中发挥关键作用。在本章，我们研究将智能传感器和作动器部署到传统电网中所面临的机遇和挑战。这些挑战要求系统考虑信息技术是否能实施、是否在主要方面有成效。

2.3.1 关键系统原则

要为一个既支持物理电网又有网络物理基础设施的能源系统确定基本原则，其中一种方式是：将系统本身视作可持续能源服务的推动者来观察该系统 [Ilic11, Ilic11a]。现在以电网为中心的设计方案已经过时。在间歇资源（这正是形成电力供求不平衡的原因）的作用下，电力公司不可能通过预测管理需求来应对不断变化的客观条件和用户偏好。同样，完全了解和掌握分布式电力资源（Distributed Energy Resource, DER）并不现实，这些 DER 接入较低配电网电压且规模不断增大。

相反，技术开发者认为，为交换智能 DER 功能的相关信息制定规划和引入操作协议是非常必要的。在这种环境下，电力行业的参与者必须能够区分普通建筑和智能建筑、快速充电和智能充电电动汽车（Electric Vehicle, EV）、智能和无源电线等的影响。从电力公司的层面看，电力生产、需求或配送部件的所有细节将是透明的。基于以上观察，接下来描述设计未来智能电网（包括其物理和网络基础设施）的统一原则。

2.3.1.1 可持续的社会生态能源系统

我们可以认为社会生态能源系统（Socio-Ecological Energy System, SEES）与其他的社会生态系统类似，包括资源、用户和系统（governance system）[Ostrom09]。智能电网根据时间、空间、上下文属性对 SEES 资源、用户和管治系统等特性进行匹配。这些特性越接近一致，表明系统的可持续性越好 [Ostrom09, Ilic00]⊖。注意，资源、用户、管治系统要使这些特性达到一致，要么在内部以分布的方式实现，要么经由人造电网及其网络智能来管理它们之间的交互。

CPS 的设计要考虑到 SEES 的可持续性，同时为有意义的性能目标奠定基础。不同 SEES 架构的性能目标不相同；因此，它们需要不同性质的网络设计。表 2-1 展示了几种典型的 SEES 架构。

表 2-1 社会生态能源系统的架构

架构	类型	实施环境
1	超大规模 SEES	受管制地区
2	超大规模 SEES	调整地区
3	混合 SEES	调整地区
4	完全分布式 SEES	发达国家
5	完全分布式 SEES	发展中国家

在表 2-1 中，架构 1 和架构 2 表示大型系统，其主要能源在允许范围内产生恒定功率，例如核电站等。地方政府将这些能源服务作为公共利益和社会权利，这样的系统是围绕无条件服务和相对被动的能源用户来设计的。图 2-1 描述了架构 1。图中较大的圆圈表示常

⊖ 可持续性的概念不是标准化的，本章中我们使用与文献 [Ostrom09] 中相同的概念，也就是有可接受的 QoS，同时也需要有维持社会生态系统（Socio-Ecological System, SES）成员所期望的经济、环境和商业目标的能力。但是这并不是绝对的度量标准，相反，可持续性是由治理规则内的 SES 成员定义。

规的大功率资源，较小的圆圈表示 DER（可再生发电、集合响应负载），图中的连线表示传输网络。架构 1 和架构 2 主要是在其管治系统方面不同，在架构 2 中，能源资源通常是私有且受控的，能源通过电力市场安排提供。

架构 3 如图 2-2 所示，代表了混合资源（大规模、完全可控的发电和一定比例的间歇性资源）、被动式和响应式的混合需求、高质量服务的管理需求以及对排放规则的严格遵守。

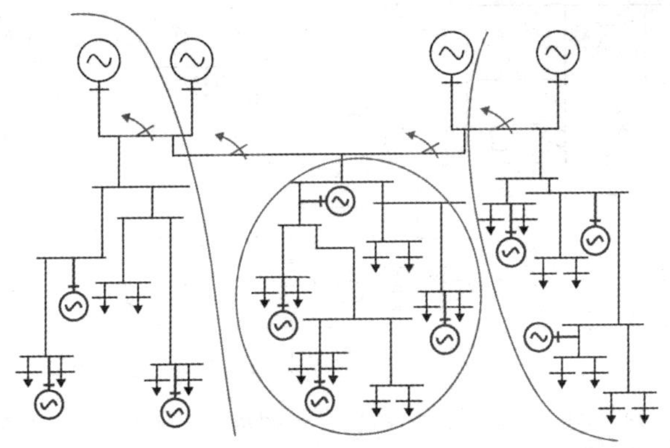

图 2-1　架构 1 和架构 2。顶部带波浪符号的圆圈代表发电设备，箭头代表最终用户，连线代表可控电网。© 2011 IEEE。经许可转自 *Proceedings of the IEEE*（vol. 99，no. 1，January 2011）

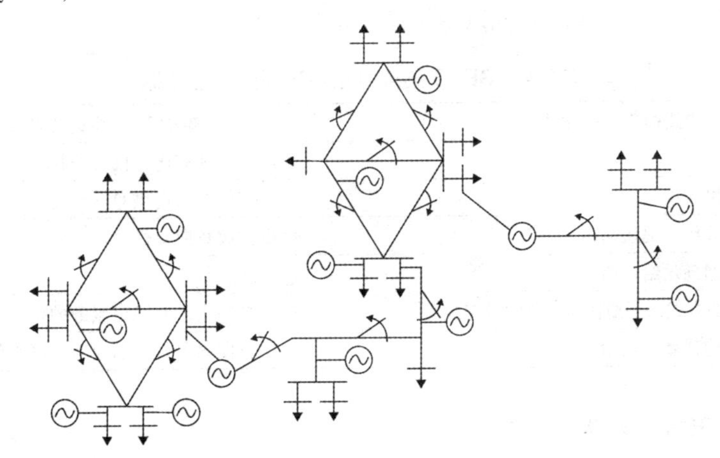

图 2-2　架构 3。圆圈代表受控的发电厂，箭头代表最终用户，连线代表可控电网。© 2011 IEEE。经许可转自 *Proceedings of the IEEE*（vol. 99，no. 1，January 2011）

如图 2-3 所示，架构 4 和架构 5 由分布式的微小型电网构成，例如岛屿、大型计算机数据中心、军事基地、海军或空军基地、独立发电的购物中心（不和当地电力公司相连）。这类 SEES 由许多小型间歇性、可变的 DER 提供，诸如屋顶光伏（PV）、生物电能资源、小规模风力发电、小型泵浦水力发电源等。此外，这类系统常依赖高响应智能电动汽车（EV）所存储的电力。不同情况下的实际系统中电力管理完全是私人且不受管制的。架构 5 和架构 4 的区别在于：它们在可靠性和效率方面有不同的性能目标。架构 4 要比架构 1 ~ 3对 QoS 有更高的要求，且架构 4 强调更低的成本。对比之下，架构 5 在发展中国家中是低成本、低 QoS 系统的典型代表，它的目标是在有限的经济下为电力用户提供服务。

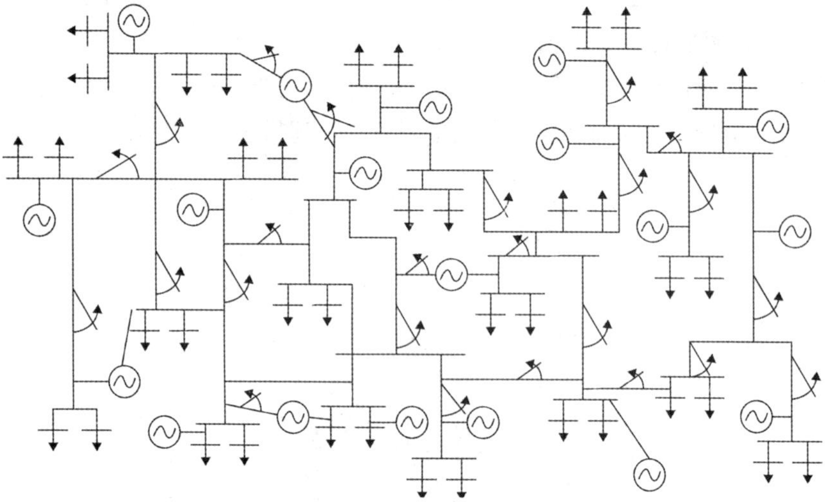

图 2-3　架构 4 和架构 5。© 2011 IEEE。经许可转自 *Proceedings of the IEEE*（vol. 99，no. 1，January 2011）

表 2-2 强调了 CPS 在不同架构的电能系统中其目标的主要区别。在架构 3 ~ 5 中，系统的性能目标整体反映了系统用户的需求和偏好。相比之下，在架构 1 和架构 2 中，电网的性能目标由电力公司和管治系统以由上至下的方式定义。

表 2-2　SEES 架构中定性不同的性能目标

架构 1 和架构 2 中的性能目标	架构 3 ~ 5 中的性能目标
按需供应	供需双方都有优先权（投标）
按照预设的价格表供电	根据支付意愿提供 QoS
按照预设的排放约束提供功率	根据排放意愿提供 QoS
使用给定的电网满足给定需求	QoS 包括支付价值
使用存储电能的方式来平衡快速变化的供需关系	按照电网用户对稳定服务的偏好来存储电能
按照预测需求构建新电网组件	根据长期服务合同构建新电网组件

2.3.1.2　关键的系统级特性

根据系统的资源、用户和管治系统的具体特点，我们需要设计出能提供可持续能源服务的智能电网。当系统的资源、用户和管治系统的特征越一致，SEES 越可持续。一旦理解以上关系就更有可能实现基于 CPS 的智能电网的基本原则。智能 CPS 电网是一种物理电网并通过信息技术实现表 2-2 中性能目标。在表 2-2 中，其左侧列出的性能目标是实现超大规模电网（即架构 1）可持续性的关键之所在。相比之下，在架构 3 ~ 5 中，要实现用户和资源能够分散地进行自我管理并参与系统中，CPS 尤为重要。在架构 2 中，社会目标由管治系统（监管者，regulator）明确，并由系统运行商、规划者和电力市场来实施，根据用户的价格（bids）来确定电力市场的规格。

在图 2-3 中架构 4 和架构 5 的目标则由系统用户和资源本身来明确，因为这些小型系统既不受管治系统管理，也不受传统电力公司的管理。图 2-4 所示的是由这两个架构演变的小型系统。图中的黑线代表现有系统，灰线代表连接到现有系统的新技术。对这样的系统而言，端到端 CPS 的设计能使得新添加的组件和现有系统的时间、空间和上下文属性匹配良好。

调整时间特征意味着供求必须始终保持平衡；如果资源和用户没有这样的属性，那么存储电能将十分关键。例如在架构 1 中，基于负载的发电站的负载保持不变，而整个系统负载是随时间变化而变化的。要解决这个问题可以增添更快的发电站或者快速蓄电站。同理，调整空间特性意味着能够根据用户所在地为其供电。由于电能系统基本不具备移动性，要调整这一特性需要电网和用户、资源互连。最后，调整上下文特征意味着实现在 SEES 中不同角色建立的不同性能目标，例如，电力公司通过定制的软硬件可以满足表 2-2 所列出的目标。同理，用户也有自己的目标，这些目标综合了成本、环境和 QoS 偏好等因素。这种上下文偏好的更多例子可以在表 2-2 中看到，更重要的是，因为治理特性定性不同，上下文偏好主要由系统架构决定。

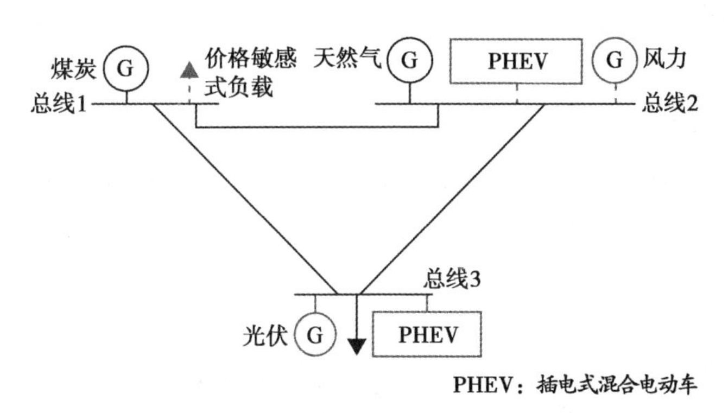

图 2-4　由 SEES 演变而来的小型系统图例

CPS 在不同的 SEES 架构中的设计目标是有区别的，理解这些区别有助于发现不同人造智能电网最适合哪一类技术。接下来介绍不同系统架构下最先进的信息技术，并确定具体架构需要哪些改进以满足表 2-2 所示目标。

2.3.2　架构 1 的性能目标

架构 1 的主要性能目标是网络中心化（network-centric），这种架构通常由受管制的电力公司实现。也就是说每家电力公司都需要以尽可能低的成本向其用户提供电力。

以上结果可以通过调度和传输电力以支持系统级的电力负载（utility load）的方式来实现，其中可用发电 P_G 由可控发电厂在给定的容量限制内生产。我们必须先预测以上电力负载，它随着天气条件和时间周期（例如每天、每周、每一季）的变化而变化。从长期来看，电力公司必须增加其发电容量 K_G，以提供足够的电量用来满足不断增长的电力负荷，同时实现淘汰现有的、过时的、不环保的发电厂计划。无论是短期调度还是长期电网投资，负载都被认为是外源的、无响应的系统输入。此外，电力公司需要增强物理传输容量 K_T，以确保可靠电力作为新一代能源持续接入电网。然后利用大规模优化算法来实现调度和容量投资，它受到电网的约束和所有设备的物理和容量限制。对于优化目标和基本约束的数学公式，参见文献［Ilic98］、第 2 章和文献［Yu99］。

理论公式认为 K_G、K_T、P_G 作为同等有效的决策变量，但是常见的做法是：首先根据系统长期负载来预测计算扩充发电容量 K_G，然后建立足够的传输容量 K_T 使电力传输可行；传输投资决策通常基于最坏情景分析，并且通常不是最优 [Ilic 98，第 8 章]。注意，电力公司并未制定计划来提高需求效益增量 K_D，因此提高需求效益增量 K_D 产生的影响和增加发电量 K_G 产生的影响也无从比较。相反，假设系统需求 P_D 是已知的，并且在最坏情况下的设备故障期间能够规划好 K_G 和 K_T 以具备足够的容量，这里最坏情况指设备中有一个到两个大发电机或者电网变速器部件从电网中断开。这种情况称为（$N-1$）或（$N-2$）可靠性标准。

基于性能调节（Performance-Based Regulation，PBR）为电力公司提供一个激励，使得他们能够创新、降低总服务成本和满足客户服务需求 [Barmack03，Hogan00]。PBR 的基本思想是电力公司监管者定期评估，例如每五年评估一次提供服务所产生的总成本，并根据总成本的减少来提高关税。不幸的是，对于复杂的能源网络，目前 PBR 设计是一个公开的难题。

2.3.2.1　架构 1 中的系统问题

在当今系统操作和规划下，以下是导致信息技术无法提高系统性能的若干假设因素。可以分为以下几类。

- 非线性动力学相关问题：迄今为止，暂无非线性模型能保证传感器和作动器逻辑在正常操作和异常条件期间所需的性能 [Ilic05]。
- 使用自适应控制、不稳定性的模型：所有控制器都是恒定增益和分散（局部）的。该系统不是完全受控的或可观察的。
- 时空网络复杂性相关问题：使用保守（conservative）调度来避免主要设备中断产生的动态不稳定性时出现的问题。使用备用的快速存储设备防止出现大型设备故障的系统操作通常效率较低。

当调整控制器时，若动态组件之间互连，就能实现局部快速响应。假设网络具有线性网络流，协调的经济调度基于这一假设实现的，并且非线性约束的影响通过定义代理发热限制来近似，并通过“流量阀门”输送电力。因此，储备电能总是在计划之中，这样在最坏情况的设备故障期间也能不间断地满足负载；在这样的设备故障期间，几乎不依赖数据驱动的在线资源。这就等同于规划足够的资源容量，却能低效操作可用资源，并且不考虑动态响应的需求，在其他可控发电和 T&D 设备上调度设定值，电网重新配置，等等。早期在断电时并没采取任何措施来避免连锁故障，尽管这样做可以防止停电 [Ilic05a]。

当前的分层控制系统并不支持电网内的高层和底层之间相互作用。例如，将预测需求的模型作为实际模型来调度。因此这样的系统不能达到综合响应需求或者新分布式能源（DER）的效果。当调度能够很好完成且快速系统是动态稳定时，AGC 能从以上预测需求中管理准静态偏差。在假定的最坏情况下，会调谐主控制器一次，但是当操作条件或者拓扑在尚未研究的区域内变化时，主控制器不稳定。

在计算机工业应用中，以上情况需要重新考虑，因为未来电网不会在电网及其分层被控制好的条件下操作。灵活整合新技术高效且更弹性，但是无疑也是很难实现的。通常新的最佳解决方案不被业界接受，且视作对可靠操作的威胁。

2.3.2.2 在架构1系统中增强网络能力

一般而言，电力公司需要更多了解用户用电负荷的详细信息。电力公司需要投资智能发电或者智能输电，这样可以抵消现有系统转换为基于CPS的未来系统所需的高成本，或者通过在不确定性下提供更好的管理服务来延迟这些投资。而先进的计量基础设施（Advanced Metering Infrastructure，AMI）则是需要迈出的第一步。

使用AMI收集的信息可以应用于自适应负载管理（Adaptive Load Manage-ment，ALM），ALM对客户和电力公司都有益处，可以使后者能更好地权衡大型投资和必要的信息技术成本［Joo10］。随着系统需求变得不可预测，CPS在实现即时（JIT）和就地（JIP）供需平衡方面的价值将会不断增加［Ilic00，Ilic11］。

在线资源管理十分重要，其通过信息技术实现。例如，许多“关键”偶发事件并非时间严格的。随着负载条件变化，拥有稳健的状态估计器（State Esti-Mator，SE）和用于调整其他可控设备的调度软件可以在长时间内抵消大型设备的高成本。为提供可靠的服务，这样的大型设备十分必要的。最终，电力公司应该实现快速的功率-电子开关自动化，甚至是在时间关键的设备故障期间，也能使系统动力稳定［Cvetkovic11，Ilic12］。在正常条件下使用更便宜、更清洁的燃料节省产生的收益和减少“必须的”发电产生的消耗，对于这些潜在的收益我们也要做出评估。

2.3.2.3 在架构1中CPS设计的挑战

显而易见，在架构1中可能实现基于CPS的增强功能，但是这一领域的创新和采用新的基于网络的解决方案仍十分缓慢。数据驱动的操作需要增强电力公司级别的状态估计器，随着支持状态评估的新系统控制和数据采集系统（System Control and Data Acquisition System，SCADA）可以在线提供，该优化工具可以用于计算可控发电和T&D设备的最有效调整，并可远程控制该设备。主要的计算挑战之一来自大型电力网内高度相互交织的时空复杂性。可控设备本身具备动态特性，电网也是空间复杂且非线性的。目前没有通用的大型软件可以部署在架构1的复杂电网中，同样也没有大型软件可以在这些应用中提供可靠性能。

2.3.2.4 在架构2中CPS设计的挑战

架构2与架构1中的系统级目标非常相似，然而，在这种类型的系统中，发电的成本来自非电力公司的投标，可能与实际发电成本不同，投标人自然选择优化自己的利益而不是让自己面临过度的风险。此外，负载服务型电力公司与现在的电力公司正形成竞争关系，负载服务型电力公司通过参与批发市场向较小的用户群体提供服务。在这种情况下，这些负载服务实体（Load-Serving Entity，LSE）的目标就是通过管理负载服务实现利润最大化。

架构2的主要挑战是网络设计，确保电力市场与电网运营一致。

2.3.2.5 在架构3~5中CPS设计的挑战

目前，新兴架构3~5的系统级目标尚未明确。架构4和架构5处于待设计的阶段，也就是说，它们正随着新技术的研究而不断发展。现在的趋势是大型电力用户与公用电网分离，成为独立有效的微电网，智能数据中心、军事基地、海军和空军中心都有这一趋势。此外，一些能源服务供应商（ESP）管理的相对较小的城市和其他团体也开始考虑独立资源的好处，并且降低对当地电力公司供应商的依赖。

与架构 1 和架构 2 相反，架构 3 到 5 是独立的、自我管理的、相对较小的电网，如图 2-2和 2-3 所示。所谓微电网能与主干电网完全断开连接独立地运行，而当其资源不足或成本过高时又能与主干电网相连来确保可靠性服务［Lopes06，Xie09］。以前用户与电力公司之间相连而现在逐渐将自己的资源连接到主干网中，但是依然需要电力公司提供最终保障，而电力公司很难与这些微型电网直接进行互操作。

迄今为止，复杂的大型动态系统中，并没有研究这些新兴架构的数学模型［Doffler14，Smart14］。相反，对独立（群组）的组件（如风力发电厂、智能建筑、太阳能发电厂及其局部控制器和传感器）的建模已经做出很多研究。缺乏模型又导致了缺乏系统估计、通信和控制方法来评估新资源的存在及其对系统的价值。例如，电动汽车缺乏智能充电方法会使电力公司检测到更高的功率峰值。更高的功率峰值会带来两个不利影响：首先这意味着要建造新的、产生污染的工厂，其次对电动汽车而言缺乏经济激励去减少电力公司负载。

这些问题的根源正是缺乏系统用户端到端的多方位信息交换，这些问题在不同的技术和类型的系统用户（风力发电厂、光伏、智能建筑和具有其他响应需求的用户）之间存在。当对最终用户提供最终服务，T&D 电网的所有者和运营商无法协调时这类问题就突显出来：可控电压设备的 T&D 所有者不能在线调整这些控制器的设定值，因此不能用最清洁且最有效的方式传输和利用电力。更普遍的是，没有多方位信息交换，智能电网就缺少激励去满足不同参与者的需求，也无法满足整个系统目标。

2.3.3　未来的方向

未来电网要实现真正弹性、高效运行并不是依靠某一种方法。同样，也不存在最好的架构。相反，现有的信息技术将新型嵌入式传感器、作动器结合起来，包括最小的多层在线互动信息交换协议，这些技术能使得智能 DER 与现有的物理电网和资源同步工作，其重要性不言而喻。如前文所说，感知多少和执行多少以及需要哪种类型的信息交换协议，这很大程度上取决于现有资源和用户在现有的传统电力中的整合情况，也取决于监管变化和社会目标。注意，不同参与者的权利、规则和责任都在发生着变化，这些变化很有可能导致 CPS 产生重大变化，从而能支持系统不断地发展［Ilic09］。一般来说，电力用户在环境和经济激励下积极参与电网的供需平衡，这就使得电力公司不像过去一样依赖技术去预测系统需求和规划发电。

目前涌现出新的 IT 公司，它们代表系统用户进行数据采集和业务处理［helio14，nest14］。更多 DER 由非电力公司的参与者拥有和运营，这就产生电力服务最终责任的归属问题，尤其是设备故障期间。在正常操作期间，大量的 DER 和大规模负载都是自适应的，它们仍希望在自身资源不可用时能得到电力公司的支持。电力公司作为电力服务的最后环节供应商，这种模式给电力公司巨大的压力。具有讽刺意味的是，电力公司的效率是以其发电量大、系统负载相对平稳为基础的。在范例中，小型的DER支持局部的、动态变化的负载，这样的范例导致电力供应模式出现整体效率的问题。网络化的资源聚合对于提高效率和稳定性来说至关重要。

在本章的剩余部分，我们描述了在动态电力系统中建模、估计和决策的方案。实例和参考资料主要基于卡内基梅隆大学电力系统组（EESG）所做的工作，因此并不完全代表现有技术。

2.4　可持续性SEES的网络范例

在本节中，我们将介绍一种建模、估计和决策的范例——DyMonDS，将其视作新网络设计和实现的基础，借此解决了前文中电力行业面临的问题。首先，对于之前描述的不同物理架构而言，该框架的基本原理是一样的。为了阐明这一点，在图2-5中展示了典型的电能系统及其嵌入式智能［Ilic00，Ilic11］。从图中可以看到两种不同的CPS过程：1）物理组件（群组）具有自己的局部DyMonDS；2）组件（群组）之间的信息和能量流以多点虚线表示。

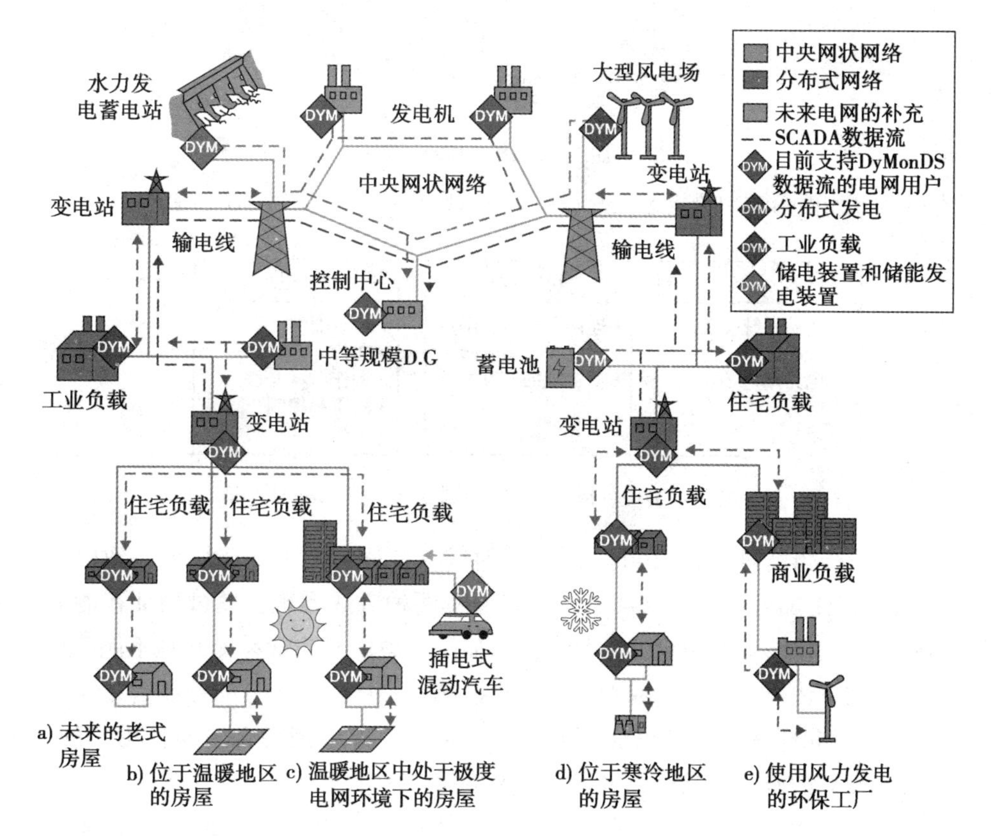

图2-5　CPS电能系统及其嵌入式DyMonDS［Ilic11，Ilic11a］。© 2011 IEEE。经许可转自*Proceeding of the IEEE*（vol. 99，no. 1，January 2011）

DyMonDS通过嵌入式感知、系统信号学习以及局部决策和控制，能够有效地表示物理组件（群组）。这些组件在复杂电力系统中共同实现目标（合作）和共同竞争。它们还能对预约的绑定信息信号做出响应，并根据明确的协议将预约信息发送回系统。注意，我们对嵌入式网络和信息交换的设计都基于物理模型和明确的性能目标。电网的智能性和健壮性主要取决于它对哪种 SEES 架构提供服务。图 2-6 是文献［Ostrom09］中介绍的一般社会生态系统（SES）的草图。图 2-7 是我们提出的基于 DyMonDS 的端到端 CPS 电网草图，它实现了社会生态能源系统（SEES）的可持续发展［Ilic00，Ilic11］。SEES 架构的类型不同，其基于端到端 CPS 设计的智能电网需求也各不相同。然而基本原则是一样的：尽可能地将时间、空间和上下文特征与资源、用户和管治系统的目标保持一致。若接受这一观点，那么就可以设计出目标明确的 CPS 电网，且也可以量化不同信息技术的价值。

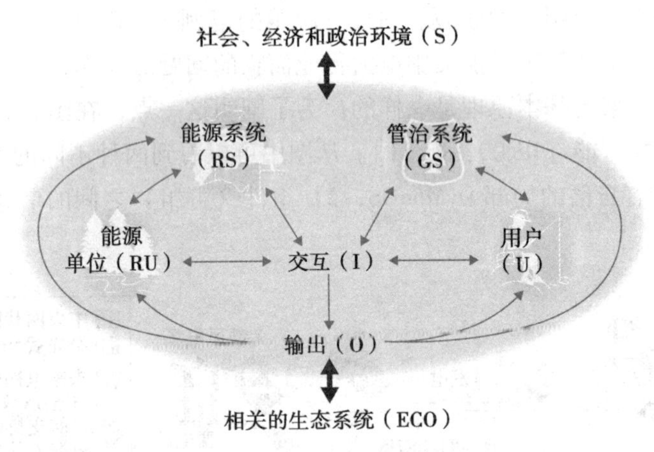

图 2-6　用于分析社会生态系统（SES）的框架中的核心子系统［Ostrom09］

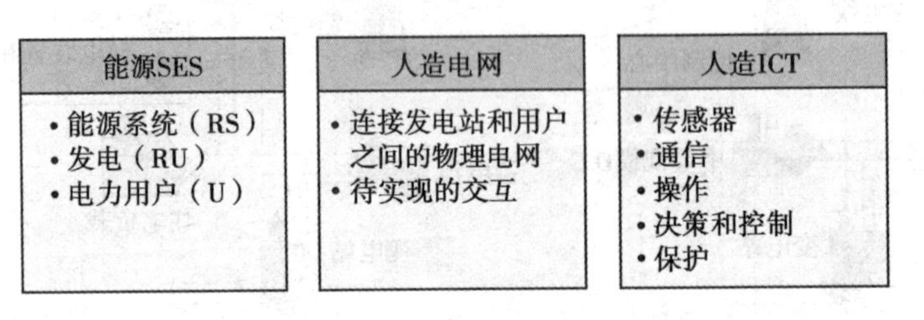

能源SES	人造电网	人造ICT
• 能源系统（RS） • 发电（RU） • 电力用户（U）	• 连接发电站和用户之间的物理电网 • 待实现的交互	• 传感器 • 通信 • 操作 • 决策和控制 • 保护

图 2-7　智能电网：实现可持续 SEES 的端到端 CPS［Ilic00，Ilic11］

回顾 2.3.1 节，当物理电网（群）用户的时间、空间、上下文属性更一致时，给定 SEES 在各方面表现更加可持续。这种结果可以通过两种方式实现：通过局部智能嵌入到电网用户和协调不一致的电网用户。简单来说，如果电力用户非常易变并且不能响应，则有必要为它们提供更快速的发电，或者确保用户能响应系统其他部分的外部信息（external information）并进行局部调整。如果这部分没有完成，互连电网将无法满足用户的需求，这种情况称为不可靠的服务质量；也可以认为资源整体利用低。

可持续性 SEES 的问题也就是复杂动态系统中网络设计的问题，人们认为该系统是由外生输入和外生干扰驱动的，其动态状态在以极大的差异发展，这种差异则是由资源、用户、T&D 电网、嵌入式 DyMonDS 及其内部互动造成的。控制器响应信息更新，这些信息包含系统输出与预期的偏差。同理，外生系统对电网状态（电压、电流、功率流）的空间影响是复杂和不均匀的。最终，导致不同（群组）电网用户的性能目标存在巨大差异，有时会因为能源系统中不断变化的复杂环境而发生冲突，这一点在本章前面描述过。

2.4.1　在 SEES 中基于物理的 CPS 组合

复杂网络系统中长期存在的问题之一就是子网的系统组成。这问题包括物理设计和网络设计 [Lee00，Zecevic09]。在本节中，我们提出一种新的基于物理的方法组合信息网络，借此来支持物理能源系统。物理模块的动态特性及其互动是由它们对外生输入的自然反应所驱动，而外生输入本身是由复杂 SEES 内物理变化和网络变化组成。例如，发电机对其物理变量（电压、频率）偏差的响应和改变其控制器（例如调速器和励磁机）的设定值。风力发电厂由风速这一外生变化和其控制器的设定值（例如，叶片位置和电压）的变化所驱动。

概括来说，可以认为 SEES 中的每个 CPS 模块具有图 2-8 所示的结构 [Ilic14]。每个物理模块的动态特性可以由模块自身的状态变量 $x_i(t)$、状态数 n_i；局部主控制器注入输入信号 $u_i(t)$、外生扰动 $M_i(t)$、交互变量 $z_i(t)$进行表征。最大的难题是将所有模块组合成复杂的互连系统，因为每个特定模块的交互变量取决于其他模块的动态特性。互连 SEES 的开环动态特性由所有模块的外生输入 $M_i(t)$和所有模块 $x_i(0)$的初始状态决定。这个过程上叠加反映模块状态变化的离散事件（图 2-8 中最浅灰色箭头）。闭环动态特性由局部控制器 $u_i^{ref}(t)$和局部控制信号 $u_i(t)$设定值的变化进一步决定，局部控制 $u_i(t)$随着局部输出 $y_i(t)=C_ix_i(t)$和交互变量 $z_i(t)$的期望值偏差而变化。在前面描述的五个架构中，系统调节和局部控制设计都有很大差异。它们与系统控制和数据采集系统（SCADA）一起，构成了 SEES 的信息网络。

为了形成信息网络的系统组合，我们首先观察到状态 $x_i(t)$的实际连续动态特性具有的物理结构。尤其，任意给定的模块其动态特性明显只依赖相邻模块状态的动态特性，而不依赖更远的模块状态 [Prasad80]。而前不久才开始观测解耦状态空间（Observation-Decoupled State Space，ODSS）电频建模、估计和控制，这种思想是基于这种固有结构 [Whang81]。最近，为了完全耦合电压 - 电频动态特性，引入新的基于物理的状态空间模型 [Xie09]。每个模块的变换状态空间包括剩余的（n_i-2）状态和交互变量，其物理解释是存储在模块的电能和电能的交换速率，这种交换发生在模块和系统其余部分。在这种新变换状态空间中，模块化动态特性的多层组合可以由内部剩余物理状态的动态特性和交互变量的动态特性来表示，其中这些物理状态组成了系统最低层，交互变量组成了系统的较高层。这又反过来定义了相关的网络变量，这些变量是表征复杂电网中动态特性的最小需求。

以上的多层表示如图 2-9 所示，在这个模型中，图 2-8 中每个放大模块（zoomed-in module）的学习变量是相邻模块的交互变量，介于模块和系统余下部分之间的通信变量是该模块本身的交互变量。这种建模步骤鼓励人们将电能系统视为真正的信息物理系统；它们的物理结构决定网络结构（变量是已知且能通信的），网络性能旨在支持物理性能。开环的动态特性可通过交换交互信息来组成。这种互动支持使用有效的数值方法来模拟复杂电网 [Xie09]。

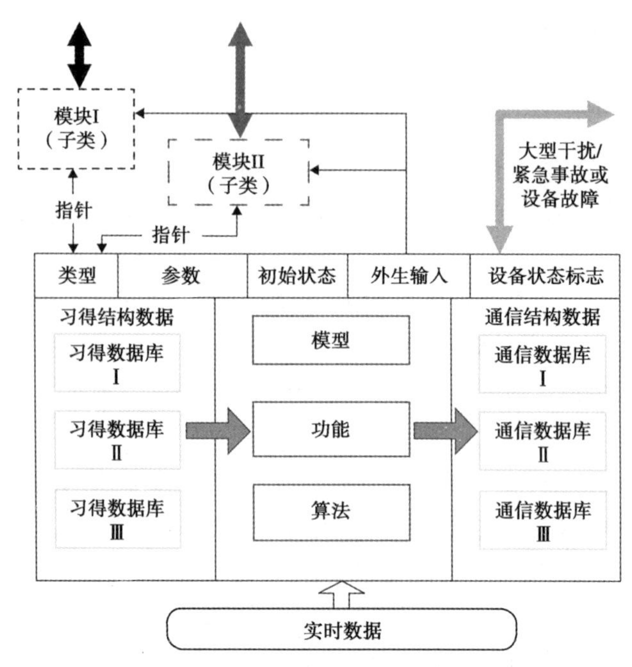

图 2-8 SEES 内 CPS 模块的一般表示

闭环 CPS 设计也是依赖同样的动态特性结构。假设每个模块保持内部稳定，分布式控制能响应内部变量的动态特性和交互变量的动态特性。这相当于在使用转换状态空间时将互相竞争的控制完全分散。网络方面通过快速采样来支持通常高增益的局部控制且无通信，通过这种方式实现整个系统的同步［Ilic12a］。在理想状态下，这种网络结构是十分高效的，例如在架构 4 中，其全部动态组件（包括导线）都具有功率电子开关控制［Doffler14，Lopes06］。前面描述的其他物理架构都没有太多的分布式控制，即使其他物理架构也如此，也很有可能会出现控制饱和。因此，技术标准/协议通常需要更实际的网络设计［Ilic13］。

2.4.2 在 SEES 中基于 DyMonDS 的 CPS 标准

我们可以通过新的建模方法来理解动态监测和决策系统框架，在这样的建模中，模块由其内部变量和交互变量来描述。在嵌入物理模块的 DyMonDS 设计中（如图 2-5 所示），模块在电力系统中有用的时间尺度上不发生动态问题，那它们就能以即插即用的方式插入到现有电网中。多层建模和控制的设计方法为各个模块的设计标准奠定了基础。

最简单的实现方法是要求每个模块满足动态特性标准，在闭环动态致使其与系统其余部分的交互被取消。在架构 4 和架构 5 中是可以实现这种方法，它们包含许多小型分布式组件，每个组件都具有局部网络结构。例如，一个 PV 面板能够存储电能且能够快速发电，并以此抵消来自系统其余部分存储的能量交换（交互变量）的影响。至少系统中余下部分可以看到，这样的一个 PV 装置将有充分的控制权和足够的存储能力，可以把它作为一个理想的 AC 电源，文献［Doffler14，Lasseter00］中设想的微电网设计都认为这十分可行。相比之下，架构 1 到 3 要想实现即插即用的动态特性，需要更复杂的标准。注意，并非架构中的每个动态特性组合都有一个控制器。

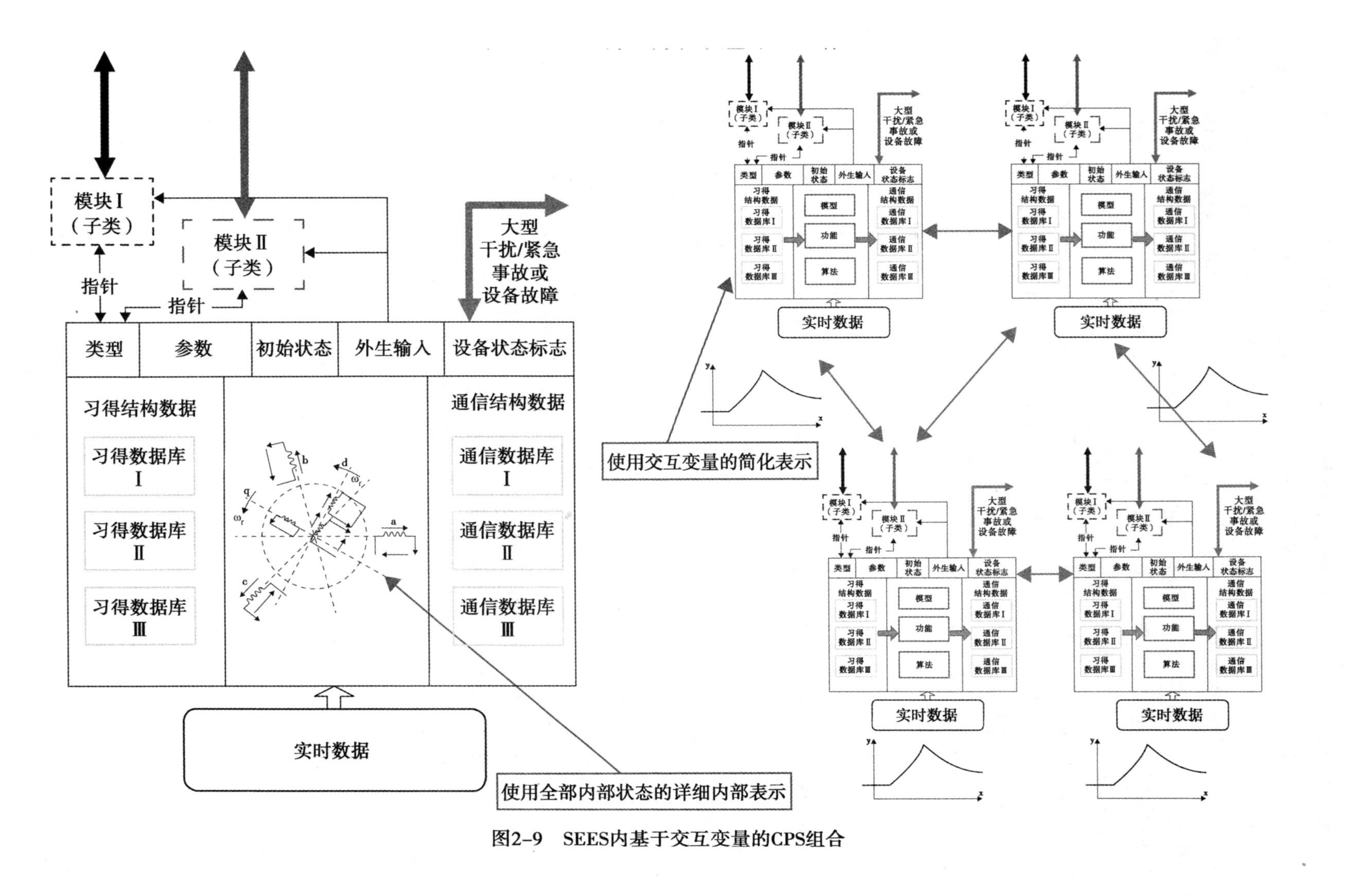

图2–9　SEES内基于交互变量的CPS组合

我们提出以下系统动力学标准，这个标准必须由一组模块来满足，而不是由每个模块来实现 [Baros14，Ilic13]。该标准要求在每组模块之间进行协调和控制，要求组间协调最少或者无需协调。组用户的准静态标准在现实世界中的例子是控制区域的概念。两个控制区之间的相互作用是通过无意识能量交换（Inadvertent Energy Exchange，IEE）来测量的，这是由面积控制误差（Area Control Error，ACE）功率不平衡决定的。这也是现在 AGC 的基础 [Ilic00]。该概念可以进一步概括为动态特性，动态特性与一组负责组件关联，该动态组件确保不存在不稳定问题。详细的推导已经表明：这些交互变量的动态特性由交互变量本身和相邻模块的某些状态确定 [Cvetkovic11，Ilic00，Ilic12 Ilic12a]。因此，可以以分布式方式感知和控制交互变量，因为它们的动态特性完全由局部可测量的变量决定。

2.4.2.1 数据驱动的动态聚合作用

通过前面的讨论可以得出：可以以完全分布式的方式来完成网络元素的设计，其网络元素是为实现每层的期望性能。然而，这种说法并不总是正确。通常，如果交互变量的影响主导局部模块化动态特性，则需要设计复杂的高增益局部控制器来处理交互变量，并且使得模块表现如同其闭环动态特性那样的弱耦合。这种方法通常需要大量局部感测和快速可控的存储设备，并且无需通信。这种设计与电力系统中传统分级控制之间的区别在于：现有的可证明性能可测量，其测量标准是模块满足目标的程度以及模块与互连系统中目标的对齐程度。

数据聚合中最大难题可以通过关闭循环并使模块和层自给自足来解决。虽然当用户群体形成具有共同目标的模块，通过聚合实现了节省，但是在这种情况下，模块变得具有竞争力，这就导致 CPS 的系统效率变低。在这里再次表明：传统的分层控制思想产生低效的解决方案，这比存在模块协调时效率更低。事实上，这个结论显然不再成立，因为模块边界不是基于复杂系统内的管理区块而预先定义。相反，它们由组件本身以自下而上的方式聚合形成，直到聚合成模块。如果这种聚合成为数据驱动，并且协作模块边界是由不断变化的系统条件动态形成，则这些模块可以在实际操作中解耦操作；且仍能实现同样好的性能，目前的分层系统中常见做法是对固定边界的模块进行交互变量的协调。

模块最佳尺寸取决于属于模块本身组件的自然动态特性以及模块之间互连的强度。物理特性最终确定局部网络结构（DyMonDS）的复杂性与协调交互变量的通信要求之间的近似平衡。这些多层电能系统，以及为 SEES 服务所需的物理和网络设计之间的相互依赖性，我们对其进行的实际工作不足。物理和网络的相互依赖关系是为了更好地服务于 SEES。

2.4.2.2 具有预定义的子系统在系统中的协调

目前，以自下而上的方式动态地聚合用户组非常困难，因此他们的闭环动态与其他用户组之间的依赖程度不高。当电力系统失去大型发电机或输电线路时，其相关模型本质上是非线性的。因此，很难确定是否能实现该系统的聚合，故这种拓扑变化产生的影响常常伴随着错误。一个可行的解决方案是：使用其余部件的自适应高增益控制，使得系统在闭环中呈线性并且其差异平坦［Miao14，Murray95］。这个方案实现途径之一是：可控存储设备的电力控制以千赫兹（kHz）速率切换，能使机电系统在大部件故障之后保持同步。最近，随着高压功率电子技术的重大突破，以及准确、快速的GPS同步发展，解决方案可行性也随之增加［Cvetkovic11，Ilic12］。

具有大规模快速功率电子开关储电设备的互连电力系统其计算值得探讨：这种技术自然使得受控设备内部状态的闭环动态特性更迅速，并且使其与模块的交互变量解耦，同时也与旋转机械的机电动态特性解耦；因此，通过系统主干网来阻止故障的影响从而达到完全分布式的稳态很有可能实现。最大的问题是如何将大量组件动态地聚合到单个智能平衡机构（intelligent Balancing Authority，iBA），以最大限度地降低储电成本［Baros14，Ilic00］。在柔性交流传输系统（Flexible AC Transmission System，FACTS）的无功部件中，当传统快速控制器存储较少，必须由诸如各种电池和飞轮等实际电力储能装置进行补充，这是目前具有挑战性的控制设计问题［Bachovchin15］。至此，朝着这个解决方案的第一步已经迈出。

接下来将为这些iBA的动态特性定义标准，系统可以通过弱耦合的iBA以即插即用的方式运行［Baros14，Ilic00］。图2-10描绘了IEEE 24节点RTS系统［Baros14］，也包括在具备和不具备基于iBA的高增益控制（恒定增益AVR和PSS）时，电力潮流在特定区域的动态响应，特定区域指的是节点1处靠近发电器发生异常的区域。图2-11显示了具备聚合的iBA时的系统响应；还显示对闭环非线性控制器相同故障的动态响应。虽然系统对失效发生器的响应与现有的励磁控制器（例如自动稳压器（AVR）和恒定增益系统稳定器（Power System Stabilizer，PSS））一起振荡，但高增益非线性反馈线性化励磁控制器将使得在iBA中发电厂的闭合动态特性稳定，这几乎完全消除了系统其余部分的区域间振荡。

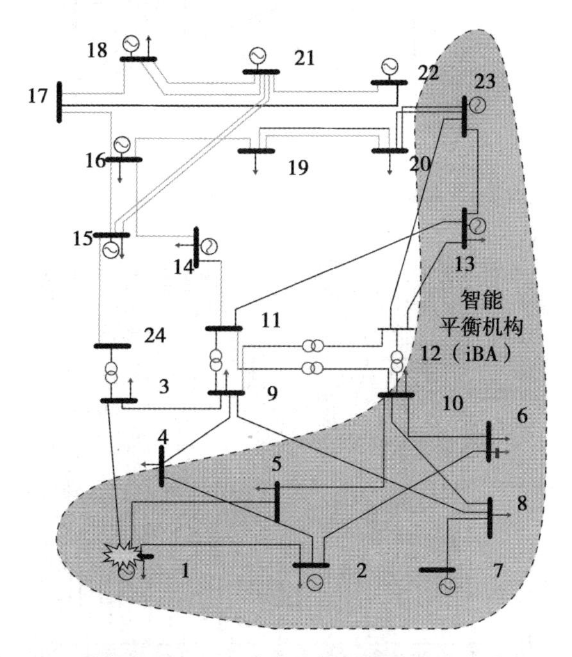

图2-10　具有高增益iBA分布式控制的动态响应［Baros14］

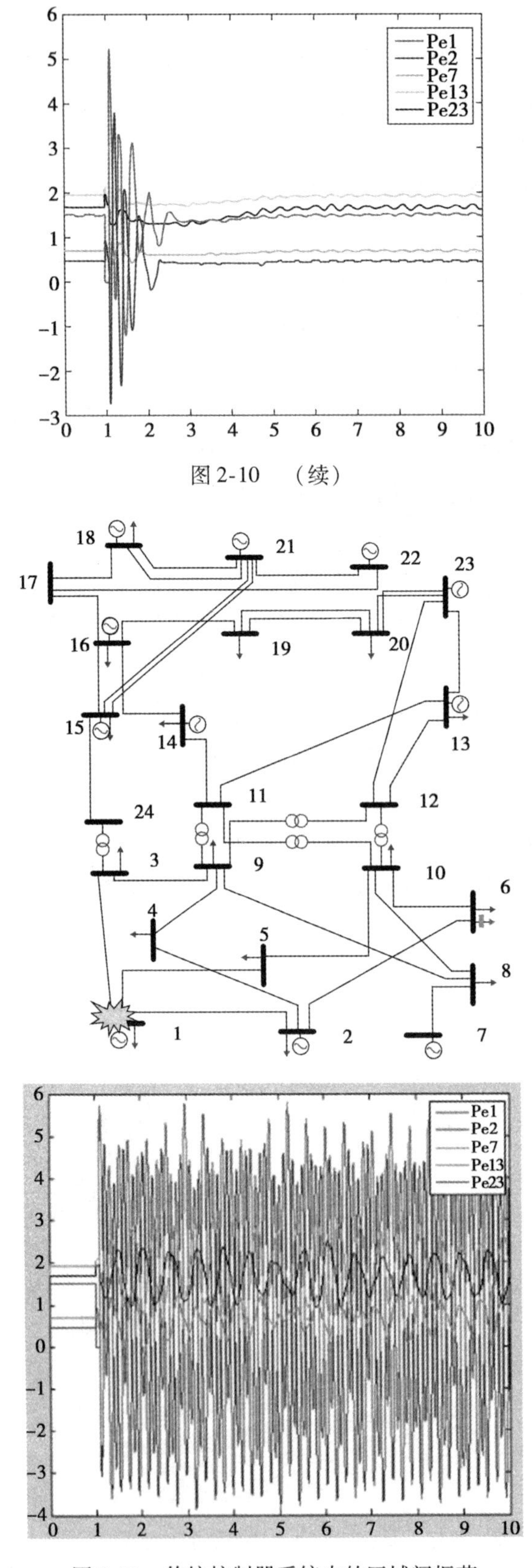

图 2-10　（续）

图 2-11　传统控制器系统中的区域间振荡

在设计高增益功率电子开关控制器时要做大量工作，以保证当系统处于非同步状态时依然能提供可靠性能。最新研究表明，在这些条件下，选择正确的能量函数对保持系统同步而言至关重要。再次申明，能量函数的选择基于物理学：当设计模块控制器时，发现最佳能量函数是剩余系统的熵［Cvetkovic11，Ilic12］。因此，如果模块中高增益控制器的行为在剩余系统中产生最小混乱，则互连系统不会受到干扰。图 2-12 和图 2-13 中展示的是系统遇到短路故障，以及文献［Cvetkovic11，Ilic12］中提出的在有无非线性控制器条件下的系统响应。

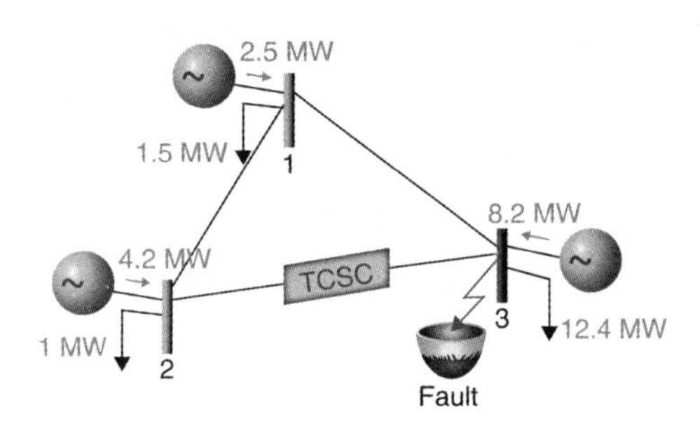

图 2-12　小型电力系统中的短路故障［Cvetkovic11，Ilic12］

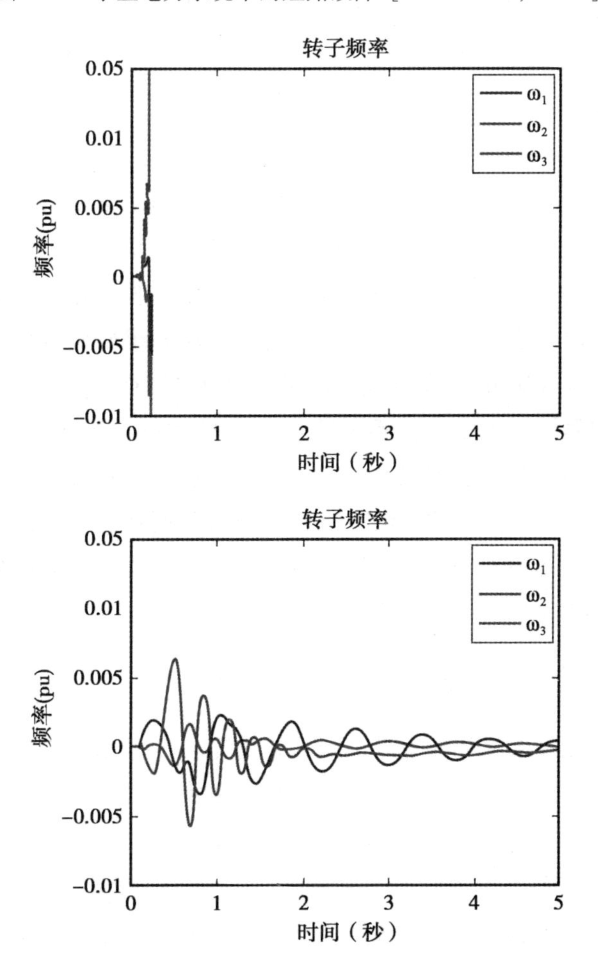

图 2-13　有无基于熵的控制器时频率响应［Cvetkovic11，Ilic12］

通用的多层建模方法可用于协调控制交互变量以减少高增益控制和实现快速存储，其中多层建模方法用于表示任何 SEES 结构中的动态特性，SEES 架构模型中使用较底层详细模型来表示用户（组）的多样且独特的特征，较高层仅用于表示它们之间的交互。目前建立的层次化电力系统建模不能有效应对系统的持续性扰动；这样的系统通常认为较高层是准静止的，而仅仅较低层是真正动态变化的。当这些条件不再成立时，将整个复杂系统视为由组件群组的动态时空交互变量驱动。

网络结构中的较高层感知并传达不同系统模块之间交互变量的动态特性；所需的信息交换是根据这些交互变量来定义的。只要交互变量的影响不超过分布式模块的局部动态特性，则局部变量及其局部控制器是分布式的。图 2-14 为给定的交互变量提供了局部分布式 DyMonDS 的放大草图，以及上层模块协调的缩小草图。

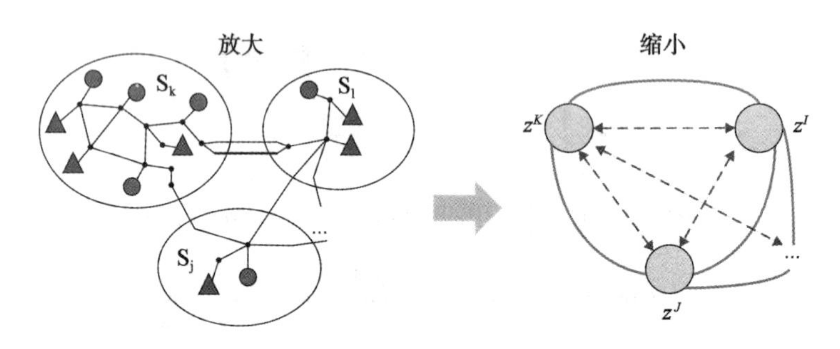

图 2-14 协调交互的多层方法［Ilic12a］

在文献［Ilic12a］中可以发现用于通信和控制设计的几种方案，这些方案用于确保对小扰动依然保持稳定频率响应。这些设计确保在响应步调紊乱时，频率偏差恢复到零，或者响应在受到由风力波动引起的持续小干扰时，频率偏差维持在一个可接受的阈值内。这些设计采用结构保留建模框架，将系统模块化为协调层和组件层两层。这种系统框架用于确定每层的控制职责且保障系统稳定性。即使系统遭受持续干扰，这种框架能通过增强的、分布式的、协调的控制器来确保系统稳定。参见文献［Ilic12a］，文中对协调所需的通信复杂度、局部控制器的复杂度以及 QoS 之间的权衡进行有趣的评估。研究人员目前正在调查将这种多层次方法一般化的方法，以确保复杂电网在大故障或者突发大幅度风扰动时能保证瞬态稳定性；这种方法对于系统集成电力电子开关控制器以稳定系统频率和电压来说很重要［Baros14］。

2.4.3 交互变量自动建模与控制

对于大型电力系统有所了解的人都应该非常清楚：要导出动态模型，且要求模型能充分详细地捕获有用的物理信息，这是一直以来最主要的挑战。未来能源系统将由多层交互式的模块化系统组成，我们认为采用这一观点可以根据需求尽可能详细地表示高度多样化的模块及其局部 DyMonDS，也可以根据模块之间的交互变量定义输入/输出功能，这是为了形成互连系统的动态特性。交互变量的协调通常需要更粗糙的模型。

为了满足良好建模的需要，最近在文献［Bachovchin14］中引入自动化方法，这种自动化方式是使用拉格朗日公式对电力系统的标准状态空间模型进行符号推导。这种自动化方法可以导出状态空间模型且将其交付给系统控制设计人员，解决了电力系统中一个主要难题，特别是对于大型系统来说更加困难，因为其控制方程是复杂和非线性的。由于电力系统的控制方程是非线性的，正如文献 [Ilic12a] 所述，在大型电力系统中使用拉格朗日公式将其状态空间模型符号化的这一过程的计算量巨大。

因此，为导出状态空间模型，在文献 [Bachovchin14] 中描述了一种已实现的自动模块化方法。使用这种方法，将系统划分为模块：每个模块的状态空间模型分别确定，然后将每个模块的状态空间模型以自动化过程的方式组合。大型电力系统包含许多相同类型的组件，因此这种模块化方法十分有效。

此外，该方法可用于获得适合控制设计的动态的模型。特别是它可以用于导出包括哈密尔顿动力学的模型。所得到的模型通过获取有用的输出动态特性来简化控制器设计，例如作为总累积能量的哈密尔顿算子。

几种常用电力系统组件的动态方程在文献 [Bachovchin14] 中给出。可以使用拉格朗日公式找到这些动态方程，或者可以使用与能量守恒结合的力学定律（force law）来计算这些动态方程，这些定律可以用来确定电气和机械子系统之间的耦合。最近这种自动化建模方法已用于设计飞轮的电力控制开关，以确保与感应式风力发电厂的电网同步，否则风力发电厂容易受到长时间快速功率不平衡的影响。

目前，为可持续的电力能源系统全局交互变量的建模和网络设计仍然在进行中。我们第一次将粗糙交互变量的可持续性建模与使物理电网更智能的建模联系起来，这只是这个方向的第一步，要知道，设计出可持续性的信息物理系统就必须对潜在物理学有深刻理解。

2.5　从业者的影响

本章主要描述新 SCADA 与目前的 SCADA 的不同之处。通过新架构，运营商和规划者根据系统用户的前摄绑定信息交换然后做出决策，这就导致系统之间各不相同。这种方法在考虑系统值的同时，满足社会需求。由于决策通常是未来的或者接近实时的，因此需要进行周期性的信息交换。对所有参与者来说使用 DyMonDS 都是最佳的，其风险会根据这些参与者所选的技术期望和承担意愿而分散其中。这样的系统可以提供新的可靠、高效、清洁的服务和技术，这些技术可以带来价值持续到补贴阶段。

2.5.1　性能目标的 IT 演化

如前所述，多层建模的交互变量之间需要相互协调，在多层建模中有如下假定：具有共同目标的协调组件（群组）边界已经给出；此外，复杂系统内的信息交换模式受到各种治理规则、权利和责任的制约。从长远来看，自下而上的交互式动态聚合能优化共同目标，也能为管治系统提供关于其规则对系统性能影响的量化反馈。通过交互变量可以形成性能目标，系统演变成更可持续的 SEES。为了扩展基于交互变量的建模和设计，需要进行大量研究，这会影响管治系统，该管治系统监管电力行业、系统用户偏好以及 T&D 电网在价格方面的响应能力。

2.5.2 分布式优化

本章强调在高度不确定的环境中优化资源同时考虑跨期和空间依赖（约束），计算上是极具挑战性的。为了克服这种复杂性，我们的 DyMonDS 框架可用于内部解决时间尺度上不确定性的复杂性，这些复杂性导致不能根据需求来进行可控发电和输电。特别是局部 DyMonDS 会面临一系列不确定性，该模型提出将顺序决策嵌入局部 DyMonDS 中以实现可控设备，这些可控设备是电力公司的控制中心为了不受时间限制地管理网上资源而设计的。

最简单的例子：发电厂能保证发电量限制随时间变化，而不要求系统操作员时刻关注其变化率；在这种情况下，发电量变化率已被考虑和内部化。参与需求响应的电力用户可以做同样的事情。对于这种分布式管理的理论基础，内部化的跨期复杂性和不确定性在文献 [Ilic13a，Joo10] 中有描述。系统用户和系统操作员之间的交互是点对点的（pointwise）或整体的（functional）。大多数分布式优化方法本质上都是点对点的：每个用户对假定的系统条件进行必要的优化，并提交最优的电量请求。然后，系统操作员收集用户优化的请求，并计算与实际发电功率的错配，然后相应地更新电价。供需短缺越大，系统定价在下一个迭代阶段就越高。相反，供需过剩越大，下一个迭代阶段的系统定价就越低。

在强凸度假设（strong convexity assumption）下，这过程在系统范围内能产生最优结果 [Joo10]。然而，实施点对点供需平衡需要系统用户和操作员进行大量通信。作为替代方案，使用 DyMonDS 框架基于层之间的信息交换功能（用于发电和甚至输电的供需功能）[Ilic11，Ilic11a]。这种方法可以消除模块之间的多次迭代，并相对快速地达成一致。图 2-5展示了新提出的具有嵌入式 DyMonDS 的 SCADA。

2.6 总结与挑战

由于版面限制，我们无法进一步讨论新兴电力系统的 CPS 的各个方面。我们希望读者意识到：系统设计端到端 CPS 的方法对于整合许多技术和实现价值最大化而言至关重要。粗略地说，对于系统而言，任何技术都有其价值，这些技术无论能否满足系统需求都能根据系统性能逐步改良。大多数信息技术使用灵活，在不确定的运行环境下能最大限度地节省投资。图 2-15 展示小型系统上的 CPS 示例，简要概述我们对未来的展望。将各种传感器（例如，PMU、DLR）嵌入在适当的位置，这样新系统会比现有系统更易观察，并且使用了状态在线估计来调整物理资源以达到物尽其用。

目前还有需要做大量研究工作来确立一套规则方案，这种方案决定需要多少传感器以及在不确定的环境中如何放置它们能够实现最大信息增益。基于对历史和传入数据的学习，状态估计有望为系统提供范围更广的情景感知 [Weng14]。然而，在集成智能电线、控制器和具有端到端功能的快速存储设备时，仍有很多问题尚未解决。这种系统的典型干扰如图 2-16 所示。将这些信号分解成可预测的成分，然后用较慢、较便宜的资源和模型预测前馈方式来控制这些成分，需要快速自动操作和存储设备处理剩下的不可预测的成分，处理这些成分主要取决于预测效果好坏。数据驱动、在线、多层学习和动态聚合将会成为可持续能源服务的主要网络工具。然而，现在最大的挑战是将物理学知识与数据驱动学习结合起来，并使未来的电能系统能够长期最大程度地物尽其用。

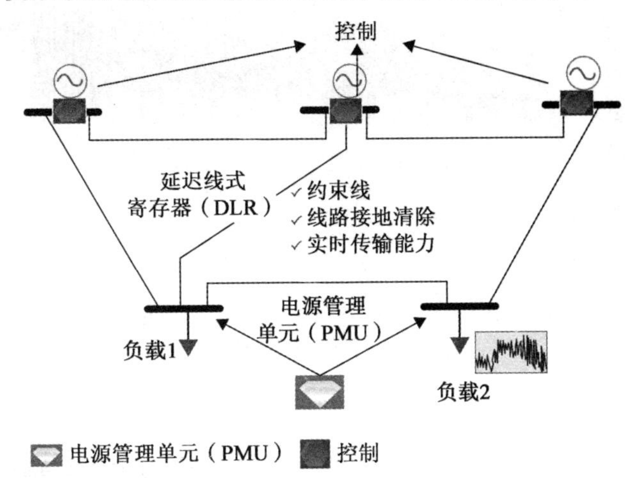

图 2-15　未来可持续 SEES 的 CPS © 2011 IEEE。经许可转自 *Proceedings of the IEEE*（vol. 99, no. 1, January 2011）

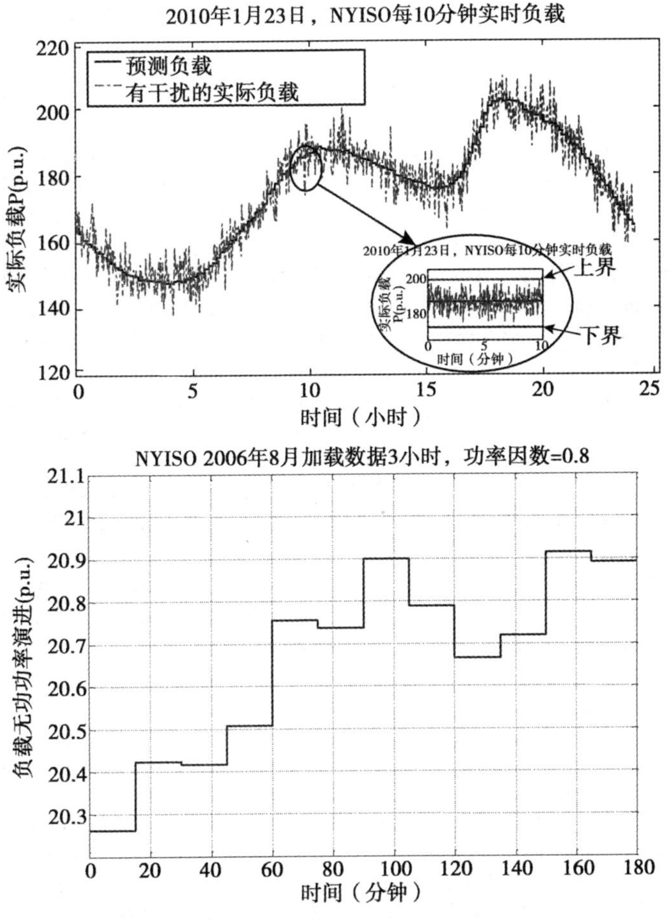

图 2-16　实际信号：我们能了解多少？多少是不可预测的？

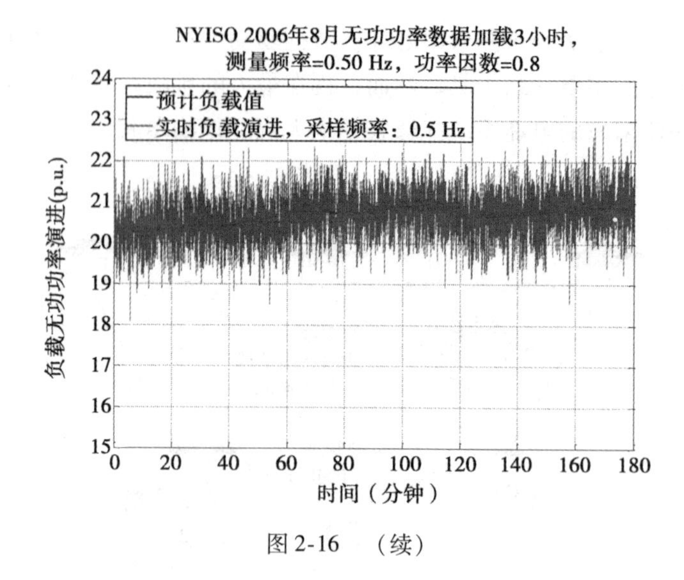

图 2-16　（续）

例如，以分布式方式评估电力流的可行性，调整复杂电网中的智能电线以确保可行的电力流，这些曾经不可想象的概念实际上是有意义且有可能进入市场的。此外，关于基于物理的多层交互电网的内在结构的讨论，会使得网络需求方面有所突破。由于电力系统的复杂性和多样性，在未来相当长的一段时间内，它将一直是 CPS 领域的挑战。

参考文献

[Bachovchin14] K. D. Bachovchin and M. D. Ilic. “Automated Modeling of Power System Dynamics Using the Lagrangian Formulation.” EESG, Working Paper No. R-WP-1-2014, February 2014. *International Transactions on Electrical Energy Systems*, 2014.

[Bachovchin15] K. Bachovchin. “Design, Modeling, and Power Electronic Control for Transient Stabilization of Power Grids Using Flywheel Energy Storage Systems.” PhD Thesis, ECE Carnegie Mellon University, June 2015.

[Barmack03] M. Barmack, P. Griffes, E. Kahn, and S. Oren. “Performance Incentives for Transmission.” *Electricity Journal*, vol. 16, no. 3, April 2003.

[Baros14] S. Baros and M. Ilic “Intelligent Balancing Authorities (iBAs) for Transient Stabilization of Large Power Systems.” IEEE PES General Meeting, 2014.

[Cvetkovic11] M. Cvetkovic and M. Ilic. “Nonlinear Control for Stabilizing Power Systems During Major Disturbances.” IFAC World Congress, Milan, Italy, August 2011.

[Doffler14] F. Doffler. “LCCC Presentation.” Lund, Sweden, October 2014.

[helio14] HelioPower. http://heliopower.com/energy-analytics/.

[Hogan00] W. W. Hogan. “Flowgate Rights and Wrongs.” Kennedy School of Government, Harvard University, 2000.

[Ilic05] M. Ilic. “Automating Operation of Large Electric Power Systems Over Broad Ranges of Supply/Demand and Equipment Status.” In *Applied Mathematics for Restructured Electric Power Systems*. Kluwer Academic Publishers, pages 105–137, 2005.

[Ilic09] M. Ilic. "3Rs for Power and Demand." *Public Utilities Fortnightly Magazine*, December 2009.

[Ilic11] M. Ilic. "Dynamic Monitoring and Decision Systems for Enabling Sustainable Energy Services." *Proceedings of the IEEE*, January 2011.

[Ilic13] M. Ilic. "Toward Standards for Dynamics in Electric Energy Systems." PSERC Project S-55, 2013–2015.

[Ilic14] M. Ilic. "DyMonDS Computer Platform for Smart Grids." *Proceedings of Power Systems Computation Conference*, 2014.

[Ilic05a] M. Ilic, H. Allen, W. Chapman, C. King, J. Lang, and E. Litvinov. "Preventing Future Blackouts by Means of Enhanced Electric Power Systems Control: From Complexity to Order." *Proceedings of the IEEE*, vol. 93, no. 11, pages 1920–1941, November 2005.

[Ilic12a] M. D. Ilic and A. Chakrabortty, Editors. *Control and Optimization Methods for Electric Smart Grids*, Chapter 1. Springer, 2012.

[Ilic12] M. Ilic, M. Cvetkovic, K. Bachovchin, and A. Hsu. "Toward a Systems Approach to Power-Electronically Switched T&D Equipment at Value." IEEE Power and Energy Society General Meeting, San Diego, CA, July 2012.

[Ilic98] M. Ilic, F. Galiana, and L. Fink. *Power Systems Restructuring: Engineering and Economics*. Kluwer Academic Publishers, 1998.

[Ilic11a] M. Ilic, J. Jho, L. Xie, M. Prica, and N. Rotering. "A Decision-Making Framework and Simulator for Sustainable Energy Services." *IEEE Transactions on Sustainable Energy*, vol. 2, no. 1, pages 37–49, January 2011.

[Ilic13a] M. D. Ilic, X. Le, and Q. Liu, Editors. *Engineering IT-Enabled Sustainable Electricity Services: The Tale of Two Low-Cost Green Azores Islands*. Springer, 2013.

[Ilic00] M. Ilic and J. Zaborszky. *Dynamics and Control of Large Electric Power Systems*. Wiley Interscience, 2000.

[Joo10] J. Joo and M. Ilic. "Adaptive Load Management (ALM) in Electric Power Systems." 2010 IEEE International Conference on Networking, Sensing, and Control, Chicago, IL, April 2010.

[Lasseter00] R. Lasseter and P. Piagi. "Providing Premium Power Through Distributed Resources." *Proceedings of the 33rd HICSS*, January 2000.

[Lee00] E. A. Lee and Y. Xiong. "System-Level Types for Component-Based Design." Technical Memorandum UCB/ERL M00/8, University of California, Berkeley, 2000.

[Lopes06] J. A. P. Lopes, C. L. Moreira, and A. G. Madureira. "Defining Control Strategies for MicroGrids Islanded Operation." *IEEE Transactions on Power Systems*, May 2006.

[Murray95] R. Murray, M. Rathinam, and W. Sluis. "Differential Flatness of Mechanical Control Systems: A Catalog of Prototype Systems." ASME, 1995.

[nest14] Nest Labs. https://nest.com/.

[Ostrom09] E. Ostrom, et al. "A General Framework for Analyzing Sustainability of Socio-ecological Systems." *Science*, vol. 325, page 419, July 2009.

[Prasad80] K. Prasad, J. Zaborszky, and K. Whang. "Operation of Large Interconnected Power System by Decision and Control." IEEE, 1980.

[Smart14] Smart Grids and Future Electric Energy Systems. Course, 18-618, Carnegie Mellon University, Fall 2014.

[Weng14] W. Yang. "Statistical and Inter-temporal Methods Using

Embeddings for Nonlinear AC Power System State Estimation." PhD Thesis, Carnegie Mellon University, August 2014.

[Whang81] K. Whang, J. Zaborszky, and K. Prasad. "Stabilizing Control in Emergencies." Part 1 and Part 2, IEEE, 1981.

[Xie09] L. Xie and M. D. Ilic. "Module-Based Interactive Protocol for Integrating Wind Energy Resources with Guaranteed Stability." In *Intelligent Infrastructures*. Springer, 2009.

[Yu99] C. Yu, J. Leotard, M. Ilic. "Dynamics of Transmission Provision in a Competitive Electric Power Industry." In *Discrete Event Dynamic Systems: Theory and Applications*. Kluwer Academic Publishers, 1999.

[Zecevic09] A. Zecevic and D. Siljak. "Decomposition of Large-Scale Systems." In *Communications and Control Engineering*. Springer, 2009.

第3章
Cyber-Physical Systems

基于无线传感器网络的CPS

John A. Stankovic

本章将讨论无线传感器网络（Wireless Sensor Network，WSN）技术，重点在CPS研究中发现的几个关键主题：对物理世界的依赖、CPS的多学科性质、开放系统、系统之系统（Systems of Systems，SoS）以及人为介入（Humans In The Loop，HITL）。为了理解这些技术，我们给出了几个与这些主题相关联的操作场景。示例包括无线传感器网络中的媒介访问控制（Medium Access Control，MAC）、路由、定位、时钟同步和电源管理。这些是WSN中的核心服务。本章提供WSN与CPS问题相关的一些发现，然后提出关键的驱动和质量属性（3.3节），以便读者能够理解研究人员指导工作的标准。这些发现包括像网络世界对物理世界的依赖，以及系统更传统的方面（如实时操作、运行时验证和安全）。最后，本章阐述了在抽象编程方面对开发人员的启示。

3.1 引言

天时地利，再加上适当的技术就可以产生颠覆性的创新。CPS就是一个案例［Stankovic05］。虽然当前的许多系统可以认为是CPS，但是将低成本感应与驱动、无线通信以及普适计算和网络相结合，才有可能产生真正革命性的CPS。这种技术的组合在WSN社区中已经有了一些发展。因此，一个重要的CPS域是作为CPS基础设施建立于WSN之上的。

CPS研究的一个中心问题是：网络世界如何依赖物理世界，反之亦然。物理世界存在许多困难和不确定的情况，这些情况在网络世界中必须以安全实时的方式处理，通常采用自适应和进化的方法。随着CPS开放性增加，我们需要更好地描述环境影响和方案（必须用软件处理的方案）。这不是硬件-软件接口问题，而是环境-硬件-软件接口问题。众所周知，建立安全可靠的CPS需要多学科专业知识和一个新的技术社区（整合来自至少以下学科的专家：计算机科学、无线通信、信号处理、嵌入式系统、实时系统和控制理论）。CPS方案通常来自这些领域中的多个想法或结果的某种组合。

随着WSN的普遍应用，它们开始出现在日常生活的大多数领域。这些网络与环境、因特网、其他系统以及人们的动态交互，在某种意义上来说是开放的。这种开放性导致了处理复杂系统和HITL时的关键技术问题。

3.2 系统描述与操作场景

在过去的10年中，WSN在许多方面取得了不错的进展。WSN为构建CPS提供了一个重要的平台。因此，本节我们将介绍WSN的一些关键功能，重点在于物理世界是如何影响这些功能的。我们将着重讨论MAC、路由、定位、时间同步和电源管理这几个方面。对于所有这些案例，我们假设 WSN 由许多构成多跳无线网络的节点组成。每个节点包含一个或多个传感器、可能还包含作动器、与邻近节点通信的一个或多个无线通信收发器、计算能力（通常为微控制器）、存储器和电源（电池、能量获取硬件或者是壁式插座）。

基于 WSN 构建的 CPS 应用在很多方面。为了提供使用这类系统的总体概览，我们从家庭健康监护、监视和跟踪以及环境科学应用领域这几个操作场景进行介绍。在呈现这些场景时，我们将从系统的感知、网络和驱动这几个方面来介绍。当然，针对每个领域，可能存在许多差异。

（1）家庭健康监护

在家庭的每个房间里放置运动和温度传感器；门、橱柜和器具上放置接触传感器；在床上放置加速度计和压力垫；入口和出口门上放置红外传感器；选择性放置医疗传感器和射频识别（Radio-Frequency Identification，RFID）标签与阅读器；视觉显示器、报警喇叭和灯充当作动器。最初的数据收集是为了了解人的日常活动，例如吃饭、睡觉和上厕所。一旦系统学习了人的正常行为，它就会检测异常情况。如果检测到异常，则系统向显示器发送消息进行干预（驱动）。系统还可以打开灯以避免跌倒或改善情绪。如果检测到不安全情况，喇叭会发出警报。在小家庭或公寓中，无线通信可以是单跳；在大的环境中，可能需要多跳网络。图 3-1 描述了这种用于健康监护的“智能家居”。

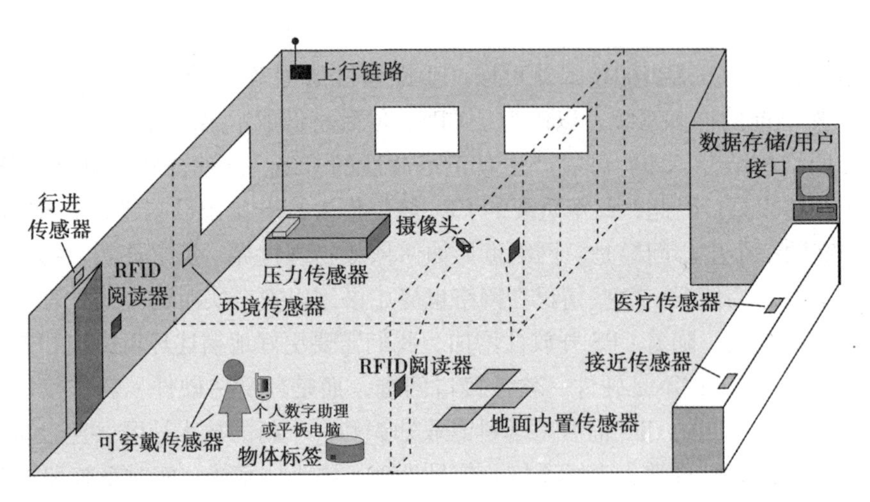

图 3-1　健康监护的智能家居

（2）监测与跟踪

运动、距离传感器、声学、磁性、温度和摄像头传感器可以在非常大的区域（例如港口、国家边界、森林或者偏远山谷）上快速部署。一旦部署，节点通过适当的定位协议确定它们的位置，自组织成无线多跳网络。然后，多模态传感器检测移动对象，跟踪它们并对其进行分类。如果分类的对象有异常发生，例如卡车开到了错误的地方，人越过了边界，森林中起火或者坦克进入山谷，则启动驱离措施。驱离措施可能包括派遣警察、消防员或士兵。图 3-2 说明了这种高能效的监视系统。

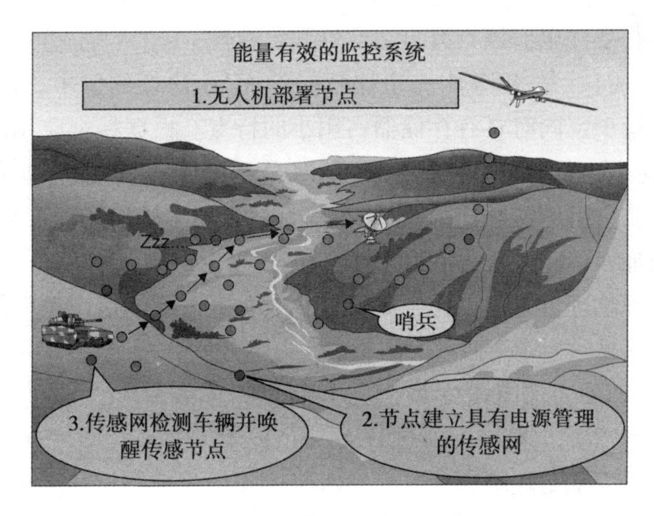

图 3-2　监控、跟踪与驱动

(3) 环境科学

水位传感器部署在（水库）坝处，流速传感器部署在每条河流中（进入水库中）。基站节点处的控制器根据当前水位和来自所有流速传感器的读数来预测应释放多少水。流速传感器经由固定的多跳网络将数据发送到基站。

3.2.1　媒介访问控制

媒介访问控制（MAC）协议通过共享信道协调附近节点的动作。最常见的 MAC 解决方案是基于竞争的方式。这类方案的一般方法是，对于有要发送消息的节点，需要测试信道是否处于忙碌状态：如果信道空闲，则节点可以发送数据；否则，稍后再次尝试。如果两个或更多节点发送数据，发生冲突时，这些节点在重新发送它们的分组之前等待随机时间量，以避免后续冲突。为了节省能量，有些无线 MAC 协议还实现了休眠模式（doze mode），而且在给定时间帧中不涉及发送或接收分组的节点进入睡眠模式。这种基本 MAC 方案存在一些变体。

许多 MAC 协议（特别是有线和自组网的 MAC 协议）针对一般情况和任意通信模式与工作负载进行了优化。然而，WSN 一般具有更集中的要求：包含本地单播或广播，业务通常从广泛分散的节点到一个或几个汇聚点（sink）（让大多数业务在一个方向），其特征在于周期性或罕见的基于事件的通信，能量消耗也是一个主要特征。因此，在 WSN 中，有效 MAC 协议应该要满足下列要求：耗能少、实现冲突避免、代码量和存储空间少、对单个应用具有高效性、可以容忍射频的变化和物理组网条件（如噪声电平和干扰模式）。

事实上，正是这些物理世界的因素使这个问题（网络世界如何依赖物理世界的问题）成为了一个复杂的 CPS 问题。由于物理世界中的各种因素，无线通信以不确定的方式执行，以下列出几个突出的因素：设备在室内还是室外，设备的定位（例如高空中、地面上、在人体上），节点（例如，人、车辆、家具）之间的障碍物，由其他共同定位系统引起的动态变化的干扰模式，以及天气等影响。由于环境是动态变化的，因此 MAC 方案中的信息技术对于这些条件也应该具有自适应性和鲁棒性。

B-MAC［Polastre04］是 WSN 中一个比较好的 MAC 协议的例子。B-MAC 是高度可配置的，实现的代码量少，同时具有存储器占用小的特点。根据特定应用的功能需求，其接口可以进行动态选择。B-MAC 主要由四个部分组成：空闲信道评估（Clear Channel Assessment，CCA）、分组退避、链路层应答和低功率侦听。对于 CCA，当信道空闲时，B-MAC使用样本的加权移动平均去评估背景噪声，有效地检测有效分组和冲突。比如说，利用网络世界去处理物理世界的属性，属性变化时，系统可以适应噪声电平。分组退避的时间可配置，而且是从线性范围中选择，而不采用其他分布式系统中使用的指数退避方案。这种 WSN 中典型的通信模式减少了延迟和负载。B-MAC 还支持逐个分组的链路层应答，只有重要的分组需要花费额外应答（ACK）成本。节点在唤醒和睡眠状态之间循环时，采用低功率侦听方案。在唤醒时，它监听足够长的前导码，评估是否需要保持唤醒或可以进入睡眠模式。这种方案节省了大量的能量。

非 WSN 的大部分 MAC 协议使用请求发送（Request To Send，RTS）和清除发送（Clear To Send，CTS）的交互方式。这种方法适用于数据包很大（千字节）的自组织网状网络。然而，在 WSN 中，建立分组传输时，RTS-CTS 分组的开销令人不太满意，分组大小约 50 字节。因此，B-MAC 不使用 RTS-CTS 方案。

支持多信道 WSN 这一方案引起了研究者的注意。在这些系统中，有必要将 MAC 协议扩展到多信道 MAC。MMSN［Zhou06］的多信道 MAC 就是这样一种协议，MMSN 的细节很复杂，此处不细述。多信道协议必须支持 B-MAC 的协议中的所有特征，还要为每次传输分配频段。因此，多信道 MAC 协议通常包括两个阶段：信道分配和接入控制。将来，会有越来越多的 WSN，因此 CPS 很可能使用多个信道（频率）。多信道 MAC 协议的优点有：更大的分组吞吐量，拥挤的频谱的条件下（可能由于相同物理区域中的 SoS 交互产生的）也能够传送数据。

3.2.2　路由

多跳路由是 WSN 提供的关键服务。因此，研究者在这个问题上做了大量工作。首先，我们介绍两个已经开发了许多路由算法的系统：因特网和无线移动自组网（Mobile Ad hoc NETwork，MANET）系统。互联网路由技术在 WSN 中性能不佳，这种路由假定有线连接具有高度可靠的可用性，产生分组错误少。但在开放环境（物理世界）中进行无线通信时，这种假定对于 WSN 不成立。无线 MANET 系统中，许多路由解决方案依赖于邻居之间的对称链路（即，如果节点 A 能够可靠地到达节点 B，则节点 B 可以到达节点 A），这种对称链路在 WSN 中通常不成立。不对称是另一个物理世界约束，必须在 CPS 路由协议软件中解决。

一般对于以自组网方式部署的 WSN，路由通常从发现邻居节点开始。节点之间通过互相发送几轮消息（包）来构建局部邻居节点表。由于记录邻居节点的表至少要包含邻居节点的 ID 和位置，因此在发现邻居节点之前必须知道它们的地理位置（物理性质）。表中其余的信息包括节点的剩余能量（物理属性）、通过该节点的延迟（部分取决于物理环境，可能需要重试），以及链路质量的估计（环境、功率水平和其他因素的函数）。在很多WSN路由算法中，一旦建立了路由表，将消息从源位置定向到目的地依靠的是地理坐标而不是ID。

一个典型的WSN路由算法是地理转发（Geographic Forwarding，GF）[Karp00]。在GF算法中，节点知道自己的位置，消息则包含目的地（地理）地址。然后接收节点使用几何距离公式计算哪个邻居节点对目的地产生的贡献度最大，然后将消息转发到下一跳。GF算法存在很多变体。例如，选择下一跳的节点还可以考虑时间延迟、链路可靠性和剩余能量。

WSN的另一个重要的路由模式是定向扩散[Intanagonwiwat00]。这种方法集成了路由、查询和数据聚合。通过这种方法，远程节点对感兴趣数据的查询会在整个网络中扩散，符合查询的节点用属性值对进行响应。请求者基于梯度获取属性值对，在查询扩散和响应期间会设置和更新梯度。沿着从源到目的地的路径，聚合数据可以降低通信成本。数据还可以在多个路径上行进，从而增加路由的鲁棒性。由于定向扩散是一个通用框架，它可以用于实现相应的软件，解决如动态链路质量、非对称链路和空隙等由环境引起的CPS问题。

WSN中，路由一般能同时解决多个问题，如可靠性、唤醒/睡眠时间调度、单播支持、多播和任意语义转换、对实时要求的满足、处理节点移动性以及空洞处理。大多数建立在WSN上的CPS需要有可以全面处理这些问题的路由解决方案。这里，我们简要地介绍可靠性和空洞问题，因为它们说明了几个关键的CPS问题。

（1）可靠性

消息需要多跳传播，因此高可靠性的链路有着至关重要的作用，否则，端到端接收率会很低。为了选择可靠链路的度量，研究者已经进行了大量的工作，如接收信号强度、链路质量指数（基于“错误”）和分组传送率等。接着，使用高质量链路选择下一跳。如果有必要的话，节点可以增加功率，甚至等待环境改变使先前较差的链路得到改善。重试也可以提高逐跳可靠性。然而，当发现突发丢失的物理现象时，一些方案会在重试之前等待一段时间。换句话说，它们等待直到导致突发丢失的状况结束。

（2）空洞

由于WSN节点传输范围有限，在路由路径中，很有可能没有转发节点。这种空洞的发生可能是由于故障，或是阻止通信的临时障碍，也可能是因为节点处于睡眠状态。类似于GPSR（Greedy Perimeter Stateless Routing）[Karp00a]之类的协议，选择其他方向上的一些节点，寻找空洞周围的路径来解决这个问题。例如，GPSR使用左手规则来尝试找到新路线。注意，空洞是物理现实世界的情况；如果发生这样的状况，而且路由协议（cyber元素）没有考虑到空洞，那么系统就会产生故障。在这种故障案例中，可以说路由协议（cyber）不知道空洞的物理属性。

3.2.3　节点定位

在WSN中，节点定位是用来确定系统中节点的地理位置。定位是WSN必须解决的最基本也是最困难的问题之一。它是一个函数，需要很多参数和要求，可能会使结果非常复杂。比如以下这些问题：额外的定位硬件的成本是什么？是否存在信标（知道其位置的节点），如果存在，它们的通信范围多大？定位精度的要求是什么？系统在室内还是室外？节点之间是否可见？是2D还是3D的定位问题？能源预算（消息数量）是多少？定位所需时长？时钟是否同步？系统驻留在敌对还是友好的领域？正在做哪些错误假设？系统是否受到安全攻击？

结合需求和问题，定位问题很容易解决。例如，如果定位的成本和形式不是重点，可接受的精度有几米，那么对于大多数室外系统，为每个节点配备全球定位系统（GPS）就比较简单可行。如果系统要手动部署（一次一个节点），那么由部署人员携带的简单 GPS 节点可以通过 Walking GPS [Stoleru04] 自动地定位每个节点。Walking GPS 虽然简单，但巧妙地避免了为每个节点位置进行人工键控。为了解决 CPS 的鲁棒性要求，Walking GPS 在需要时通过附近的节点协作来处理卫星信号丢失问题。

WSN 中，大多数定位方案是基于范围或者无范围的。基于范围的方案首先使用各种技术确定节点之间的距离（范围），然后利用简单的几何原理计算节点位置 [Stoleru05]。为了确定距离，通常需要额外的硬件，例如，使用硬件来检测声音和无线电波的到达时间差，该差异可以转换为距离。然而，物理现实世界中，距离估计的准确性比较差，这个问题必须加以解决。

在无范围方案中，不直接确定距离，而是使用跳数计数 [Bulusu00]。一旦确定了跳数，就使用每跳的平均距离来估计节点之间的距离。在该平均距离值的基础上，用简单的几何原理计算位置。无范围方案没有基于范围的方案准确，一般也需要更多消息，从而消耗更多能量。但是，这种方案不需要额外的硬件或对每个节点都可见。

节点的位置用于各种系统功能（例如，路由、邻近节点之间的多传感器融合、睡眠调度）和应用语义（例如，事件的跟踪和定位）；因此，节点定位是 WSN 中的中心服务。许多定位方案依赖于物理世界属性的精确处理，例如，信号强度和距离之间的关系。

3.2.4　时钟同步

WSN 中，每个节点的时钟应该在 ε 内读取并保持相同的时间。由于时钟的精度随时间漂移，所以它们必须周期性地再同步。在某些要求精度非常高的情况下，甚至需要考虑同步周期之间的时钟漂移。由于种种原因，时钟同步显得非常重要。当 WSN 中发生事件时，通常需要知道其发生的位置和时间。时钟也用于许多系统和应用任务，例如，睡眠/唤醒时间调度、一些定位算法，传感器融合通常也依赖于同步时钟服务，以及诸如跟踪和计算速度的应用任务。

互联网上同步时钟的网络时间协议（Network Time Protocol，NTP）[Mills94] 对于 WSN 来说成本过高。同样，给每个节点提供 GPS 功能成本也太高。作为替代协议，已经为 WSN 开发了具有代表性的时钟同步协议，包括参考广播同步（Reference Broadcast Synchronization，RBS）[Elson02]、用于系统网络的定时同步协议（Timing-Sync Protocol for System Networks，TPSN）[Ganeriwal03] 和洪泛时间同步协议（Flooding Time Synchronization Protocol，FTSP）［Maroti04］。

在 RBS 中，向邻居广播参考时间消息，接收器记录接收消息的时间。然后，节点交换记录时间，并调整时钟进行同步。该协议不受发射端不确定性的影响，因为时间戳仅在接收端实现。1 跳的精度约为 30 微秒。RBS 没有解决多跳系统的可能性，但可以进行扩展以覆盖这样的系统。

TPSN 会为整个网络创建生成树。假定生成树中的所有链路都是对称的，然后沿着从根开始的树的边缘执行配对同步。由于在 RBS 中没有广播，所以相对来说，TPSN 成本较高。该协议的关键属性是将时间戳插入到 MAC 层中的输出消息中，从而减少不确定性。精度在 17 微秒的范围内。

在 FTSP 中，存在无线层时间戳、具有线性回归的偏斜补偿和周期性洪泛，使协议对于故障和拓扑改变具有鲁棒性。在无线层中发送和接收的消息会被加上时间戳，这些时间的差异用于计算和调整时钟偏移。精度在 1 ~ 2 微秒的范围内。

确定时钟漂移量和决定信息技术是否必须处理同步时间之间的漂移是 CPS 中的难题。方案的准确性与实施成本之间的权衡以及方案的鲁棒性是 CPS 研究的关键。

3.2.5　电源管理

在 WSN 中，许多传感器设备由两节 5 号（AA）电池供电。根据节点的活动水平，如果不进行电源管理，其寿命可能只有几天。由于大多数系统要求供电时间较长，所以目前有大量关于节点寿命的研究，使其供电时间延长，同时满足功能需求。在硬件层面，增加太阳能电池或收集能量（scavenge energy），例如从运动或风能中获取。同时，对现有的电池进行改善。如果尺寸规格不是问题，那么增加电池数量以延长节点寿命也是一种方案。低功耗电路和微控制器的性能与可靠性也正在提高。大多数硬件平台允许设备的每个组件（传感器、无线电、微控制器）有多个省电状态（关闭、空闲、打开）。只有当所需组件在特定时间需要处于活动状态时，才处于打开状态。在软件层面，鉴于消息的发送和监听是高耗能操作，电源管理旨在使通信最小化，此外还要为节点或节点的特定组件创建睡眠/唤醒调度表。

消息数量最小化是一个交叉问题。例如，良好的 MAC 协议将减少冲突和重传。利用良好的路由以及高质量链路上的短路径和拥塞避免等条件，也可以减少冲突的发生，最小化发送消息的数量。高效的邻居发现、时间同步、定位、查询分发和洪泛都可以减少消息的数量，从而增加节点的生命周期。

提出的解决方案中，比较不同的是创建睡眠/唤醒调度表的方式。许多方案试图将唤醒的节点（称之为哨兵）保持在最小的数量。这些节点在提供所需的感知覆盖的同时，允许其他的节点睡眠。为了平衡能量消耗，周期性地执行轮换，为下一时间段选择新的哨兵。另一种常用的睡眠/唤醒调度技术依赖于节点占空比。比如说，节点可以在每秒内保持唤醒时间 200 毫秒，导致 20% 的占空比。占空比的选择取决于应用的要求，但一般它的最终节能效果很显著。注意，占空比和哨兵方案可以进行组合形成一种新的方案，如文献［He06，He06a］中的 VigilNet 军事监视系统。

电源管理的网络方面还应考虑测量剩余能量、操作所需的最小电池能量和能耗不确定性的物理问题。

3.3 关键驱动设计与质量属性

在传感网中，CPS 的驱动设计是关键问题。与每个驱动问题相关的有一组质量属性，这些质量属性允许设计人员量化由特定设计实现的满意度。本节介绍几个重要的驱动因素，我们将其称为感知问题。在开放的 HITL 的 WSN 环境中，CPS 长时间地演进其功能与操作，为了在此环境中构建 CPS，需要一个具有多属性的综合网络方案。例如，软件必须支持物理感知、实时感知、验证感知和安全感知（关键属性的命名），必须支持运行时适配，显式地支持检测和解决依赖性。

3.3.1 物理感知

CPS 的核心问题是开发物理感知的信息技术。“物理感知”是指对环境的感知（而不是硬件）。CPU、传感器和作动器是硬件组件，当然，信息技术必须感知这些组件，但是这种硬件感知在嵌入式系统研究领域是众所周知的。环境对系统网络方面的影响更复杂，这种影响是新的 CPS 必须研究的焦点。

为了说明这一点，让我们重新考虑前面提到的两个例子。一些 MANET 多跳路由协议的网络环境在许多 mesh 自组网中工作良好。然而，在许多情况下，网络世界假设环境支持任何两个节点之间的对称通信：如果节点 A 可以向节点 B 发送消息，则反之亦然。在大多数 WSN 中，对称性是不成立的，因此可以说 MANET（cyber）方案没有考虑到这个物理特性。第二个例子中，网络元素感知物理世界属性的情况。值得注意的是，GPSR 是一种多跳路由协议，它的网络组件感知潜在的空洞（指在目的地方向上没有当前下一跳节点的区域），GPSR 以及编码解决了这个物理世界的问题。因此，可以说 GPSR 在物理上能够感知空隙。CPS 必须能感知到所有重要的物理世界属性，这些属性关系着 CPS 的正确性与性能。

除了这些例子，由于许多 CPS 将采用无线通信、感知和驱动，物理世界的方方面面必须在网络中解决。对于无线通信，需要充分了解环境对通信的影响，包括距离、功率、天气、干扰、反射以及衍射等影响。对于感知和驱动，问题则更具开放性。在任何情况下，都需要一种方法去识别环境问题，并且支持可以处理这些问题的网络化的解决方案。这样的方案需要对环境进行建模，并使这些模型成为系统设计和实现中的实体。此外，定义开放系统的正确性也很重要，它在其功能、组件的数量和类型（硬件和软件组件可能经常进入和离开系统）以及当前状态方面不断发展。

3.3.2 实时感知

开放环境中的复杂 CPS 通常表现出各种各样的时序约束，从软实时到安全关键。环境的不确定性、环境和系统本身的变化以及 HITL 的重大影响都产生了对实时保证这一新概念的需要。以前的大多数实时研究假设一个静态的、先验的、已知的任务集，研究人员对这个任务集的调用、最坏情况执行时间和（有限的）交互进行了严格的假设。虽然这样的实时调度结果对于控制严格的小型封闭系统非常有用，但对基于 WSN 构建的 CPS 来说是不够的。

处理 CPS 实时问题的一些初步工作已经开始了。RAP [Lu02] 使用单调速率算法，该算法在时间和距离以及平均端到端期限丢失比方面优于先前的协议。它适用于具有单个信宿的软实时数据流，但不能保证提供给个别的流。另一个称为 SPEED [He05] 的实时协议通过组合反馈控制和非确定性地理转发来维持传感网上的期望传送速度。它在端到端期限丢失比方面优于自组网、按需的距离矢量路由（Ad hoc On-demand Distance Vector Routing, AODV）[Perkins99]、基于地理信息的贪婪路由协议（GPSR）[Karp00] 和动态源路由（Dynamic Source Routing, DSR）[Johnson96]。然而，SPEED 不适合任意性的流；相反，它支持具有单个源或单个目的地的流。

RI-EDF（Robust Implicit Earliest Deadline First）[Crenshaw07] 是 MAC 层协议，通过 EDF 的规则来获得网络调度以提供实时保证。然而，在这种情况下，网络必须完全连接。也就是说，每个节点必须在其他节点的传输范围内——这在现实世界系统中是不实际的。

由文献 [Bui07] 描述的另一个 MAC 层协议通过避免分组冲突提供软实时和带宽保证。它使用多个信道，这并不是对所有传感器都适用。该协议还假定无线链路不受一般干扰或者电磁干扰（Electro Magnetic Interference, EMI）的影响，这种假定情况下，其他流的干扰是唯一可能使传输失败的情况。

文献 [Abdelzaher04] 提出了 WSN 实时流的可调度性的充分条件。这项工作在实现 WSN 延迟要求的局限性上提供了重要的启示。在实时机器人传感器应用中，基于每跳的时效性约束，文献 [Li05] 通过显式地避免冲突和调度消息为多跳流提供时态性保证；很可惜，这个方案不适用于大规模的网络。文献 [Chipara07] 中提出的另一种传输调度算法在实时性能和吞吐量方面都优于基于时分多址（Time Division Multiple Access, TDMA）的协议。该算法针对于单个目的地的流，主要用于调度来自基站的查询和响应。在文献 [He06b] 中，通过使用分层分解方案对复杂的多跳军事监视应用进行实时分析。

最后，还有许多其他解决方案，这些方案使用反馈控制来监视错过期限的情况以及将错过期限的概率控制到一个很小的（目标）值。由于反馈控制包含鲁棒性和灵敏度分析，这看来是 CPS 实时处理的一个很有前景的方向。

3.3.3 运行时验证感知

CPS 技术适用于各种关键任务应用，包括应急响应、基础设施监控、军事监控、运输和医疗应用。由于系统故障导致昂贵的代价，这些应用必须可靠且连续地操作。由于硬件退化和环境变化，难以保证 WSN 的连续性与可靠性，对于原始系统设计者某些问题也很难预见。这对于在开放环境中操作的 CPS 尤其如此。

在过去 50 年里，涌现了大量容错和可靠性技术，其中许多已经用于 WSN [Clouqueur04, Paradis07, Ruiz04, Yu07]。任何 WSN 或 CPS 必须以高置信度进行操作，才有可能使用其中的大部分方案。然而，现有的大多数方法（如 eScan [Zhao02]、拥塞检测与回避

(Congestion Detection and Avoidance，CODA) [Wan03]) 旨在提高单个系统组件的鲁棒性。因此，很难使用这样的方法来从整体上验证一个应用程序的高级功能。类似地，自修复应用虽然提供连续的系统操作，但是不能用于（至少是尚未证明）系统遵循的关键高级功能要求。

在 WSN 研究中，像 LiveNet [Chen08]、Memento [Rost06] 和 MANNA [Ruiz03] 这样的健康监控系统使用嗅探器或特定的嵌入代码来监视系统的状态。这些应用程序监视系统的低级组件，而不是高级应用程序需求。它们虽然提供了帮助，也很必要，但是在系统的整个生命周期中，它们不能确定是否满足应用需求。

想象一下，基于 WSN 构建的 CPS 将在开放环境中运行，随着时间的推移，这些系统将跟随其环境和功能的发展而发生许多变化。跟上这些变化需要高级的系统监测，也就是说，需要连续或周期性的运行时验证方法。

在 WSN 研究中，文献 [Wu10] 已经对运行时保证（Runtime Assurance，RTA）做了大量工作。在这种方法中，在运行时状态执行高级验证。验证试图表明 WSN 将在满足其高级应用程序需求方面正确运行，而不管从最初设计和部署以来操作条件和系统状态发生的任何变化。基本方法是：使用程序分析和编译器技术来促进运行时状态的 WSN 的自动测试。开发人员使用高级规范和一组输入/输出测试描述应用程序的要求，将高级规范编译为 WSN 上执行应用程序的代码，这组测试可用于重复验证应用程序随时间变化的正确操作。然后，在运行时周期性地或通过请求将测试输入项提供给 WSN。WSN 执行所有计算、消息传递和其他分布式操作来生成输出值和动作，将其与预期输出进行比较。该测试过程对于基本的系统功能仅产生可接受水平的端到端验证。

RTA 不同于网络健康监控，它检测并报告低级硬件故障，例如节点或路由故障。用于 RTA 的端到端应用级测试与用于健康监控的单个硬件组件的测试相比，具有两个主要优点。

- *更少的误报*：RTA 不会去测试正确系统操作不需要的节点、逻辑或无线链路，因此它比健康监控系统产生的维护分派更少。
- *更少的漏报*：网络健康监测系统仅验证所有节点是活动的，并且具有到基站的路由，但是不测试更微妙的故障原因，例如拓扑变化、时钟漂移或可能在环境中出现的阻止通信或感应的新的障碍。相比之下，RTA 方法测试了应用程序可能无法满足其高级别需求的许多不同方法，因为它使用端到端测试。

RTA 的目标是提供对正确应用级操作的肯定。对于 CPS，RTA 必须进一步改进，以便更直接地解决系统安全问题，并在存在安全攻击的情况下运行。

3.3.4　安全感知

由于 CPS 在开放环境中普遍存在并且可无线访问，因此它们也更容易受到安全攻击。鉴于 CPS 涉及许多关键操作和安全性，因此有必要支持标准的安全属性，包括机密性、完整性、真实性、标识、授权、访问控制、可用性、可审计性、抗干扰性和不可否认性。在所有系统中实现足够的安全性非常困难，特别是在 CPS 中：这些设备通常具有有限的功率、内存和执行能力以及实时要求，甚至易受物理攻击。面对这些挑战，开发人员将安全解决方案应用于 WSN 时只取得有限的成功。具体来说，在 WSN 的物理、网络和中间件层已经有一些零碎的解决方案。

在物理层，最简单的攻击类型是通过创建拒绝服务（Denial of Service，DoS）来完全破坏或禁用设备。这种破坏通常可以使用容错协议来缓解。例如，网格网络可以在设备部分被破坏的情况下，使剩余的连接节点接管路由而继续操作。探测物理设备以解构其内部属性是另一种类型的攻击。通过读取存储器单元的内容，可以恢复密钥，然后将其编程到另一个设备中，该设备可以完全伪装为原始的设备——处于攻击者的控制之下。由此设备发起的消息是完全可信的，并且设备可以主动参与先前不可访问的事务。

物理层中还有另一种类型的攻击：由于数据相关计算影响电路的功耗和定时，所以可以通过大量试验统计地分析这部分操作，以确定密钥的位模式［Ravi04］。电磁辐射类似于功耗可以被检测到。配置的解决方案包括抗干扰封装［Anderson96］、更强的攻击检测、故障恢复机制和减少对外部组件的信任［Suh03］。例如，如果设备可以检测到篡改行为，则可以擦除其存储器以防止敏感数据泄露。在管芯上分布逻辑组件来屏蔽电路，加密总线通信量，并且随机化数据值和定时器或使其“变盲”以阻止信道攻击。

使用无线通信容易使设备受到无线电干扰的 DoS 攻击，无线电干扰可以在远距离进行。文献［Xu05］提出了信道跳频和“撤退”物理移动远离干扰。这种方法最适合于自组网，因为传感器设备在实际使用中会消耗大量能量。文献［Law05］提出了数据模糊和改变传输调度作为对策。当干扰不能避免时，另一种方法是节点通过协作映射和避开该区域来确定大规模网络中的干扰区域的范围［Wood03］。

物理层之上还有许多安全问题。例如，所有通信和中间件协议都可能受到攻击。为每个协议合并安全解决方案通常不可行。一种替代方法是基于当前的攻击类型采取动态适配。以下路由方法作为示例。

安全隐式地理转发（Secure Implicit Geographic Forwarding，SIGF）［Wood06］是一个用于 WSN 的路由协议族，当没有发生攻击时允许非常轻量级的操作；当检测到攻击时，以反应的开销和延迟为代价，提供更强的防御。SIGF 的基本解决方案没有路由表，所以改变路由表这类攻击是不可行的。但是，如果发生其他类型的攻击，例如 Sybil 攻击，则 SIGF 解决方案依赖于其检测这种攻击的能力（这可能是个不太好的假设），并且动态地调用对该攻击类型有反弹作用的另一种形式的 SIGF。在系统检测和对威胁做出反应的时间内，发生的任何损坏都不能避免。

在未来的 CPS 中，随着系统的发展，重编程系统会很有必要。但网络重编程存在重大的安全问题。所有其他硬件和软件防御可能会被一个缺陷破坏，即允许攻击者用自定义代码替换节点的程序。文献［Deng06］提出了用于在 WSN 中安全地分发代码的相关方案。第一种方案使用散列链，其中每个消息包含代码的段 i 和段 $i+1$ 的散列。在接收到消息时，可以立即有效地验证先前的代码段。为了引导链，使用基站的私钥来计算第一散列值的错误校正码（Error-Correcting Code，ECC）签名。这种方法适合于消息丢失少并且按顺序分组接收的情形。第二种方案使用散列树来预先分发所有的散列，快速检查乱序分组。使用此策略改进了对 DoS 攻击的抵抗力，因为如果包被损坏，就不需要存储分组。

尽管 CPS 存在许多安全问题，但是它也可以利用系统的物理特性来辅助安全解决方案。例如，移动节点仅可以以实际速度行进，因此很容易检测到人为地改变其位置将节点快速移动的这种攻击。加速度计可以用于检测节点是否在不应该移动时被物理移动。射频（RF）传输的电子指纹可以提供一个置信度，这个节点就是它所声明的节点。CPS 有机会发展这些技术以及其他网络空间工作的相关技术。

3.4　从业者的影响

传感器网络的特定特征影响其发展的多个方面，但其中最重要的大概是编程抽象。

以正确有效的方式对 WSN 和后来的 CPS 进行编程，是一个重要的开放研究问题。许多研究项目已经解决了促进 WSN 编程的方法，其中大多组合的解决方案基于组抽象。然而，组抽象有一些缺点，限制了它们在 CPS 中的适用性。例如，Hood [Whitehouse04] 是邻域编程抽象，它允许给定节点与其周围的节点的子集共享数据，前提是使用指定参数，诸如物理距离或无线跳数。Hood 对属于不同网络或使用异构通信平台的节点不能进行分组。如果一个移动组的成员移动到另一个网络，则它不再属于该组。此外，所有节点必须共享相同的代码，不支持作动器，在编译时组规范是固定的，并且 Hood 的每个实例需要在目标节点上编译和部署特定的代码。

第二个例子，抽象区域 [Welsh04] 与 Hood 类似：它允许根据地理位置或无线电连通性来定义一组节点，并且允许共享和减少邻域数据。抽象区域提供调谐参数以获得各种水平的能量消耗、带宽消耗和精度。但是每个区域的定义需要专门的实现；因此，每个区域与其他区域分离，不能组合。与 Hood 解决方案一样，抽象区域不能将来自不同网络的传感器分组，也不能寻址作动器、异构或移动设备。

为克服 CPS 中的一些缺点，研究人员设计了称为 Bundle [Vicaire10, Vicaire12] 的编程抽象。与其他编程抽象类似，Bundle 创建感知设备的逻辑集合。以前的抽象集中于 WSN，没有涉及 CPS 的关键部分。通过允许对应用（涉及多个由不同管理域控制的 CPS）进行编程，Bundle 将编程域从单个 WSN 提升到复杂的 SoS；它们还支持 CPS 内和跨 CPS 的移动性。Bundle 可以对构成 CPS 重要部分的传感器和作动器进行无缝分组。Bundle 支持在具有细粒度访问权限控制和冲突解决机制的多用户环境中进行编程。根据应用程序的要求，Bundle 支持异构设备，如节点、个人数字助理（PDA）、笔记本电脑和作动器。它们允许不同的应用同时使用相同的传感器和作动器。不同用户之间的冲突由特定设备的程序——解析器来管理。Bundle 还通过成员的动态更新和重新配置（基于当前成员反馈的需求）来促进反馈控制机制。Bundle 是用 Java 实现的，使抽象编程更简洁。

动态化是 Bundle 抽象的一个重要特征。定期更新 Bundle 成员，以便遵守成员规范。这个特征支持大多数 CPS 中固有的适应性需要。Bundle 使用每个作动器的状态概念。使用状态操纵作动器与使用远程方法调用（Remote Method Invocation, RMI）操纵作动器很不一样。例如，考虑打开灯的情况。通过 RMI 的远程方法调用直接将应用程序连接到远程光作动器并将其打开。相比之下，在 Bundle 中，应用程序简单地生成打开灯的命令，并将其发送给 RMI 的协商者。然后，光作动器的协商者试图通过接通远程光作动器来执行该命令。如果作动器的下一个周期性更新向协商者显示该命令尚未执行，则其重试远程方法调用，直到动作成功。还可以从应用程序级别指定超时间隔，以便协商者继续重试远程方法调用，直到该间隔到期。注意，在实际执行命令之前，作动器的状态在协商者中不改变。只要应用程序不取消（或终止），协商者就会存储此命令。此外，协商者可以存储若干这样的命令，并且根据由节点所有者指定的规则来决定应当执行哪个命令。程序员可以随时检查他们的命令是否得到执行，适时采取措施。

Bundle 解决了 CPS 编程的一些关键问题。但是，它们在正确性语义、依赖性检测和解析以及对实时和环境抽象的显式支持方面存在不足。

另一种有前景的方法是使用模型驱动设计，其中代码是自动生成的。但是，对于满足物理世界真实性、约束、不确定性以及基于 WSN 构建的 CPS 异构和分布性质，从顶部自动生成代码的这种方式不太可行。

3.5 总结与挑战

基于 WSN 的 CPS 在许多应用领域具有巨大的潜力。它们日益普及，融入我们的生活，拥有无线特点，并且可以接入网络，这些使得它们自身成为开放系统。开放性大有裨益，但不是没有问题——例如，确保隐私安全性、证实正确性。需要有新的网络物理方案解决由不受控环境、HITL 因素和 SoS 带来的最前沿的问题。当今的封闭嵌入式系统技术、固定实时系统理论和基于机电规则的反馈控制在提供这样的方案方面存在不足。我们需要一个新的、振奋人心的、多学科的研究领域来解决这些缺点，事实上，这个领域正在兴起。

鉴于这一领域取得成果还需要解决很多挑战，挑战如下：

- 有效的感知、决策和控制架构可以很容易进行 SoS 的互操作。
- 具有实时保证的新的多信道 MAC 协议。
- 处理无线和移动节点的路由。
- 具有高精度、低功率要求以及节点之间的小精度差异的室内定位方案。
- 在大规模网络中运行的高效、高精度的时钟同步。
- 识别物理世界对网络世界影响的技术，以避免脆弱的网络（软件）只有在非常有限的和不现实的假设下才能正常工作。
- 保证其能够满足许多 CPS 应用程序中发现的时序和安全限制的方案。
- 用于长久的 CPS 的新运行时验证方案，以实现持续或定期重新认证。
- 针对资源有限系统的安全方案，因为许多 CPS 设备具有有限的感知、计算、存储器和功率。
- 高级编程抽象，解决编程和隐藏细节的需要，同时保留显示关于应用程序性能和语义的正确性所需的信息。

参考文献

[Abdelzaher04]. T. Abdelzaher, S. Prabh, and R. Kiran. "On Real-Time Capacity Limits of Multihop Wireless Sensor Networks." IEEE Real-Time Systems Symposium (RTSS), December 2004.

[Anderson96]. R. Anderson and M. Kuhn. "Tamper Resistance: A Cautionary Note." Usenix Workshop on Electronic Commerce, pages 1–11, 1996.

[Bui07]. B. D. Bui, R. Pellizzoni, M. Caccamo, C. F. Cheah, and A. Tzakis. "Soft Real-Time Chains for Multi-Hop Wireless Ad-Hoc Networks." Real-Time and Embedded Technology and Applications Symposium (RTAS), pages 69–80, April 2007.

[Bulusu00]. N. Bulusu, J. Heidemann, and D. Estrin. "GPS-less Low Cost Outdoor Localization for Very Small Devices." *IEEE Personal Communications Magazine*, October 2000.

[Chen08]. B. Chen, G. Peterson, G. Mainland, and M. Welsh. "LiveNet: Using Passive Monitoring to Reconstruct Sensor Network Dynamics." In *Distributed Computing in Sensor Systems*. Springer, 2008.

[Chipara07]. O. Chipara, C. Lu, and G.-C. Roman. "Real-Time Query Scheduling for Wireless Sensor Networks." IEEE Real-Time Systems Symposium (RTSS), pages 389–399, December 2007.

[Clouqueur04]. T. Clouqueur, K. K. Saluja, and P. Ramanathan. "Fault Tolerance in Collaborative Sensor Networks for Target Detection." *IEEE Transactions on Computers*, 2004.

[Crenshaw07]. T. L. Crenshaw, S. Hoke, A. Tirumala, and M. Caccamo. "Robust Implicit EDF: A Wireless MAC Protocol for Collaborative Real-Time Systems." *ACM Transactions on Embedded Computing Systems*, vol. 6, no. 4, page 28, September 2007.

[Deng06]. J. Deng, R. Han, and S. Mishra. "Secure Code Distribution in Dynamically Programmable Wireless Sensor Networks." *Proceedings of ACM/IEEE International Conference on Information Processing in Sensor Networks (IPSN)*, pages 292–300, 2006.

[Elson02]. J. Elson, L. Girod, and D. Estrin. "Fine-Grained Network Time Synchronization Using Reference Broadcasts." Symposium on Operating Systems Design and Implementation (OSDI), December 2002.

[Ganeriwal03]. S. Ganeriwal, R. Kumar, and M. Srivastava. "Timing-Sync Protocol for Sensor Networks." ACM Conference on Embedded Networked Sensor Systems (SenSys), November 2003.

[He06]. T. He, S. Krishnamurthy, J. Stankovic, T. Abdelzaher, L. Luo, T. Yan, R. Stoleru, L. Gu, G. Zhou, J. Hui, and B. Krogh. "VigilNet: An Integrated Sensor Network System for Energy Efficient Surveillance." *ACM Transactions on Sensor Networks*, vol. 2, no. 1, pages 1–38, February 2006.

[He05]. T. He, J. Stankovic, C. Lu, and T. Abdelzaher. "A Spatiotemporal Communication Protocol for Wireless Sensor Networks." *IEEE Transactions on Parallel and Distributed Systems*, vol. 16, no. 10, pages 995–1006, October 2005.

[He06a]. T. He, P. Vicaire, T. Yan, Q. Cao, L. Luo, R. Stoleru, L. Gu, G. Zhou, J. Stankovic, and T. Abdelzaher. "Achieving Long Term Surveillance in VigilNet." INFOCOM, April 2006.

[He06b]. T. He, P. Vicaire, T. Yan, L. Luo, L. Gu, G. Zhou, R. Stoleru, Q. Cao, J. Stankovic, and T. Abdelzaher. "Achieving Real-Time Target

Tracking Using Wireless Sensor Networks." IEEE Real-Time and Embedded Technology and Applications Symposium (RTAS), May 2006.

[Intanagonwiwat00]. C. Intanagonwiwat, R. Govindan, and D. Estrin. "Directed Diffusion: A Scalable Routing and Robust Communication Paradigm for Sensor Networks." ACM MobiCom, August 2000.

[Johnson96]. D. B. Johnson and D. A. Maltz. "Dynamic Source Routing in Adhoc Wireless Networks." In *Mobile Computing*, pages 153–181. Kluwer Academic, 1996.

[Karp00]. B. Karp. "Geographic Routing for Wireless Networks." PhD dissertation, Harvard University, October 2000.

[Karp00a]. B. Karp and H. T. Kung. "GPSR: Greedy Perimeter Stateless Routing for Wireless Sensor Networks." IEEE MobiCom, August 2000.

[Law05]. Y. W. Law, P. Hartel, J. den Hartog, and P. Havinga. "Link-Layer Jamming Attacks on S-MAC." *Proceedings of International Conference on Embedded Wireless Systems and Networks (EWSN)*, pages 217–225, 2005.

[Li05]. H. Li, P. Shenoy, and K. Ramamritham. "Scheduling Messages with Deadlines in Multi-Hop Real-Time Sensor Networks." Real-Time and Embedded Technology and Applications Symposium (RTAS), 2005.

[Lu02]. C. Lu, B. Blum, T. Abdelzaher, J. Stankovic, and T. He. "RAP: A Real-Time Communication Architecture for Large-Scale Wireless Sensor Networks." Real-Time and Embedded Technology and Applications Symposium (RTAS), June 2002.

[Maroti04]. M. Maroti, B. Kusy, G. Simon, and A. Ledeczi. "The Flooding Time Synchronization Protocol." ACM Conference on Embedded Networked Sensor Systems (SenSys), November 2004.

[Mills94]). D. Mills. "Internet Time Synchronization: The Network Time Protocol." In *Global States and Time in Distributed Systems*. IEEE Computer Society Press, 1994.

[Paradis07]. L. Paradis and Q. Han. "A Survey of Fault Management in Wireless Sensor Networks." *Journal of Network and Systems Management*, June 2007.

[Perkins99]. C. E. Perkins and E. M. Royer. "Ad-Hoc on Demand Distance Vector Routing." Workshop on Mobile Computer Systems and Applications (WMCSA), pages 90–100, February 1999.

[Polastre04]. J. Polastre, J. Hill, and D. Culler. "Versatile Low Power Media Access for Wireless Sensor Networks." ACM Conference on Embedded Networked Sensor Systems (SenSys), November 2004.

[Ravi04]. S. Ravi, A. Raghunathan, and S. Chakradhar. "Tamper Resistance Mechanisms for Secure, Embedded Systems." *Proceedings of the 17th International Conference on VLSI Design*, page 605, 2004.

[Rost06]. S. Rost and H. Balakrishnan. "Memento: A Health Monitoring System for Wireless Sensor Networks." IEEE SECON, September 2006.

[Ruiz03]. L. Ruiz, J. Nogueira, and A. Loureiro. "MANNA: A Management Architecture for Wireless Sensor Networks." *IEEE Communications Magazine*, February 2003.

[Ruiz04]. L. Ruiz, I. Siqueira, L. Oliveira, H. Wong, J. Nogueira, and A. Loureiro. "Fault Management in Event Driven Wireless Sensor Networks." Modeling, Analysis and Simulation of Wireless and Mobile Systems (MSWiM), October 2004.

[Stankovic05]. J. Stankovic, I. Lee, A. Mok, and R. Rajkumar. "Opportunities and Obligations for Physical Computing Systems." *IEEE Computer*, vol. 38, no. 11, pages 23–31, November 2005.

[Stoleru04]. R. Stoleru, T. He, and J. Stankovic. "Walking GPS: A Practical Localization System for Manually Deployed Wireless Sensor Networks." IEEE Workshop on Embedded Networked Sensors (EmNets), 2004.

[Stoleru05]. R. Stoleru, T. He, J. Stankovic, and D. Luebke. "A High Accuracy, Low-Cost Localization System for Wireless Sensor Networks." ACM Conference on Embedded Networked Sensor Systems (SenSys), November 2005.

[Suh03]. G. Suh, D. Clarke, B. Gassend, M. van Dijk, and S. Devadas. "AEGIS: Architecture for Tamper-Evident and Tamper-Resistant Processing." *Proceedings of ICS*, pages 168–177, 2003.

[Vicaire12]. P. Vicaire, E. Hoque, Z. Xie and J. Stankovic. "Bundle: A Group Based Programming Abstraction for Cyber Physical Systems." *IEEE Transactions on Industrial Informatics*, vol. 8, no.2, pages 379–392, May 2012.

[Vicaire10]. P. A. Vicaire, Z. Xie, E. Hoque, and J. Stankovic. "Physicalnet: A Generic Framework for Managing and Programming Across Pervasive Computing Networks." IEEE Real-Time and Embedded Technology and Applications Symposium (RTAS), 2010.

[Wan03]. C. Wan, S. Eisenman, and A. Campbell. "CODA: Congestion Detection and Avoidance in Sensor Networks." ACM Conference on Embedded Networked Sensor Systems (SenSys), November 2003.

[Welsh04]. M. Welsh and G. Mainland. "Programming Sensor Networks Using Abstract Regions." Symposium on Networked Systems Design and Implementation (NSDI), pages 29–42, 2004.

[Whitehouse04]. K. Whitehouse, C. Sharp, E. Brewer, and D. Culler. "Hood: A Neighborhood Abstraction for Sensor Networks." MobiSYS, pages 99–110, 2004.

[Wood06]. A. Wood, L. Fang, J. Stankovic, and T. He. "SIGF: A Family of Configurable, Secure Routing Protocols for Wireless Sensor Networks." ACM Security of Ad Hoc and Sensor Networks, October 31, 2006.

[Wood03]. A. Wood, J. Stankovic, and S. Son. "JAM: A Jammed-Area Mapping Service for Sensor Networks." *Proceedings of IEEE Real-Time Systems Symposium (RTSS)*, page 286, 2003.

[Wu10]. Y. Wu, J. Li, J. Stankovic, K. Whitehouse, S. Son and K. Kapitanova. "Run Time Assurance of Application-Level Requirements in Wireless Sensor Networks." International Conference on Information Processing in Sensor Networks (IPSN), SPOTS Track, April 2010.

[Xu05]. W. Xu, W. Trappe, Y. Zhang, and T. Wood. "The Feasibility of Launching and Detecting Jamming Attacks in Wireless Networks." *Proceedings of MobiHoc*, pages 46–57, 2005.

[Yu07]. M. Yu, H. Mokhtar, and M. Merabti. "Fault Management in Wireless Sensor Networks." IEEE Wireless Communications, December 2007.

[Zhao02]. Y. Zhao, R. Govindan, and D. Estrin. "Residual Energy Scan for Monitoring Sensor Networks." IEEE Wireless Communications and Networking Conference (WCNC), March 2002.

[Zhou06]. G. Zhou, C. Huang, T. Yan, T. He, and J. Stankovic. "MMSN: Multi-Frequency Media Access Control for Wireless Sensor Networks." INFOCOM, April 2006.

第二部分
Cyber-Physical Systems

CPS 基础理论

CPS的符号化合成

Matthias Rungger, Antoine Girard, Paulo Tabuada

信息物理系统（CPS）包括网络组件和物理组件，它们通过传感器与作动器（或称执行器）交互。因此，我们可以通过组合离散动力学（考虑到网络组件的行为，例如，软件和数字硬件）和连续动力学（考虑到物理组件的行为，例如，温度、位置和速度的时间演变）来描述CPS的行为。术语离散和连续是指所研究的量值存在的区域。例如，模拟网络组件的量值通常存在于有限集中，而模拟物理组件的量值通常是实值，因此存在于无限集中。这种混合性质是导致CPS的建模、分析和设计如此困难的主要原因之一。

在本章中，我们认为设计正确的CPS比验证CPS的正确性更容易。因为，在设计时，我们可以做出明智的选择，使系统正确且可预测。然而，当进行验证的时候，已经做出了这样的选择，如果选择有误，则它们可能导致不可判定或难以计算的验证问题。我们遵循的方法依赖于抽象物理组件，所以它们可以由描述网络组件的同一模型来描述。一旦完成，我们可以利用网络系统中现有的反应合成技术来合成所需规格的控制器。在本章中，我们将介绍这种方法及其假设和限制。

4.1 引言

本章介绍的合成方法大致分为三个步骤。第一步，计算物理组件的有限抽象，通常称为符号模型或离散抽象。第二步，采用现有的反应合成算法来合成CPS中有限模型的控制器，该有限模型通过对物理组件的有限抽象构成网络组件的有限模型来获得。最后一步，优化合成控制器，使物理组件执行CPS中期望的规范。

在文献［Caines98，Förstner02，Koutsoukos00，Moor02］中可以找到早期关于构建符号模型的想法，适于控制器设计的连续系统。例如，文献［Koutsoukos00，Moor02］中，在抽象层面采用监控技术来设计用于符号模型的控制器。利用符号模型的某些属性来确保设计过程的正确性。确保合成方法的正确性，更现代化的方法是基于模拟或交替模拟关系［Alur98，Milner89］。不直接证明正确性，而是表明符号模型和原始CPS通过交替模拟关系相关，这也是优化控制器的正确性所遵循的推理［Tabuada09］。我们在本章中遵循这一推理。

4.2 基础技术

在本节中，我们首先介绍基本的建模技术来描述系统的行为以及要验证的属性规范。下面介绍这一合成问题的定义以及一些例子。

4.2.1　预备知识

我们使用ℕ、ℤ和ℝ分别表示自然数（包括零）、整数和实数。给定集合 A，我们使用 A^n 和 2^A 分别表示 n 重笛卡儿积和 A 所有子集的集合。我们用 $|x|$ 表示 $x \in \mathbb{R}^n$ 的欧几里得范数。

我们分别用 $[a, b]$、$]a, b[$、$[a, b[$ 和 $]a, b]$ 表示ℝ中的闭合、开放和半开放区间。ℤ中的区间分别由 $[a; b]$、$]a; b[$、$[a; b[$ 和 $]a; b]$ 表示。

给定函数 f: $A \to B$，并且 $A' \subseteq A$，我们定义 $f(A') := \{f(a) \in B \mid a \in A'\}$ 为 A' 在 f 下的像。从 A 到 B 的集值函数或映射 f 表示为 $f: A \rightrightarrows B$。每个集值映射 $f: A \rightrightarrows B$ 定义了 $A \times B$ 上的二元关系；也就是说，如果 $b \in f(a)$，则 $(a, b) \in f$。一个集值映射的逆映射 f^{-1} 和域 $domf$ 分别定义为 $f^{-1}(b) = \{a \in A \mid b \in f(a)\}$，$domf = \{a \in A \mid f(a) \neq \varnothing\}$。我们用 id 表示恒等函数，即，对于所有的 $a \in A$，id：$A \to A$，$id(a) = a$。

给定度量空间 (X, d) 的度量为 d 的子集 $A \subseteq X$，我们使用 $A + \varepsilon\mathbb{B}$ 表示膨胀集合 $\{x \in X \mid \exists_{a \in A}: d(a, x) \leqslant \varepsilon\}$。集合 A 的边界由 ∂A 表示，并且两个集合 A 和 B 的集合差通常表示为 $A \setminus B = \{a \in A \mid a \notin B\}$。

在一些集合 A 中给定序列 a：$[0; T] \to A$，$T \in \mathbb{N} \cup \{\infty\}$，我们用 a_t 表示第 t 个元素，$a_{[0;t]}$ 表示其区间限定在 $[0; t]$。所有有限序列的集合用 A^* 表示。所有无限序列的集合用 A^ω 表示。如果 A 配备了度量 d，并且 B 是 A^ω 的子集，则我们使用 $B + \varepsilon\mathbb{B}$ 来表示集合 $\{a \in A^\omega \mid \exists_{b \in B}, \forall_{t \in \mathbb{N}}: d(a_t, b_t \leqslant \varepsilon\}$。

4.2.2　问题定义

在本节中，我们介绍 CPS 的数学模型，这是我们分析的基础，而且它还描述了关于线性时序逻辑规范的合成问题。

4.2.2.1　模型系统

为了能够捕获 CPS 的丰富行为，我们使用系统的一般概念。

定义 1　系统 S 是一个元组 $S = (X, X_0, U, \to, Y, H)$，由以下组成：

- 状态集 X。
- 初始状态集 $X_0 \subseteq X$。
- 输入集 U。
- 转换关系 $\to \subseteq X \times U \times X$。
- 输出集 Y。
- 输出映射 H：$X \to Y$。

S 的内部特性 ξ 是一个无限序列 $\xi \in X^\omega$，X^ω 中存在一个无限序列 $v \in U^\omega$，以至于对所有的 $t \in \mathbb{N}$，$\xi_0 \in X_0$ 和 $(\xi_t, v_t, \xi_{t+1}) \in \to$（也可以表示成 $\xi_t \xrightarrow{v_t} \xi_{t+1}$）都成立。$S$ 每个内部特性 ξ 产生 S 的外部特性 ζ，即，对于所有 $t \in \mathbb{N}$，Y 中无限序列满足 $\zeta_t = H(\xi_t)$，我们用 $B(S)$ 来表示 S 的所有外部特性的集合。

定义 2　或者，我们说如果 Y 是度量空间，则系统 S 是度量，或者如果 X 和 U 是有限集，则系统 S 是有限的。否则，我们说 S 是一个无限系统。

以下两个例子说明引入系统概念的有用性。我们从有限状态系统开始，如文献［Tabuada09］的 1.3 节所述。

（1）示例：通信协议

在该示例中，我们根据定义 1 将通信协议建模为系统。我们假设发送方和接收方在有故障的信道上交换消息。发送方处理来自缓冲区的数据并将其发送给接收方。在发送消息之后，发送方等待来自接收方的确认消息。如果确认消息显示消息传输不正确，则发送方重新传输最后一条消息。在正确传输的情况下，发送方继续从缓冲区处理下一消息。

这种行为由图 4-1 中所示的有限状态自动机来说明。圆圈表示状态，箭头表示转换。每个圆圈的上部用状态标记，下部用输出标记。转换用输入标记。

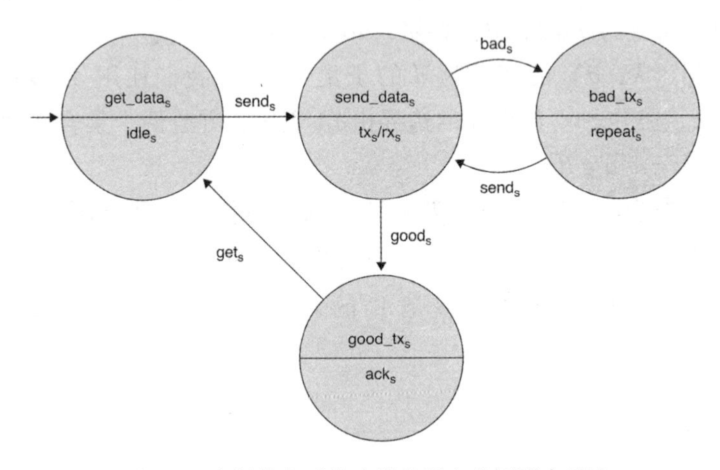

图 4-1　有限状态系统建模发送方的图形表示法

消息通过通信信道发送，要么成功，要么失败。如果接收的消息正确，则接收方发送确认消息以确认无错误消息；否则，向发送方发送重复请求。接收方的动态行为如图 4-2 所示。

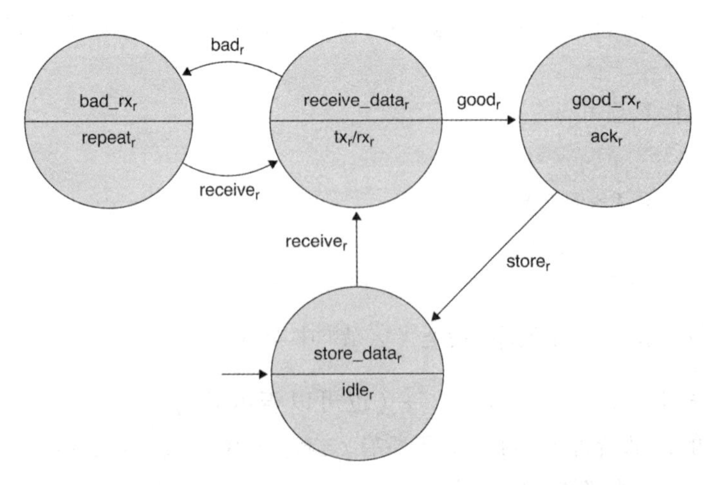

图 4-2　有限状态系统建模接收方的图形表示法

整个系统 S 由两个系统组合而成。我们不提供组成系统的细节，有兴趣的读者可以阅读文献［Tabuada09］。显然，S 是有限系统。如下给出发送方可能的外部行为：

$$\mathrm{idle}_s \rightarrow \mathrm{tx}_s/\mathrm{rx}_s \rightarrow \mathrm{ack}_s \rightarrow \mathrm{get}_s \rightarrow \cdots$$

$$\mathrm{idle}_s \rightarrow \mathrm{tx}_s/\mathrm{rx}_s \rightarrow \mathrm{repeat}_s \rightarrow \mathrm{tx}_s/\mathrm{rx}_s \rightarrow \cdots$$

我们的数学系统模型也适用于连续控制系统，如开关系统。

（2）示例：直流升压转换器

在本例中，我们对直流升压转换器进行建模，如图 4-3 所示。直流升压转换器的作用是在负载侧产生比源电压更高的电压。转换器在两种模式下工作。

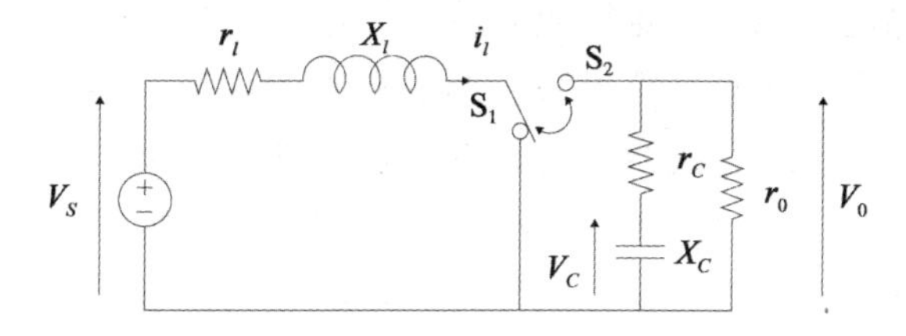

图 4-3 直流升压转换器

当开关闭合时，电感器中的磁场存储电能。当开关断开时，电感器充当第二源极，并且其电压累加到负载侧上的源极电压。有很多文献资料记载了对直流升压转换器的研究，而且一般都是从混合控制的角度（例如，参见文献［Beccuti06，Buisson05，Senesky03］），以及基于抽象的控制器设计的上下文［Girard10，Girard12，Reißig13］对其进行研究。

系统状态由 $x(t)=[i_l(t),\ v_c(t)]^{\mathrm{T}}$ 给出，其中，$i_l(t)$ 和 $v_c(t)$ 分别表示在时间 t 通过电感器的电流和电容器两端的电压。动态行为由线性切换系统来描述：

$$\dot{x}(t)=A_{g(t)}x(t)+b \tag{4-1}$$

在该系统中，$A_i\in\mathbb{R}^{2\times 2}$，$i\in[1;\ 2]$，$b$ 如下：

$$A_1=\begin{bmatrix}-\dfrac{r_l}{x_l} & 0\\ 0 & -\dfrac{1}{x_c}\dfrac{1}{r_0+r_c}\end{bmatrix},\ A_2=\begin{bmatrix}-\dfrac{1}{x_l}\left(r_l+\dfrac{r_c r_0}{r_c+r_0}\right) & -\dfrac{1}{x_l}\dfrac{r_0}{r_0+r_c}\\ \dfrac{1}{x_c}\dfrac{r_0}{r_0+r_c} & -\dfrac{1}{x_c}\dfrac{1}{r_0+r_c}\end{bmatrix},\ b=\begin{bmatrix}\dfrac{v_s}{x_l}\\ 0\end{bmatrix}$$

系统 A_i 用于描述状态的演变，这取决于开关的位置，$g(t)\in[1;\ 2]$。

在 4.2.4 节中，我们设计了一个状态相关的控制器来调节负载两端的电压；它以采样时间 $\tau\in\mathbb{R}_{>0}$ 的采样保持（sample-and-hold）方式实现。此外，我们只关注期望值周围的状态空间的子集 $K\subseteq\mathbb{R}^2$。我们将采样动态方程（4-1）投射到 K 上作为以下系统：

$$S_\tau=(K,K,[1;2],\underset{\tau}{\rightarrow},\mathbb{R}^2,id)$$

转换关系定义如下：

$$x\overset{g}{\underset{\tau}{\rightarrow}}x':\Leftrightarrow x'=\xi_{x,g}(\tau)$$

这里 $\xi_{x,g}(\tau)$ 是微分方程（4-1）在时间 τ 处的解，开关位置 $g\in[1;\ 2]$。系统 S_τ 是度量系统。外部行为与内部行为一致，符合由式（4-1）定义的连续时间采样行为。

我们不提供更多的例子，感兴趣的读者可以参见文献［Tabuada09］和一些最近描述网络控制系统［Borri12］以及随机控制系统［Zamani14］的文章，它们是根据定义 1 中的系统概念来描述的。

4.2.2.2　线性时序逻辑

本节回顾如何使用线性时序逻辑（Linear Temporal Logic，LTL）来指定所需的系统行为。在一组原子命题 $\mathscr{P}$ 上定义逻辑，$\mathscr{P}$ 由输出集合 Y 的子集 P_i 的有限集合给出，$i\in[1;\ p]$；也就是说，对于所有的 $i\in[1;\ p]$：

$$P_i \subseteq Y \tag{4-2}$$

直观来说，原子命题表示与特定期望的系统行为相关的集合。

正式地说，根据 LTL[⊖] 公式 φ 给出系统期望行为的规范，公式 φ 由命题连接词（和“$\wedge$”，否定“$\neg$”）和原子命题集合 $\mathscr{P}$ 上的时间运算符 X(next)、G(always)、F(eventually）组成。LTL 公式在 $2^{\mathscr{P}}$ 中的无限序列 π 上进行评估。如果在下一时间步长、每一个时间步长或者未来某个时间步长处，φ 分别为真，那么认为序列 π 满足 X_φ、G_φ 或者 F_φ。满足给定 LTL 公式 φ 的序列 π 的精确定义在第 6 章中给出，并且可以在几个参考文献（如文献［Baier08，Vardi96］）中找到。

如果序列 $h\circ\zeta$ 满足 φ ，$h(y)=\{\mathscr{P}\in p \mid y\in P\}$，那么 Y 中序列 ζ 满足公式 φ，表示为 $\zeta\vDash\varphi$。满足 LTL 公式的 Y 中所有序列的集合表示如下：

$$B(\varphi) = \{\zeta:\mathbb{N}\rightarrow Y \mid \zeta\vDash\varphi\} \tag{4-3}$$

我们说系统 S 满足 LTL 公式 φ，表示为 $S\vDash\varphi$，前提条件是 S 的每个外部行为都满足 φ：

$$B(S) \subseteq B(\varphi) \tag{4-4}$$

接下来，我们说明一些广泛使用的规范，并解释它们在给定系统的外部行为方面的意义。

（1）安全

安全性是最简单、使用最广泛的性质之一。它说明了永远无法达到某些坏的系统状态这样一个事实。这样的期望行为由以下 LTL 公式给出：

$$\varphi = GP$$

在这个公式中，$P\subseteq Y$ 是安全输出集。坏的输出状态由 $Y\setminus P$ 给出。给定一个系统 S，满足 GP，G(always) 表示每个外部行为 $\zeta\in B(S)$ 始终处于良好状态；也就是说，对于所有 $t\in\mathbb{N}$，满足 $\zeta_t\in P$。

我们再看看前面介绍的通信协议的例子。我们可以使用以下安全公式：

$$\varphi = G\neg\ (\mathrm{ack}_s \wedge \mathrm{repeat}_r)$$

当接收方用“重复请求”作为响应时，这就表示发送方不“相信”消息被发送成功了；也就是说，发送方和接收方不应该同时处于输出 ack_s 和 repeat_r 的状态。

（2）可达性与终端

系统 S 的另一个基本属性由最终运算符表示：

⊖ 为了简便起见，我们省略“直到”运算符 U 并且关注完整 LTL 的片段。

$$\varphi = \mathrm{F}P$$

该表达式表示：在有限的步骤后，集合 $P \subseteq Y$，即对于某些 $t \in \mathbb{N}$，每个外部行为 $\zeta \in B(S)$ 满足 $\zeta_t \in P$。举个例子，如果 S 代表计算机程序，$P \subseteq Y$ 表示终止条件（即 $H(x) \in P$ 意味着程序终止），那么 $S \vDash \mathrm{F}P$ 表示 S 最终终止。

（3）吸引性（在约束下）

在控制系统的上下文中，渐近稳定性是最常见的性质之一。

由于稳定性是拓扑性质，我们作出以下假设，S 是具有 $Y = X$ 和 $H = id$ 的度量系统，从中可以得出 X 是度量空间。对于一个平衡 $x^* \in X$，它的渐近稳定性由稳定性和吸引性这两个性质表示。稳定性意味着对于平衡的每个邻域 N，我们可以找到平衡的邻域 N'，使得如下结论成立：如果我们将初始状态的集合限制为 N'（即 $X_0 \subseteq N'$），所有行为都一直保持在 N 范围内，即对于所有的 $t \in \mathbb{N}$，$\xi_t \in N$ 成立。吸引性是说每个行为最终都会收敛到平衡状态：$\lim\limits_{t \to \infty} \xi_t = x^*$。我们无法描述 LTL 的稳定性。然而，对于吸引性，可以通过以下公式给出它的实际变体：

$$\varphi = \mathrm{FG}Q$$

这意味着系统 S 满足 φ 的每个行为 ξ，最终会到达 Q 状态，然后保持。也就是说，存在 $t \in \mathbb{N}$，使得对于所有的 $t' \geqslant t$，存在 $\xi_{t'} \in Q$。除了这个属性，我们能在瞬态系统行为期间，轻易地添加某些约束 $P \subseteq Y$，表示对于所有的 $t \in \mathbb{N}$，$\xi_t \in P$，以下式子成立：

$$\varphi = \mathrm{FG}Q \wedge \mathrm{G}P$$

示例：调节直流升压转换器中的状态

上一节中介绍了直流升压转换器，如前所述，直流转换器的控制器的目标是调节负载两端的输出电压。

该目标通常是通过围绕参考状态 $x_{\mathrm{ref}} = [i_{\mathrm{ref}}, v_{\mathrm{ref}}]^{\mathrm{T}}$ 调节状态 $[i_l(t), v_c(t)]^{\mathrm{T}}$ 来完成。为了表达 LTL 中期望的行为，我们引入原子命题 $Q = [1.1, 1.6] \times [1.08, 1.18]$。我们使用 LTL 公式 FG$Q$ 来表示概念——系统最终应该到达并保持的参考状态的邻域。此外，我们施加安全约束 GP，其中 $P = [0.65, 1.65] \times [0.99, 1.19]$，得到最终规范：

$$\varphi = \mathrm{FG}Q \wedge \mathrm{G}P$$

安全约束有两个目的。一是使用安全特性，我们确保在瞬态行为期间不会超过直流转换器的某些物理限制。例如，使用 GP，我们确保电流始终保持在［0.65，1.65］内。二是将问题域限制在状态空间的有界子集，这有利于有限符号模型的计算。

4.2.2.3　合成问题

现在我们继续定义合成问题。我们首先介绍控制器的概念。通常，用于系统 S 的控制器也是一个系统，称之为 S_C，并且闭环系统 $S_C \times_I S$ 由系统 S_C 和 S 相对于互连关系 I 组合而成［Tabuada09］。然而，在本文中，我们关注以下简单的安全性和可达性问题：

$$\varphi = \mathrm{G}P \text{ 和 } \varphi = \mathrm{F}Q \wedge \mathrm{G}P \tag{4-5}$$

公式中，P 和 Q 是 Y 的子集。众所周知，对于那些规范，系统存在无状态或状态反馈控制器［Tabuada09］。我们将系统 S 的控制器 C 定义为如下的集值映射：

$$C: X \rightrightarrows U$$

这个控制器是用来限制系统 S 的可能输入值。闭环系统 S/C 遵循 S 与 C 的组成，通过以下式子来表示：

$$S/C = (X_C, X_{0,C}, U, \underset{C}{\rightarrow}, H, Y)$$

改进后的状态空间 $X_C = X \cap dom\ C$，$X_{0,C} = X_0 \cap dom\ C$，改进后的转换关系如下所示：

$$(x,u,x') \in \underset{C}{\rightarrow} :\Leftrightarrow ((x,u,x') \in \rightarrow \wedge\ u \in C(x))$$

示例：直流升压转换器的采样数据动态特性

直流升压转换器的采样数据动态特性的控制器 C 由下式给出：

$$C: \mathbb{R}^2 \rightrightarrows \{1,2\}$$

如图 4-4 所示的闭环系统，在采样时间 $t\tau$，$t \in \mathbb{N}$，控制器基于系统的当前状态 ξ_t 提供有效输入 $v_t \in C(\xi_t)$，输入 v_t 在采样间隔［$t\tau$，$(t+1)\tau$］内保持恒定。

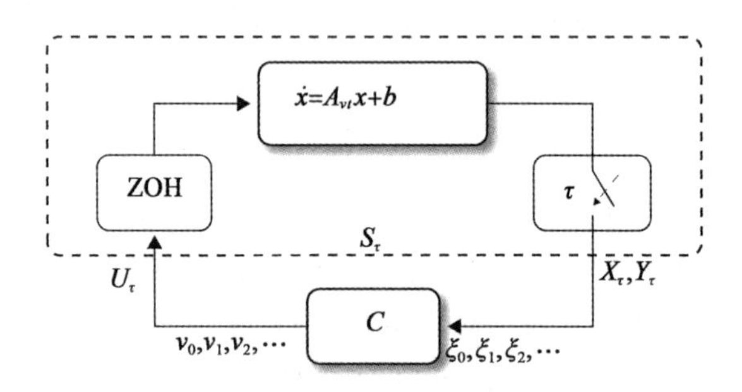

图 4-4　闭环系统 $S\tau/C$

在数字设备上实现控制器 C 时，我们可以根据选择标准选择输入 $v_t \in C(\xi_t)$。利用闭环系统的精确概念，合成问题描述如下。

问题 1　给定如式（4-5）所示的系统 S 和 LTL 规范 φ，我们可以找到控制器 C（如果存在），使得 $B(S/C) \neq \varnothing$ 和 S/C 满足规范，即 $S/C \models \varphi$（使用式（4-5）中的形式，我们也可以解决更一般的问题，例如吸引性规范）。

注释 1　假设 S 的输出映射 H 是单射的。考虑两个集 Q，$P \subseteq Y$，以及 $Q \subseteq P$。设 C_1 和 C_2 为 S 的两个控制器：

$$S/C_1 \models \mathrm{G}Q$$

$$S/C_2 \models \mathrm{F}Q' \wedge \mathrm{G}P$$

其中，$Q' = H(dom\ C_1)$。控制器定义如下：

$$C(x) := \begin{cases} C_1(x), & x \in dom\ C_1 \\ C_2(x), & \text{其他} \end{cases}$$

我们声明 $S/C \models \mathrm{FG}Q \wedge \mathrm{G}P$。如果 $x \in dom\ C_1$，S 的 x 每个具有初始状态的外部行为 ξ 永远停留在 Q（和 P）中，因此 ξ 满足 $\mathrm{FG}Q \wedge \mathrm{G}P$。如果 $x \in dom\ C_2 \setminus dom\ C_1$，每个具有初始状态 x 的外部行为在有限时间内达到 Q'。由于 H 是单射的，所以相应的内部行为满足 $\xi_t \in dom\ C_1$，之后控制器 C_1 用来保持 Q 内部的行为，这表明 ξ 满足 $\mathrm{FG}Q \wedge \mathrm{G}P$。

4.2.3　合成问题的解决

如前所述，CPS 和控制系统通常是无限系统，控制器合成的通常算法（例如参见文献 [Pnueli89，Vardi95]）无法直接采用。我们可以在有限状态系统中应用这些算法来合成控制器，然后将有限状态系统在有界域上抽象成无限系统。通过在原始系统和有限近似（即符号模型）之间建立近似模拟关系 [Girard07] 来确保该方法的正确性。本节将介绍近似模拟关系的精确定义，并展示这个概念如何使符号模型的控制器更容易转换（或优化）到原始系统的控制器。下面我们介绍文献 [Tabuada08，Girard12] 中提出的方法。

4.2.3.1　近似模拟关系

近似模拟关系一般定义为：对于两个度量系统，它们具有相同的输出空间 [Girard07]，但也允许具有不同的输入空间。为了方便讨论，我们考虑更严格的情况，不仅假设两个度量系统的输出空间相同，而且输入空间也相同。对于这种情况，近似（互）模拟关系（approximate (bi)simulation relation）的定义如下。

定义 3　设 S 和 $\hat{S}$ 是具有 $U=\hat{U}$，$Y=\hat{Y}$ 和度量 d 的两个度量系统。考虑参数 $\varepsilon \in \mathbb{R}_{\geqslant 0}$。如果下述为真，则关系 $R \subseteq X \times \hat{X}$ 称为从 S 到 $\hat{S}$ 的 ε 近似模拟关系（ε-aSR）。

- 对于所有的 $x_0 \in X_0$，存在 $\hat{x}_0 \in \hat{X}_0$，使得 $(x_0, \hat{x}_0) \in R$，并且对于任何 $(x, \hat{x}) \in R$：
  - $d(H(x), \hat{H}(\hat{x})) \leqslant \varepsilon$。
  - $x \xrightarrow{u} x'$ 表示存在 $\hat{x} \xrightarrow{u} \hat{x}'$，使得 $(x', \hat{x}') \in R$。

如果存在从 S 到 $\hat{S}$ 的一个 ε-aSR，我们说 $\hat{S}$ 近似模拟 S 或者 S 由 $\hat{S}$ 近似模拟，表示如下：

$$S \preccurlyeq_{\varepsilon} \hat{S}$$

如果 R 是从 S 到 $\hat{S}$ 的 ε-aSR，R^{-1} 是从 $\hat{S}$ 到 S 的 ε-aSR，则 R 称为 S 和 $\hat{S}$ 之间的 ε 近似互模拟关系（ε-aBSR）。如果 S 与 $\hat{S}$ 存在一个 ε-aBSR，那么我们说 S 是 ε 近似互相似于 $\hat{S}$，表示如下：

$$S \simeq_{\varepsilon} \hat{S}$$

接下来的定理表明近似（互）相似性意味着近似行为上的（等价）包含。定理来自文献 [Tabuada09] 中的命题 9.4。

定理 1　设 S 和 $\hat{S}$ 是具有 $U=\hat{U}$，$Y=\hat{Y}$ 和度量 d 的两个度量系统。假设存在从 S 到 $\hat{S}$ 的 ε-aSR。然后，对于 S 的每个外部行为 ζ，存在 $\hat{S}$ 的外部行为 $\hat{\zeta}$，使得

$$d(\zeta_t, \hat{\zeta}_t) \leqslant \varepsilon, \forall t \in \mathbb{N} \tag{4-6}$$

等价于如下表达式：

$$S \preccurlyeq_{\varepsilon} \hat{S} \Rightarrow B(S) \subseteq B(\hat{S}) + \varepsilon\mathbb{B} \tag{4-7}$$

如果 S 和 $\hat{S}$ 是 ε 近似互相似（ε-approximately bisimilar），则有如下式子：

$$B(S) \subseteq B(\hat{S}) + \varepsilon\mathbb{B},\ B(\hat{S}) \subseteq B(S) + \varepsilon\mathbb{B} \tag{4-8}$$

在下面的讨论中，我们给定一个系统 S 和一个 ε 近似模拟 S 的有限系统 $\hat{S}$。定理 1 允许我们使用抽象 $\hat{S}$（大致）回答 S 的验证问题。假设我们想知道 S 是否满足安全特性

$\varphi = GP$。利用自动机理论［Vardi96］中著名的算法，我们可检查 $\hat{S}$ 对于 $P_\varepsilon := P\backslash(\partial P + \varepsilon\mathbb{B})$ 是否满足 $\check{\varphi}_\varepsilon = GP_\varepsilon$。公式 $\check{\varphi}_\varepsilon$ 表示 φ 的一个更受限制的变体，并且在 $B(\check{\varphi}_\varepsilon) \subseteq B(\varphi)$ 成立的意义上说，$\check{\varphi}_\varepsilon$ 说明了式（4-7）中的近似行为包含。如果 $\hat{S}$ 满足 $\check{\varphi}_\varepsilon$，从式（4-7）中可以推测出 S 满足 φ。我们用如下符号表示这一事实：

$$S \preccurlyeq_\varepsilon \hat{S} \ \wedge\ \hat{S} \vDash \varphi_\varepsilon \Rightarrow S \vDash \varphi$$

但是要注意到，$S \preccurlyeq_\varepsilon \hat{S}$ 不允许我们得出逆向结论；也就是说，$\hat{S} \nvDash \check{\varphi}_\varepsilon$ 不代表 $S \nvDash \varphi$。对于逆向推理，我们需要更强的互相似性的概念。给定 $S \simeq_\varepsilon \hat{S}$，从式（4-8）可以推测出 $\hat{S} \nvDash \hat{\varphi}_\varepsilon$，其中 $\hat{\varphi}_\varepsilon = \mathrm{G}(P + \varepsilon\mathbb{B})$，我们得到如下两个方向：

$$S \simeq_\varepsilon \hat{S} \ \wedge\ \hat{S} \vDash \check{\varphi}_\varepsilon \Rightarrow S \vDash \varphi$$

$$S \simeq_\varepsilon \hat{S} \ \wedge\ \hat{S} \nvDash \hat{\varphi}_\varepsilon \Rightarrow S \nvDash \varphi$$

与 $\check{\varphi}_\varepsilon$ 相反，公式 $\hat{\varphi}_\varepsilon$ 代表 φ 的一个限制较少的变体，并且在基于近似互相似模型的决策过程中存在“间隙”。但是，在 4.2.4 节中我们可以看到，在合适的稳定性假设下，这个间隙可以达到任意小。

4.2.3.2　控制器优化

现在我们考虑以下情况。假设给定系统 S，规范 φ 和与 S 近似互相似的有限模型 $\hat{S}$。此外，我们还得到 $\hat{S}$ 的控制器 $\hat{C}$，使得闭环系统 $\hat{S}/\hat{C}$ 满足 $\check{\varphi}_\varepsilon$，其中 $\check{\varphi}_\varepsilon$ 表示从 φ 派生来的 $\hat{S}$ 的规范。这类控制器可以通过类似文献［Pnueli89，Vardi95］或文献［Tabuada09］中描述的算法来进行计算。

本节将介绍如何将 $\hat{S}$ 的控制器 $\hat{C}$ 改进为 S 的控制器 C。根据具体的规范，我们将采用不同的优化策略。基于互模拟关系的一般规范的控制器优化，我们可以在文献［Tabuada08］中找到相关信息。本章中讨论的特殊情况在文献［Girard12］中有记录。

对于安全规范 $\varphi = GP$，我们从相当直接的优化策略开始。令 R 为 S 和 $\hat{S}$ 之间的 ε-aBSR，接着我们将 $\hat{S}$ 的控制器 $\hat{C}_s$ 改进为 S 的控制器 C_s：

$$C_s(x) := \hat{C}_s(R(x)) \tag{4-9}$$

由控制输入（可用于相关状态 $R(x) \subseteq \hat{X}$ 处的符号模型）的并集给出在原始系统的状态 x 处可用的控制输入。

可达性规范 $\varphi = GP \wedge FQ$ 的优化策略，是根据与 $\hat{S}$ 的控制器 $\hat{C}_r$ 相关联的最小时间函数（即 $T_{\hat{C}_r}$：$\hat{X} \to \mathbb{N} \cup \{\infty\}$）进行制定的。该函数定义为 $\hat{S}/\hat{C}_r$ 的所有外部行为进入时间的最小上界，其中集合 Q 中的初始状态 $\hat{x} \in \hat{X}$ 停留在 P 中：

$$T_{\hat{C}_r}(\hat{x}) := \inf\{t \in \mathbb{N} \mid \forall_{\zeta \in B(\frac{\hat{S}}{\hat{C}_r})}: \hat{\zeta}_0 = \hat{H}(\hat{x}), \hat{\zeta}_t \in Q, \forall_{t' \in [0;t]} \hat{\zeta}_{t'} \in P\} \tag{4-10}$$

由于 $\hat{S}/\hat{C}_r$ 有限，因此可以通过最短路径算法迭代地计算该函数。我们获得可达性规范的优化策略如下：令 R 为 S 和 $\hat{S}$ 之间的 ε-aBSR，$\hat{C}_r$ 为 $\hat{S}$ 的控制器，$T_{\hat{C}_r}$ 由式（4-10）给出。然后我们定义 S 的控制器 C_r：

$$C_r(x) := \hat{C}_r(\underset{\hat{x} \in R(x)}{\operatorname{argmin}} T_{\hat{C}_r}(\hat{x})) \tag{4-11}$$

对于 $\inf_{x \in A} f(x) = \infty$，我们按约定使用 $\operatorname{argmin}_{x \in A} f(x) = \varnothing$。原始系统的状态 x 处的可用

控制输入由与达到 $T_{\hat{C}_r}(\hat{x})$ 最小值的相关状态 $\hat{x}\in R(x)$ 相关联的控制输入给出。我们基本上选择与符号状态 $\hat{x}$ 相关联的输入，这样才能使符号模型 $\hat{S}/\hat{C}_r$ 最快到达集合 Q。

在下面的定理中，我们总结了文献［Girard12］的定理 1 和定理 3，其确保了所提出的优化过程的正确性。此外，当符号模型的规范无法实现时，即当不存在控制器使得闭环系统满足规范时，我们给出一个声明。这个声明直接遵循了优化策略的对称性；也就是说，通过交换系统和符号模型的角色，可以将用于原始系统的控制器改进成用于符号模型的控制器。

定理 2　设 S 和 $\hat{S}$ 是具有 $U=\hat{U}$，$Y=\hat{Y}$ 和度量 d 的两个度量系统。R 是从 S 到 $\hat{S}$ 的 ε-aBSR。考虑集合 P，$Q\subseteq Y$ 和它们的近似值：

$$\check{P}_\varepsilon := P\setminus(\partial P+\varepsilon\mathbb{B}),\hat{P}_\varepsilon := P+\varepsilon\mathbb{B}$$

$$\check{Q}_\varepsilon := Q\setminus(\partial Q+\varepsilon\mathbb{B}),\hat{Q}_\varepsilon := Q+\varepsilon\mathbb{B}$$

下列蕴含式成立：

$$\hat{S}/\hat{C}_s\models \mathrm{G}\check{P}_\varepsilon\Rightarrow S/C_s\models \mathrm{G}P$$

$$\hat{S}/\hat{C}_r\models \mathrm{G}\check{P}_\varepsilon\wedge \mathrm{F}\check{Q}_\varepsilon\Rightarrow S/C_r\models \mathrm{G}P\wedge \mathrm{F}Q$$

其中 S 的控制器 C_i，$i\in\{s, r\}$，分别根据式（4-9）和式（4-10），从 $\hat{S}$ 的控制器 $\hat{C}_i$ 中提炼得到。

另外，如果 $\mathrm{G}\hat{P}_\varepsilon$（或者 $\mathrm{G}\hat{P}_\varepsilon\wedge\mathrm{F}\hat{Q}_\varepsilon$）相对于 $\hat{S}$ 不可实现，那么 $\mathrm{G}P$(或者 $\mathrm{G}P\wedge\mathrm{F}Q$）相对于 S 也不可实现。

4.2.4　符号模型构建

本节将按照文献［Girard10］中提出的方法，说明如何计算控制系统的符号模型。为了简单介绍这些方法便于大家理解，我们专注于在文献［Girard10］中概述的一般方案的特殊情况。特别地，我们考虑以下形式的切换仿射系统 $\Sigma=(K, G, A_g, b_g)$：

$$\dot{\xi}(t) = A_g\xi(t)+b_g \tag{4-12}$$

控制输入 $g\in G=[1;k]$，$k\in\mathbb{N}$，系统状态 $\xi(t)\in K\subseteq\mathbb{R}^n$，系统矩阵和仿射项由 $A_g\in\mathbb{R}^{n\times n}$ 和 $b_g\in\mathbb{R}^n$ 分别给出。

与初始状态 $x\in\mathbb{R}^n$ 和常数输入 $g\in G$ 相关的 Σ 的轨迹由下式给出：

$$\xi_{x,g}(t) = \mathrm{e}^{A_g t}x+\int_0^t \mathrm{e}^{A_g(t-s)}b_g\mathrm{d}s$$

e^A 表示 $\sum_{k=0}^{\infty}\frac{1}{k!}A^k$ 系列的矩阵指数。接下来，我们定义捕获 Σ 的采样行为的系统，给定采样时间 $\tau\in\mathbb{R}_{>0}$，定义 $S_\tau(\Sigma)$ 如下：

$$S_\tau(\Sigma) = (K,K,G,\underset{\tau}{\rightarrow},\mathrm{id},\mathbb{R}^n) \tag{4-13}$$

转换关系定义如下：

$$(x,g,x')\in\underset{\tau}{\rightarrow}:\Leftrightarrow x' = \xi_{x,g}(\tau)$$

接下来的几节，我们为 $S_\tau(\Sigma)$ 构造符号模型。

4.2.4.1　稳定性假设

符号模型的构建基于某些增量稳定性假设［Angeli02］。这些假设的一个变体是存在共同的 Lyapunov 函数，它意味着切换系统 Σ（对于分段恒定切换信号）是全局均匀渐近稳定的递增（δ-GUAS）。直观来讲，δ-GUAS 表示关联相同的切换信号但具有不同初始状态的轨迹随着时间的推移彼此接近。

我们假设存在满足以下不等式的对称正定矩阵 $M\in\mathbb{R}^{n\times n}$ 和常数 $\kappa\in\mathbb{R}_{>0}$：

$$x^{\mathrm{T}}(A_g^{\mathrm{T}}M+MA_g)x\leqslant-2\kappa x^{\mathrm{T}}Mx,\forall x\in\mathbb{R}^n,\ g\in G \tag{4-14}$$

文献［Shorten98，Liberzon99］中给出了矩阵 A_g，$g\in G$ 的条件，这个矩阵表明这样的矩阵 M 和 κ 是存在的。给定 M，我们定义以下函数：

$$V(x,y)=\sqrt{(x-y)^{\mathrm{T}}M(x-y)}$$

我们认为 V 实际上是 Σ［Girard13，定义 2］的 δ-GUAS Lyapunov 函数。设 λ^- 和 λ^+ 分别为 M 的最小和最大特征值。然后，我们可以验证，对于所有 x，$y\in\mathbb{R}^n$ 和 $g\in G$，V 满足以下不等式：

$$\sqrt{\lambda^-}\,|x-y|\leqslant V(x,y)\leqslant\sqrt{\lambda^+}\,|x-y| \tag{4-15}$$

$$D_1V(x,y)(A_gx+b_g)+D_2V(x,y)(A_gy+b_g)\leqslant-\kappa V(x,y) \tag{4-16}$$

其中，D_iV 表示 V 相对于第 i 个参数的偏导数。我们观察到式（4-15）和式（4-16）中的不等式足以使 V 成为一个 δ-GUAS Lyapunov 函数，并且以下不等式成立：

$$V(\xi_{x,g}(t),\ \xi_{y,g}(t))\leqslant\mathrm{e}^{-\kappa t}V(x,y) \tag{4-17}$$

此外，很容易证明 $W(x):=V(x,0)$ 是$\mathbb{R}^n$上的范数，因此，满足三角不等式。那么对于所有的 x，y，$z\in\mathbb{R}^n$，我们使用 $V(x,y)=V(x-y,0)$ 获得以下不等式：

$$V(x,y)\leqslant V(x,y)+V(y,z) \tag{4-18}$$

4.2.4.2　符号模型

符号模型的构建基于状态空间 $K\subseteq\mathbb{R}^n$的均匀离散化。我们使用下列符号，给定一个集合 $K\subseteq\mathbb{R}^n$并且 $\eta\in\mathbb{R}_{>0}$，以下表达式表示 K 中的均匀网格：

$$[K]_\eta:=\{x\in K\,|\,\exists k\in\mathbb{Z}^n:x=k\eta2/\sqrt{n}\}$$

基于网格的定义，以网格点$[K]_\eta$ 为中心，半径为 η 的球覆盖集合 K：

$$K\subseteq\bigcup_{\hat{x}\in[K]_\eta}\hat{x}+\eta\mathbb{B} \tag{4-19}$$

有了离散化参数 $\eta\in\mathbb{R}_{>0}$，我们定义系统如下：

$$S_{\tau,\eta}(\Sigma)=([K]_\eta,[K]_\eta,G,\underset{\tau,\eta}{\rightarrow},\mathrm{id},\mathbb{R}^n) \tag{4-20}$$

转换关系如下：

$$(\hat{x},g,\hat{x}')\in\underset{\tau,\eta}{\rightarrow}:\Leftrightarrow|\hat{x}'-\xi_{x,g}(t)|\leqslant\eta\wedge\xi_{x,g}(\tau)\in K$$

注意，$S_\tau(\Sigma)$和 $S_{\tau,\eta}(\Sigma)$是具有相同输入和输出空间的度量系统。度量由 $d(x,y)=|x-y|$简单给出。此外，给定 G 有限，并且 K 有界，则 $S_{\tau,\eta}(\Sigma)$有界。

以下定理来自文献［Girard10］中的定理 4.1。

定理 3　考虑一个控制系统 Σ，离散化参数 τ，$\eta\in\mathbb{R}_{>0}$，期望精度 $\varepsilon\in\mathbb{R}_{>0}$。假设一个

对称的正定矩阵 M 和一个常数 $\kappa \in \mathbb{R}_{>0}$ 满足式（4-14）。设 $V(x, y) = \sqrt{(x-y)^{\mathrm{T}}M(x-y)}$，$\lambda^{+}$ 和 λ^{-} 分别是 M 的最大和最小特征值。如果关系

$$\sqrt{\lambda^{-}}\mathrm{e}^{-\kappa\tau}\varepsilon + \sqrt{\lambda^{+}}\eta \leqslant \sqrt{\lambda^{-}}\varepsilon \tag{4-21}$$

成立，那么相对于度量 $d(x, y) = |x-y|$，以下是 $S_{\tau}(\Sigma)$ 和 $S_{\tau,\eta}(\Sigma)$ 之间的 ε-aBSR：

$$R = \{(x,\hat{x}) \in K \times [K]_{\eta} \mid V(x,\hat{x}) \leqslant \sqrt{\lambda^{-}}\varepsilon\} \tag{4-22}$$

我们提供这个定理的证明，因为它阐明了式（4-21）和 R 是 S 和 $\hat{S}$ 之间的 ε-aBSR 关系。

我们只说明 R 是 S 到 $\hat{S}$ 的 ε-aSR，反方向的证明可遵循参数的对称性。回想 ε-aSR 的定义 3，我们从第一个条件开始验证。从式（4-19）可以看出，对于每个 $x \in K$，存在 $\hat{x} \in [K]_{\eta}$，使得 $|x-\hat{x}| \leqslant \eta$。从式（4-15）可以看出，$V(x, \hat{x}) \leqslant \sqrt{\lambda^{+}}\eta$。从式（4-21）看出，$\sqrt{\lambda^{+}}\eta \leqslant \sqrt{\lambda^{-}}\varepsilon$，所以 $(x, \hat{x}) \in R$。

为了验证第二个条件，设 $(x, \hat{x}) \in R$。从式（4-15）可以得到不等式 $|x-\hat{x}| \leqslant 1/\sqrt{\lambda^{-}}V(x, \hat{x})$；从 R 的定义可以看出 $|x-\hat{x}| \leqslant \varepsilon$。

继续验证定义 3 中的第三个条件。设 $(x, \hat{x}) \in R$，$(x, g, x') \in \underset{\tau}{\rightarrow}$。那么，通过转换关系的定义，$x' = \xi_{x,g}(\tau)$ 成立。我们选取 $\hat{x}' \in [K]_{\eta}$，使得 $(\hat{x}, g, \hat{x}') \in \underset{\tau,\eta}{\rightarrow}$ 具有以下性质：

$$|\hat{x}' - \xi_{\hat{x},g}(\tau)| \leqslant \eta \tag{4-23}$$

根据 $S_{\tau,\eta}(\Sigma)$ 的转换关系的定义，这样的 $\hat{x}'$ 总是存在的。现在我们通过以下不等式推导出 $(x', \hat{x}') \in R$：

$$\begin{aligned}
V(x',\hat{x}') &\overbrace{\leqslant}^{18} V(\xi_{x,g}(\tau),\xi_{\hat{x},g}(\tau)) + V(\xi_{\hat{x},g}(\tau),\hat{x}') \\
&\overbrace{\leqslant}^{(17\&23)} \mathrm{e}^{-\kappa\tau}V(x,\hat{x}) + V(\eta,0) \\
&\overbrace{\leqslant}^{(22\&15)} \mathrm{e}^{-\kappa\tau}\sqrt{\lambda^{-}}\varepsilon + \sqrt{\lambda^{+}}\eta \\
&\overbrace{\leqslant}^{(21)} \sqrt{\lambda^{-}}\varepsilon
\end{aligned}$$

示例：直流升压转换器的符号模型

我们继续直流升压转换器的运行实例，用开关动力学 $\Sigma = (K, [1, 2], A_g, b)$ 构造 $S_{\tau}(\Sigma)$ 的符号模型 $S_{\tau,\eta}(\Sigma)$，其中 A_g 和 b 在式（4-1）中给出。我们在这里报告文献[Girard11]中获得的数值结果。

回想一下，转换器的期望规格由 LTL 公式 $\varphi = \mathrm{FG}Q \wedge \mathrm{G}P$ 给出，其中 Q 表示参考状态的邻域，P 是安全约束。在下面的讨论中，我们将符号模型的计算限制为 P，因此，设定 $K = P$。此外，我们专注于下列规范 φ'，而不是 φ：

$$\varphi' = \mathrm{F}Q \wedge \mathrm{G}P$$

然而，如注释 1 所述，使用所提出的方法合成 φ 的控制器也是一个简单的过程。

构建 $S_{\tau,\eta}(\Sigma)$ 的第一步是引入一个状态转换来提供更好的数值调节。我们重新调整电压，得到新的状态 $x=[i_l,\ 5v_c]^{\mathrm{T}}$。存在对称正定矩阵 M 和满足式（4-14）的常数 $\kappa \in \mathbb{R}_{>0}$，由 $\kappa=0.014$ 给出如下：

$$M=\begin{bmatrix}1.0224 & 0.0084\\ 0.0084 & 1.0031\end{bmatrix}$$

矩阵 M 的特征值 $\lambda^-=1$，$\lambda^+=1.025\,54$。我们将期望精度固定为 $\varepsilon=0.1$，采样时间 $\tau=0.5$。选择状态空间离散化参数 $\eta=97.10^{-5}$，使得式（4-21）成立，我们计算 $S_{\tau,\eta}(\Sigma)$，得到的符号模型大约有 7×10^5 个状态。

新状态空间中的原子命题如图 4-5 所示，由 $Q'=[1.1,\ 1.6]\times[5.4,\ 5.9]$ 和 $P'=[0.65,\ 1.65]\times[4.95,\ 5.95]$ 给出。我们使用 $\check{Q}_\varepsilon=[1.2,\ 1.5]\times[5.5,\ 5.8]$ 和 $\check{P}_\varepsilon=[0.75,\ 1.55]\times[5.05,\ 5.85]$ 来合成控制器 $\hat{C}$，使得 $\hat{S}_{\tau,\eta}/\hat{C}\vDash \mathrm{F}\,\check{Q}_\varepsilon\wedge \mathrm{G}\,\check{P}_\varepsilon$。$S$ 的控制器 C 由式（4-11）表示。

控制器的域和一些样本轨迹如图 4-5 所示。原子命题 P' 和 Q' 分别由大的和小的虚线矩形表示。黑色区域表示由 ε 球体放大的符号模型的目标集合，即 $\check{P}_\varepsilon+\varepsilon\mathbb{B}$。深灰色阴影区域表示控制器的域 $dom\ C$。特别注意，浅灰色阴影区域和深灰色阴影区域分别表示 $C^{-1}(1)$ 和 $C^{-1}(2)$。闭环系统 $S_\tau(\Sigma)/C$ 的一些轨迹示例如虚线所示。

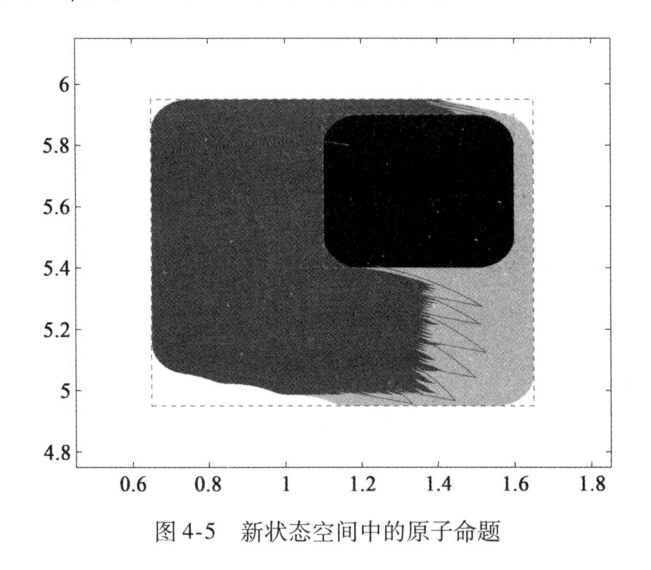

图 4-5　新状态空间中的原子命题

4.3　高级技术

为了便于读者理解，同时表达 CPS 的符号控制器合成基础的基本思想，本章简化了不同场合的演示。例如，在合成问题的定义中，我们将 LTL 公式限制在安全和可达性规范中。在 4.2.3 节中，我们假设具体系统和符号模型具有相同的输入集，从而避免了涉及更多关于 ε 近似交替模拟关系的概念。在 4.2.4 节中，我们仅提供了切换线性系统的符号模型的计算，并忽略样本间行为。

接下来，我们将讨论所提出方案的一些概括（相关方法），并为感兴趣的读者提供后续参考。我们解释维数灾难，并参考现有的解决方法。描述两种可能性来解释系统的连续时间行为，并对嵌入式设备上实现合成控制器的实践方面进行评论。通过列出可用于计算 CPS 控制器设计符号模型的软件工具来总结本节。

请注意，我们没有解决更复杂规范的扩展问题。在概念上很清晰，一旦我们有一种计算特定类 CPS 的符号模型（以及适当的模拟关系）的方法，任何针对特定语言规范、为有限系统开发的控制器合成方法（例如，LTL、CTL 或 μ-演算）可以适用于合成这类 CPS 的控制器，同时执行相应的规范。

4.3.1 构建符号模型

我们现在考虑构建符号模型的各种方法。先从一些基本算法开始讨论，然后介绍最新的创新方法。

4.3.1.1 基本算法

本节引用各种计算符号模型的方法。我们将注意力放在具有复杂连续动力学的 CPS 中：定义连续动力学的微分方程依赖于状态，因此不包括像定时自动机和线性混合自动机。另外，我们关注促进算法控制器合成的符号模型，而不是用于验证的符号模型 [Alur00，Henzinger00，Tiwari08]。

文献 [Kress Gazit09] 和文献 [Fainekos09a] 分别分析了二维连续时间单/双积分器系统的符号模型。文献 [Kloetzer08，Tabuada06，Wongpiromsarn12] 中对一般离散时间线性控制系统进行了处理。文献 [Yordanov12] 提出了一种算法来计算分段仿射系统的符号模型。

文献 [Ozay13] 中提出了构建切换多项式系统符号模型的方法。在文献 [Pola08]（文献 [Pola10]）、文献 [Girard10] 和文献 [Borri12] 中分别考虑了类似于给出的一般非线性系统（具有时间延迟）、切换非线性系统和网络控制系统的增量稳定性假设。文献 [Reißig11]、文献 [Zamani12] 和文献 [Tazaki12] 提供算法来计算不具有稳定性假设的非线性系统的符号模型。

适合合成具有状态依赖自主转换的混合控制系统的符号模型还需进一步探讨。文献 [Mari10] 和文献 [Bouyer06] 中分别描述了具有离散时间线性动力学和阶次最小混合系统的特殊情况的两种方法。

对模型不确定性、驱动错误、不可控动态环境等具有鲁棒性的控制器的符号模型的计算算法相当少。与无干扰的情况相反，扰动系统的符号模型需要通过交替的模拟关系与具体系统相关联 [Tabuada09]。使用交替的模拟关系来解释不可控干扰，并确保在所有可能的扰动下控制器优化的正确性。文献 [Wongpiromsarn12] 考虑了有界扰动的离散时间线性系统。文献 [Pola09] 中考虑了在稳定性假设下的扰动非线性系统的符号模型；它们在文献 [Liu14] 中没有稳定性假设检查。

4.3.1.2 高级算法

影响控制器合成的符号方法广泛应用的最根本问题是维数灾难（Curse of Dimensionality, CoD），即符号模型中状态数量相对于连续动力学中的状态空间维度呈指数增长。本章中提到的这些算法都是基于对状态空间的均匀离散化或分割的，从而 CoD 是不可避免的。其他许多方法为了减少计算负担，专门针对特定系统或采用启发式搜索方法。

例如，在文献［Tabuada05］、文献［Colombo11］和文献［Colombo13］中开发了平面系统的符号模型。平面系统具有良好的性质，系统的外部行为（即输出轨迹）是由一系列积分器重现（使用输入变换）得到。因此，关于非线性系统的任何合成问题都可以简化成（通常较低维数）线性问题。利用这种性质，进一步将积分链减少到一级系统［Girard09］，已经解决了涉及八维线性系统的安全综合问题［Colombo13］。另一个特定的系统类（单调系统）在文献［Moor02a］中有对它的分析。

通过自适应提高符号模型的质量，同时解决抽象领域的合成问题，不同方法的侧重点不在于特定的系统属性，而是尝试减少计算负担。例如，在文献［Camara11］和文献［Mouelhi13］中，使用多时间尺度的符号模型来局部优化控制器合成失败的符号模型。文献［Rungger12］提出了一种启发式方法，旨在减少符号模型构建中代价最高的操作之一——可达集合计算。文献［Gol12］和文献［Rungger13］提出了一种技术，使离散时间线性系统的符号模型计算适应给定规范，从而减少了计算符号模型的计算域。上述方案对于系统动力学而言又有所不同，范围从线性系统［Gol12，Rungger13］到逐渐稳定的切换非线性系统［Camara11，Mouelhi13］到一般非线性系统［Rungger12］。计算 CPS 的符号模型的方法有很多，包括具有多达五个连续变量的符号模型。

文献［Le Corronc13］中描述了一种有趣的方法。作者提出了一种完全不同的方案来计算稳定递增的切换非线性系统的符号模型。他们使用开关信号的有界序列作为符号状态，而不是遵循符号模型的状态对应于状态空间中的网格点或分区元素。他们使用的方法有可能产生独立于状态空间维度构建的符号模型。例如，作者能够构建具有三种模式的五维切换线性系统的符号模型。

另一种先进的计算符号模型的方法是基于采样技术［Bhatia11，Karaman11，Maly13］来减少 CoD 引起的计算负担。它是逐步构造符号模型，而不是在连续状态空间的网格和分区上计算符号模型。通过对连续输入空间和状态空间进行采样，将新的转换添加到抽象系统中。几种不同的启发式方法可用来引导符号模型的发展。文献［Maly13］构建了具有五维连续状态空间的混合系统的符号模型，以解决关于共同安全 LTL 规范的合成问题。

4.3.2　连续时间控制器

从 4.3.1 节和文献［Girard10，Reisig11，Zamani12］中得到的连续时间控制系统的符号模型的方法，仅用于原始系统的采样行为。然而，对连续系统的采样间时间行为的估计也可以用来保证连续时间行为，文献［Fainekos09］提出过这样的分析。文献［Kloetzer08］和文献［Liu13］中实现了基于系统的连续时间行为直接定义 LTL 规范的这一替代事件触发方案。随着合成控制器的实现，我们发现了一个缺点——需要复杂的事件检测机制来实现嵌入式设备上的控制器。文献［Liu14］就此问题进行了讨论。

与使用符号合成方法实现控制器的另一个相关问题是状态信息。比如，4.2.3 节所述的控制器合成方法假设控制器提供完整的状态信息。更现实的假设是只有量化的状态信息才是可用的。文献［Mari10］、文献［Girard13］和文献［Reißig14］中给出了控制器优化的开发方案，解决了这个问题，使其仅需要量化状态信息。

4.3.3　软件工具

本节介绍计算 CPS 符号模型的软件工具列表。最早的基于符号模型的控制器合成开发工具之一是 LTL Con［Kloetzer08］。这个工具支持线性系统和一般 LTL 规范（没有“next”操作符，原子命题定义为严格线性不等式的结合）。另外一个功能类似的工具是 TuLip［Wongpiromsarn11］，专注于线性系统和有限时域 GR(1)公式。GR(1)式表示完整 LTL 公式的一个片段，这个完整公式可以高效合成控制器。即使受到限制，GR(1)公式仍然足以形成有趣的特性，并广泛用于机器人技术社区，用来指定机器人任务声明。线性时序逻辑任务规划（Linear Temporal Logic Mission Planning，LTLMoP）［Kress-Gazit09］工具支持简单的单积分器动力学的 GR(1)公式。LTLMoP 有一个优点，它能够制定结构化英语规范。

conPAS2［Yordanov12］支持更复杂的连续动力学，特别是与完整 LTL 规范相关的离散时间分段仿射系统。

Maria(CoSyMA)［Mouelhi13］的代码系统是支持稳定递增的交换系统的工具。CoSyMA使用先进的多尺度抽象技术来计算符号模型，并处理有时限的可达性和安全性规范。

Pessoa［Mazo10］是一个通用工具，提供算法来计算各种动态系统的符号模型。同时，Pessoa 也提供安全和可达性规范的合成过程，是为线性系统专门定制的。但它也支持非线性系统的符号模型的构建。

4.4　总结与挑战

本章介绍了 CPS 控制器合成的符号化方法的一个特定变体。我们尝试在问题实例的复杂性和呈现的清晰性之间取得平衡，一般来说，我们更倾向于简单描述问题，因为它可以让演示更容易。具体地说，我们将规范语言限制在简单的安全和可达性要求上。另外，我们关注近似（互）模拟关系，而不是更强大、概念更复杂的近似交替（互）模拟关系。类似的，我们提出了一种特别直接的方法来构建递增渐近稳定的交换线性系统的符号模型。然而，我们提供了几个更普遍、更复杂的引用，这些例子阐明了不同的定义与结果。

CPS 自动控制器设计这一跨学科领域是一个相当年轻的领域。文献［Koutsoukos00］、文献［Moor02］、文献［Förstner02］和文献［Caines98］中的开创性工作原则上阐明了我们如何利用 CPS 的离散算法合成方法，但目前仍有许多问题需要回答，仍然存在未解决的挑战。最迫切的挑战可能是减少符号方法的计算复杂性。这种方法在实践中广泛应用之前，我们需要通过一些有趣的 CPS 课程来解决 CoD 问题。此外，当涉及在嵌入式设备上部署合成控制器时，控制器的存储器大小可能是一个障碍。

除了复杂性问题之外，还需要回答几个理论问题，比如处理符号方法的完整性。正如我们所见，如果控制系统满足某些增量稳定性假设，那么就有可能构造近似互模拟抽象，这意味着近似的完整性。然而，具有不稳定动态或更复杂动力学的控制系统（例如混合系统）的完整性结果仍然是一个悬而未决的问题。

参考文献

[Alur98]. R. Alur, T. A. Henzinger, O. Kupferman, and M. Y. Vardi. "Alternating Refinement Relations." In *Concurrency Theory*, pages 163–178. Springer, 1998.

[Alur00]. R. Alur, T. A. Henzinger, G. Lafferriere, and G. J. Pappas. "Discrete Abstractions of Hybrid Systems." *Proceedings of the IEEE*, vol. 88, no. 7, pages 971–984, 2000.

[Angeli02]. D. Angeli. "A Lyapunov Approach to Incremental Stability Properties." *IEEE Transactions on Automatic Control*, vol. 47, no. 3, pages 410–421, 2002.

[Baier08]. C. Baier and J. P. Katoen. *Principles of Model Checking*. MIT Press, Cambridge, MA, 2008.

[Beccuti06]. G. A. Beccuti, G. Papafotiou, and M. Morari. "Explicit Model Predictive Control of the Boost DC-DC Converter." *Analysis and Design of Hybrid Systems*, vol. 2, pages 315–320, 2006.

[Bhatia11]. A. Bhatia, M. R. Maly, L. E. Kavraki, and M. Y. Vardi. "Motion Planning with Complex Goals." *IEEE Robotics and Automation Magazine*, vol. 18, no. 3, pages 55–64, 2011.

[Borri12]. A. Borri, G. Pola, and M. Di Benedetto. "A Symbolic Approach to the Design of Nonlinear Networked Control Systems." *Proceedings of the ACM International Conference on Hybrid Systems: Computation and Control*, pages 255–264, 2012.

[Bouyer06]. P. Bouyer, T. Brihaye, and F. Chevalier. "Control in O-Minimal Hybrid Systems." *Proceedings of the 21st Annual IEEE Symposium on Logic in Computer Science*, pages 367–378, 2006.

[Buisson05]. J. Buisson, P. Richard, and H. Cormerais. "On the Stabilisation of Switching Electrical Power Converters." In *Hybrid Systems: Computation and Control*, pages 184–197. Springer, 2005.

[Caines98]. P. E. Caines and Y. J. Wei. "Hierarchical Hybrid Control Systems: A Lattice Theoretic Formulation." *IEEE Transactions on Automatic Control*, vol. 43, no. 4, pages 501–508, 1998.

[Camara11]. J. Camara, A. Girard, and G. Gössler. "Safety Controller Synthesis for Switched Systems Using Multi-Scale Symbolic Models." *Proceedings of the Joint 50th IEEE Conference on Decision and Control and European Control Conference*, pages 520–525, 2011.

[Colombo11]. A. Colombo and D. Del Vecchio. "Supervisory Control of Differentially Flat Systems Based on Abstraction." *Proceedings of the Joint 50th IEEE Conference on Decision and Control and European Control Conference*, pages 6134–6139, 2011.

[Colombo13]. A. Colombo and A. Girard. "An Approximate Abstraction Approach to Safety Control of Differentially Flat Systems." European Control Conference, pages 4226–4231, 2013.

[Fainekos09a]. G. E. Fainekos, A. Girard, H. Kress-Gazit, and G. J. Pappas. "Temporal Logic Motion Planning for Dynamic Robots." *Automatica*, vol. 45, no. 2, pages 343–352, 2009.

[Fainekos09]. G. E. Fainekos and G. J. Pappas. "Robustness of Temporal Logic Specifications for Continuous-Time Signals." *Theoretical Computer Science*, vol. 410, no. 42, pages 4262–4291, 2009.

[Förstner02]. D. Förstner, M. Jung, and J. Lunze. "A Discrete-Event Model of Asynchronous Quantized Systems." *Automatica*, vol. 38, no. 8, pages 1277–1286, 2002.

[Girard11]. A. Girard. "Controller Synthesis for Safety and Reachability via Approximate Bisimulation." Technical report, Université de

Grenoble, 2011. http://arxiv.org/abs/1010.4672v1.

[Girard12]. A. Girard. "Controller Synthesis for Safety and Reachability via Approximate Bisimulation." *Automatica*, vol. 48, no. 5, pages 947–953, 2012.

[Girard13]. A. Girard. "Low-Complexity Quantized Switching Controllers Using Approximate Bisimulation." *Nonlinear Analysis: Hybrid Systems*, vol. 10, pages 34–44, 2013.

[Girard07]. A. Girard and G. J. Pappas. "Approximation Metrics for Discrete and Continuous Systems." *IEEE Transactions on Automatic Control*, vol. 52, pages 782–798, 2007.

[Girard09]. A. Girard and G. J. Pappas. "Hierarchical Control System Design Using Approximate Simulation." *Automatica*, vol. 45, no. 2, pages 566–571, 2009.

[Girard10]. A. Girard, G. Pola, and P. Tabuada. "Approximately Bisimilar Symbolic Models for Incrementally Stable Switched Systems." *IEEE Transactions on Automatic Control*, vol. 55, no. 1, pages 116–126, 2010.

[Gol12]. E. A. Gol, M. Lazar, and C. Belta. "Language-Guided Controller Synthesis For Discrete-Time Linear Systems." *Proceedings of the ACM International Conference on Hybrid Systems: Computation and Control*, pages 95–104, 2012.

[Henzinger00]. T. A. Henzinger, B. Horowitz, R. Majumdar, and H. Wong-Toi. "Beyond HyTech: Hybrid Systems Analysis Using Interval Numerical Methods." In *Hybrid Systems: Computation and Control*, pages 130–144. Springer, 2000.

[Karaman11]. S. Karaman and E. Frazzoli. "Sampling-Based Algorithms for Optimal Motion Planning." *International Journal of Robotics Research*, vol. 30, no. 7, pages 846–894, 2011.

[Kloetzer08]. M. Kloetzer and C. Belta. "A Fully Automated Framework for Control of Linear Systems from Temporal Logic Specifications." *IEEE Transactions on Automatic Control*, vol. 53, pages 287–297, 2008.

[Koutsoukos00]. X. D. Koutsoukos, P. J. Antsaklis, J. A. Stiver, and M. D. Lemmon. "Supervisory Control of Hybrid Systems." *Proceedings of the IEEE*, vol. 88, no. 7, pages 1026–1049, 2000.

[Kress-Gazit09]. H. Kress-Gazit, G. E. Fainekos, and G. J. Pappas. "Temporal-Logic–Based Reactive Mission and Motion Planning." *IEEE Transactions on Robotics*, vol. 25, no. 6, pages 1370–1381, 2009.

[Le Corronc13]. E. Le Corronc, A. Girard, and G. Gössler. "Mode Sequences as Symbolic States in Abstractions of Incrementally Stable Switched Systems." *Proceedings of the 52nd IEEE Conference on Decision and Control*, pages 3225–3230, 2013.

[Liberzon99]. D. Liberzon and A. S. Morse. "Basic Problems in Stability and Design of Switched Systems." *IEEE Control Systems Magazine*, vol. 19, no. 5, pages 59–70, 1999.

[Liu14]. J. Liu and N. Ozay. "Abstraction, Discretization, and Robustness in Temporal Logic Control of Dynamical Systems." *Proceedings of the ACM International Conference on Hybrid Systems: Computation and Control*, pages 293–302, 2014.

[Liu13]. J. Liu, N. Ozay, U. Topcu, and R. M. Murray. "Synthesis of Reactive Switching Protocols from Temporal Logic Specifications." *IEEE Transactions on Automatic Control*, vol. 58, no. 7, pages 1771–1785, 2013.

[Maly13]. M. R. Maly, M. Lahijanian, L. E. Kavraki, H. Kress-Gazit, and M. Y. Vardi. "Iterative Temporal Motion Planning for Hybrid

Systems in Partially Unknown Environments." *Proceedings of the 16th International Conference on HSCC*, pages 353–362, 2013.

[Mari10]. F. Mari, I. Melatti, I. Salvo, and E. Tronci. "Synthesis of Quantized Feedback Control Software for Discrete Time Linear Hybrid Systems." In *Computer Aided Verification*, pages 180–195. Springer, 2010.

[Mazo10]. M. Mazo, Jr., A. Davitian, and P. Tabuada. "Pessoa: A Tool for Embedded Controller Synthesis." In *Computer Aided Verification*, pages 566–569. Springer, 2010.

[Milner89]. R. Milner. *Communication and Concurrency*. Prentice Hall, 1995.

[Moor02a]. T. Moor and J. Raisch. "Abstraction Based Supervisory Controller Synthesis for High Order Monotone Continuous Systems." In *Modelling, Analysis, and Design of Hybrid Systems*, pages 247–265. Springer, 2002.

[Moor02]. T. Moor, J. Raisch, and S. O'Young. "Discrete Supervisory Control of Hybrid Systems Based on l-Complete Approximations." *Discrete Event Dynamic Systems*, vol. 12, no. 1, pages 83–107, 2002.

[Mouelhi13]. S. Mouelhi, A. Girard, and G. Gössler. "Cosyma: A Tool for Controller Synthesis Using Multi-Scale Abstractions." *Proceedings of the ACM International Conference on Hybrid Systems: Computation and Control*, pages 83–88, 2013.

[Ozay13]. N. Ozay, J. Liu, P. Prabhakar, and R. M. Murray. "Computing Augmented Finite Transition Systems to Synthesize Switching Protocols for Polynomial Switched Systems." American Control Conference, pages 6237–6244, 2013.

[Pnueli89]. A. Pnueli and R. Rosner. "On the Synthesis of a Reactive Module." *Proceedings of the 16th ACM SIGPLAN-SIGACT Symposium on Principles of Programming Languages*, pages 179–190, 1989.

[Pola08]. G. Pola, A. Girard, and P. Tabuada. "Approximately Bisimilar Symbolic Models for Nonlinear Control Systems." *Automatica*, vol. 44, no. 10, pages 2508–2516, 2008.

[Pola10]. G. Pola, P. Pepe, M. Di Benedetto, and P. Tabuada. "Symbolic Models for Nonlinear Time-Delay Systems Using Approximate Bisimulations." *Systems and Control Letters*, vol. 59, no. 6, pages 365–373, 2010.

[Pola09]. G. Pola and P. Tabuada. "Symbolic Models for Nonlinear Control Systems: Alternating Approximate Bisimulations." *SIAM Journal on Control and Optimization*, vol. 48, no. 2, pages 719–733, 2009.

[Reißig11]. G. Reißig. "Computing Abstractions of Nonlinear Systems." *IEEE Transactions on Automatic Control*, vol. 56, no. 11, pages 2583–2598, 2011.

[Reißig13]. G. Reißig and M. Rungger. "Abstraction-Based Solution of Optimal Stopping Problems Under Uncertainty." *Proceedings of the 52nd IEEE Conference on Decision and Control*, pages 3190–3196, 2013.

[Reißig14]. G. Reißig and M. Rungger. "Feedback Refinement Relations for Symbolic Controller Synthesis." *Proceedings of the 53rd IEEE Conference on Decision and Control*, 2014.

[Rungger13]. M. Rungger, M. Mazo, and P. Tabuada. "Specification-Guided Controller Synthesis for Linear Systems and Safe Linear-Time Temporal Logic." *Proceedings of the ACM International Conference on Hybrid Systems: Computation and Control*, pages 333–342, 2013.

[Rungger12]. M. Rungger and O. Stursberg. "On-the-Fly Model Abstraction for Controller Synthesis." American Control Conference, pages 2645–2650, 2012.

[Senesky03]. M. Senesky, G. Eirea, and T. J. Koo. "Hybrid Modelling and Control of Power Electronics." In *Hybrid Systems: Computation and Control*, pages 450–465. Springer, 2003.

[Shorten98]. R. N. Shorten and K. S. Narendra. "On the Stability and Existence of Common Lyapunov Functions for Stable Linear Switching Systems." *Proceedings of the 37th IEEE Conference on Decision and Control*, vol. 4, pages 3723–3724, 1998.

[Tabuada08]. P. Tabuada. "An Approximate Simulation Approach to Symbolic Control." *IEEE Transactions on Automatic Control*, vol. 53, no. 6, pages 1406–1418, 2008.

[Tabuada09]. P. Tabuada. *Verification and Control of Hybrid Systems: A Symbolic Approach*. Springer, 2009.

[Tabuada05]. P. Tabuada and G. J. Pappas. "Hierarchical Trajectory Refinement for a Class of Nonlinear Systems." *Automatica*, vol. 41, no. 4, pages 701–708, 2005.

[Tabuada06]. P. Tabuada and G. J. Pappas. "Linear Time Logic Control of Discrete-Time Linear Systems." *IEEE Transactions on Automatic Control*, vol. 51, no. 12, pages 1862–1877, 2006.

[Tazaki12]. Y. Tazaki and J. Imura. "Discrete Abstractions of Nonlinear Systems Based on Error Propagation Analysis." *IEEE Transactions on Automatic Control*, vol. 57, pages 550–564, 2012.

[Tiwari08]. A. Tiwari. "Abstractions for Hybrid Systems." *Formal Methods in System Design*, vol. 32, no. 1, pages 57–83, 2008.

[Vardi95]. M. Y. Vardi. "An Automata-Theoretic Approach to Fair Realizability and Synthesis." In *Computer Aided Verification*, pages 267–278. Springer, 1995.

[Vardi96]. M. Y. Vardi. "An Automata-Theoretic Approach to Linear Temporal Logic." In *Logics for Concurrency*, pages 238–266. Springer, 1996.

[Wongpiromsarn12]. T. Wongpiromsarn, U. Topcu, and R. M. Murray. "Receding Horizon Temporal Logic Planning." *IEEE Transactions on Automatic Control*, vol. 57, no. 11, pages 2817–2830, 2012.

[Wongpiromsarn11]. T. Wongpiromsarn, U. Topcu, N. Ozay, H. Xu, and R. M. Murray. "TuLip: A Software Toolbox for Receding Horizon Temporal Logic Planning." *Proceedings of the ACM International Conference on Hybrid Systems: Computation and Control*, pages 313–314, 2011.

[Yordanov12]. B. Yordanov, J. Tumová, I. Černá, J. Barnat, and C. Belta. "Temporal Logic Control of Discrete-Time Piecewise Affine Systems." *IEEE Transactions on Automatic Control*, vol. 57, no. 6, pages 1491–1504, 2012.

[Zamani12]. M. Zamani, G. Pola, M. Mazo, and P. Tabuada. "Symbolic Models for Nonlinear Control Systems Without Stability Assumptions." *IEEE Transactions on Automatic Control*, vol. 57, pages 1804–1809, 2012.

[Zamani14]. M. Zamani, I. Tkachev, and A. Abate. "Bisimilar Symbolic Models for Stochastic Control Systems Without State-Space Discretization." *Proceedings of the ACM International Conference on Hybrid Systems: Computation and Control*, pages 41–50, 2014.

反馈控制系统中的软件和平台问题

Karl-Erik Årzén，Anton Cervin

控制理论是我们分析软件和物理世界之间交互的核心基础知识之一。控制理论中，软件执行过程不消耗时间。实际上，软件执行需要时间，且许多平台问题（如处理器的速度、给多任务分享处理器的调度器、跨网络计算产生的网络时延等）都会影响该执行时间。本章将讨论这些软件和平台的影响，以及设计控制系统所涉及的技术。

5.1 引言

与信息物理系统（CPS）类似，控制是一门需要与物理世界紧密互动的基础学科。这并不意味着所有的控制系统都应该称为CPS。相反，只有在以下几种情况下，控制可以从性质上视为信息物理系统。

- *混合控制*：在混合控制中，以混合自动机为例，将控制与/或控制器的过程建模为混合系统。这是第4章的主题。
- *CPS的应用控制*：CPS的应用控制涵盖了典型CPS应用中所涉及的控制，如电网、城市交通系统、数据中心和清洁能源建筑。
- *大规模分布式控制*：CPS的应用具有大规模、分布式、稀疏性的特点。因此，目前控制界正高度关注分布式控制和优化。这是由于许多集中式多变量控制设计方法（例如线性二次高斯（Linear Quadratic Gaussian，LQG）控制方法和 H_∞ 控制方法）的可扩展性较差。还可以使用正态系统，在性能和稳定性分析以及控制器合成中可以利用该系统的稀疏性［Rantzer12］。它将一个规模较大的严重综合问题分解成一系列规模较小的问题逐一解决。另外，规模较小的问题可以使用如多核并行处理的方式解决，或者通过本地代理分散解决，此时本地代理仅需要处理本地信息。
- *资源感知控制*：传统的控制方法中，将实现控制器的计算系统看作一台通过理想方式实现抽象差分方程的机器。计算需要时间且时间不固定，而并行执行的计算量又受到可用处理器数目的限制，这些事实往往被忽略。网络控制中也存在类似的情况，在通信网络上关闭控制回路，这一过程的时延通常理想化为恒定值——尽管对于大多数控制网络，该时延并不恒定，特别是无线网络，由于丢包的原因时延甚至会无限大。实现平台上的计算和通信资源有限，且这些资源在多个应用程序之间共享，这些差异性将导致计算结果具有时间不确定性。CPS中这种现象很常见。资源感知控制中，对控制系统进行分析、设计、实现时，应该考虑这种不确定性和对控制性能产生的影响。这是本章的主题。

5.2 基础技术

本节列出控制设计中涉及计算时间的基础技术。

5.2.1 控制器定时

控制器执行三个主要操作：采样、计算和驱动。在采样过程中，通过连接到 A/D 转换器的传感器获得控制过程的输出（即控制器的输入）。在计算过程中，根据过程输出、期望值计算控制器的输出（即控制信号），或者根据过程输出的参考值和控制器的内部状态计算控制器的输出。在驱动过程中，使用与作动器结合的 D/A 转换器来实现控制信号。如果控制器是在单个处理器中实现，则所有的操作都在该处理器中实现。如果控制系统通过网络关闭（即在网络控制器中），那么可以在不同的计算节点上执行采样、计算和驱动。

传统情况下，控制系统假定采样周期性地执行并且驱动过程中尽可能减少延迟。如图 5-1所示，图中 I 表示采样，O 表示驱动。

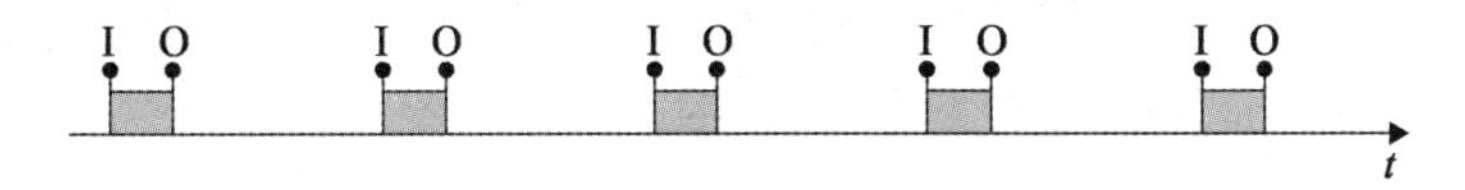

图 5-1　控制器周期时序

相反，在嵌入式和网络应用中的情况如图 5-2 所示。控制器的标准采样时刻由 $t_k = hk$ 给出，其中 h 是控制器的标准采样间隔。

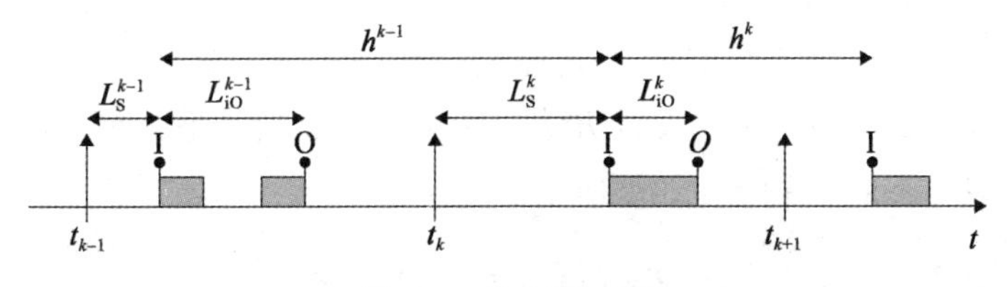

图 5-2　控制器时序

由于资源共享，采样可能会有一段延迟 L_s，称为控制器的采样延迟。动态资源共享策略将针对此延迟引入变量。通过控制器中所有执行中最大采样延迟和最小采样延迟的差来确定采样抖动。

$$J_s \overset{\text{def}}{=} \max_k L_s^k - \min_k L_s^k \tag{5-1}$$

通常情况下，可以假定控制器的最小采样延迟为零，在这种情况下，我们有以下公式：

$$J_s = \max_k L_s^k$$

采样延迟中的抖动也将在采样间隔 h 中引入。如图 5-2 所示，k 期间内的实际采样间隔由以下公式给出：

$$h^k = h - L_s^{k-1} + L_s^k \tag{5-2}$$

采样间隔抖动由以下公式定义：

$$J_h \stackrel{\text{def}}{=} \max_k h^k - \min_k h^k \tag{5-3}$$

采样间隔抖动的上界由以下公式确定：

$$J_h \leqslant 2J_s \tag{5-4}$$

经过一些计算时间及等待访问计算资源的附加时间之后，控制器将启动控制信号。从采样到驱动的延迟称为输入－输出延迟，用 L_{io} 表示。资源调度导致的执行时间或延迟的变化将导致该采样间隔的变化，输入－输出抖动由以下公式定义：

$$J_{io} \stackrel{\text{def}}{=} \max_k L_{io}^k - \min_k L_{io}^k \tag{5-5}$$

5.2.2　资源效率控制设计

设计离散时间控制器遵循以下两个主要原则：

- 在连续时间内设计控制器的离散化。
- 基于离散过程模型的离散时间控制器设计。

针对以上两个原则，假定需要控制的过程由一个连续时间状态空间模型建模而成。简单起见，假定这个模型是线性时不变的（LTI）：

$$\begin{aligned}\frac{\mathrm{d}x}{\mathrm{d}t} &= Ax(t) + Bu(t)\\ y(t) &= Cx(t) + Du(t)\end{aligned} \tag{5-6}$$

其中，$y(t)$是过程输出，$x(t)$是过程状态，$u(t)$是过程输入。该系统有 n 个状态变量，r 个输入和 p 个输出，A、B、C、D 是适当大小的矩阵。

针对第一个原则，使用连续时间控制理论设计控制器，该理论采用一些例如 PID 控制、状态反馈、输出反馈等合理的设计方法。所得到的控制器是一个可以通过状态向量空间描述的连续时间动态 LTI 系统，如下所示：

$$\begin{aligned}\frac{\mathrm{d}x_c}{\mathrm{d}t} &= Ex_c(t) + F_y y(t) + F_r r(t)\\ u(t) &= Gx_c(t) + H_y y(t) + H_r r(t)\end{aligned} \tag{5-7}$$

x_c 表示控制器状态，$y(t)$表示控制器输入（即输出过程），$r(t)$是控制器的参考值，$u(t)$是控制器的输出。然后通过离散时间有限差分近似连续时间导数的方法（如前向差分近似、后向差分近似或者 Tustin 近似）来离散控制器。由此产生的控制器可以用一个离散时间状态的空间方程表示：

$$\begin{aligned}x_c(kh+h) &= f(x_c(kh), y(kh), r(kh))\\ u(kh) &= g(x_c(kh), y(kh), r(kh))\end{aligned} \tag{5-8}$$

以上产生的控制器能直接转换成代码。采样周期 h 很短时，控制器大多在近似的情况下工作。

针对以上第二个原则，连续时间模型首先进行离散化。这通过求解式（5-6）来完成，求解时只考虑从一个采样时刻 $x(kh)$ 到下一个采样时刻 $x(kh+h)$ 状态是如何变化的 [Åström11]。通常假定采样时刻之间过程输入恒定。以上情况可用在零阶保持（Zero-

Order-Hold，ZOH）驱动应用中。由此产生的离散时间过程模型如下：

$$x(kh+h) = \Phi x(kh) + \Gamma u(kh)$$
$$y(kh) = Cx(kh) + Du(kh) \tag{5-9}$$

由此有以下方程：

$$\Phi = \Phi(kh+h,kh) = e^{Ah}$$
$$\Gamma = \Gamma(kh+h,kh) = \int_0^h e^{As}\mathrm{d}sB \tag{5-10}$$

因此，采样时，通过线性时不变差分方程描述系统。这种简化没有任何近似。由于输出 $y(kh)$ 一般在控制信号 $u(kh)$ 施加于系统之前测量，因此 $D=0$。ZOH 采样也可以用于包含时滞的过程。

式（5-9）中给出了离散时间过程模型，然后使用了一些离散时间控制设计方法（如 PID 控制、状态反馈、输出反馈等），使用方法与连续时间情况下完全类似。离散时间过程控制器中，采样周期通常不需要像在离散连续时间控制器中所要求的那样短。

为了减少控制器资源的消耗，可以使用以下两种方法：减少计算时间或降低采样频率。我们将在下一节讨论这些技术。

5.3 高级技术

随着应用程序复杂性的增加，需要在更少数量的计算机上安装更多功能，因此需要更高效地使用计算资源。本节将讨论在控制应用中高效使用资源涉及的高级技术。

5.3.1 减少计算时间

计算量和相关计算时间取决于受控过程的动态变化和封闭系统的需求。因此，所需计算量很难受到影响。

如果在一个没有任何硬件支持的低端微控制器上实现一个用于浮点数计算的控制器，则通过使用定点运算来代替软件仿真浮点运算可以节省大量的执行时间。对于小型控制器来说，使用该技术可以节省大约一个数量级的执行时间。

如果采用牺牲 CPU 资源的方式来交换内存，则可以预计算部分控制算法。例如，该方法用查找表来表示非线性映射，而不是由传统的非线性函数近似，这种方法广泛用于控制汽车系统中的内燃机。类似的技术也用于模型预测控制（Model-Predictive Control，MPC）中［Maciejowski01］。在传统的 MPC 中，每次采样 kh 都解决一个二次规划问题，由此产生一系列的控制信号：$u(kh)+u(kh+h)$，$u(kh+2h)$……按照滚动时域原理（receding horizon principle），仅当这些控制信号中的第一个信号应用于该过程，在下一个采样中才重复整个过程，也就是重新进行优化。因此这个序列会相当耗时。相反，在最新的 MPC［Bemporad00］中，控制信号预先计算，从而生成一组分段映射函数。在执行期间，系统根据当前操作节点进行查找，并将选中的函数应用到控制过程中。

在控制中也可以使用“任意时间控制算法”。利用该技术，当向其提供更多的计算资源（即允许运行的时间越长）时，控制器能够产生具有更好闭环性能的控制信号。同样，这种方法也能运用到 MPC 中。在一定的条件下，如果充分优化以找到可行的解，即该结果确保满足对状态和控制信号的约束条件，则即使尚未找到最优解，控制回路也将保持在一个稳定的状态［Scokaert99］。另一种方式是由一组离散控制算法组成控制器，每个算法都需要不同量的计算资源。根据现有资源和控制器的整体情况，动态选择所要运用的算法。目前这种类型的任意时间控制算法还处于研究阶段，还不能应用于工业实践。

对于网络控制，网络带宽起着类似于 CPU 计算时间的作用。网络控制器通过减少网络发送信息（即，使用更高的量化级别）来降低带宽的消耗。在极端情况下，例如只发送单个符号，则控制信号是应该增加还是减少？针对该情况学术界做了大量的研究（见文献［Yüksel11］和文献［Heemels09］），但是该方法也不能应用于工业实践。

5.3.2　降低采样频率

另一种最小化采样时计算量的方法是最小化采样的次数，即降低采样频率。实现这一目标有两种可能的方法：

- 降低周期控制器的采样率。
- 不定期采样。

降低控制器的采样率很简单。一般，控制性能随着采样频率的增加而逐渐增加，但是达到一定的极限后，控制性能会随着采样频率的增加而降低。在大范围的采样周期中通常可以获得合理的控制性能。选择采样周期时经常使用的经验法则如下：

$$h\omega_c \approx 0.05 \sim 0.14 \tag{5-11}$$

ω_c 是连续时间系统的交叉频率（弧度/秒）。即使采用最长采样间隔，在闭环系统变得不稳定之前距离采样间隔仍然有相当大的余量。

使用大采样间隔仍然存在问题。采样时刻之间，整个过程都在开环的环境下运行，这意味着任何影响设备的干扰直到下一个采样时刻才会被控制器观察和抵消。因此，理论上能获得较好的控制性能，在实践中则无法接受，因为性能分析需要对所有的干扰进行建模。

通过一系列的采样周期来获得理想的性能，因此可以使用采样周期作为增益调度变量，即根据目前有多少可用计算资源动态决定采样周期。根据使用的控制器类型，控制器参数由采样周期的变化而重新计算。

另一种方式是根据控制器状态使采样周期在适宜范围内变化。这种方法来源于以下观察：控制器周期变化时所需的采样率高于周期稳定时所需的采样率。参考值的变化或者负载干扰的出现都有可能导致控制器周期变化。

以上所有方案都存在一个潜在风险：使用确定的方式动态切换控制器会引起系统不稳定［Lin09］。在两个闭环控制器之间采用确定的方式切换会导致系统的不稳定，即使每个控制器本身都是稳定的。但是，这种风险主要存在于切换非常频繁的时候，如每一个采样瞬间。

5.3.3　基于事件的控制

不定期过程采样也可以代替周期采样，例如只有当误差信号变化足够大时才进行采样。对于非周期性的或基于事件的控制的关注近年来在大幅度上升，大部分由于通信开销非常大，即对控制网络的通信造成了约束。计算资源（如传感器操作、驱动）或计算成本很高也是使用非周期性控制的原因。另一个原因是生物系统中的控制（包括人类的手部控制）一般都是基于事件而不是周期性的。

以下定义了几种基于事件的控制设置。对于非周期性基于事件的控制，采样时刻到达的时间不存在下界，这样使得控制器可以执行无限多次。对于基于零星事件的控制，确实存在下界。在这种情况下，一旦控制器执行一次之后，它必须至少等待下界所指定的时间才允许再次执行。执行得太早从本质上看需要成本。

还存在不同的事件检测机制。一种是仅当控制器误差超过某个阈值时才进行采样。另一种是当误差的变化已经超过特定值时进行采样，我们称这种方法为增量采样。针对以上两种机制，控制器在采样时必须使用一个传感机制作为辅助。这种传感机制可以内置于传感器硬件中。

基于事件的控制分为无模型和基于模型两种。无模型通常基于 PID 调度方法，该调度使用控制操作执行时刻决策机制和基于实时变化采样间隔的控制器参数作为辅助。现有已实现的实例能够在周期性和较少计算资源的情况下实现类似的控制器性能（参见文献 [Årzén99]、文献 [Beschi12] 和文献 [Durand09]）。

事件控制下基于模型的控制方法的总体目标是建立一个不定期采样的理论系统。针对该理论系统，非周期性采样造成的非线性效应极具挑战性。现在已有的研究结果主要适用于低阶系统。更多详情参见文献 [Henningsson12] 和文献 [Heemels08]。

自触发控制机制是基于事件控制的另一种方式 [Tabuada07, Wang08]，自触发控制器除了计算控制信号之外，还要计算控制器调用的下一时刻。在控制设计时对系统上的干扰项正确建模并精确计算是使这种方法有效的先决条件。

5.3.4　控制器的软件结构

在软件中实现控制，理想情况是忽略采样延迟和输入 - 输出延迟。如果忽略输入 - 输出的抖动延迟，则很容易在设计时补偿一个恒定的输入 - 输出延迟，那么控制设计也很简单。

使用静态调度时，即在预定时刻且在专用的时隙或执行窗口中执行采样和驱动时，最容易实现确定性采样和驱动。如果控制器网络化，那么通信也必须使用静态调度来减少输入 - 输出延迟。然而，静态调度存在一个缺点就是它倾向于使用计算资源。通常，执行窗口的大小取决于控制代码最长（最坏情况）执行时间。由于数据依赖性、代码分支、内存层次结构和流水操作带来的影响，最坏情况下的执行时间和平均执行时间之间相差很大。静态调度下无法充分利用每个时隙内未使用的 CPU 时间，这将导致资源利用不足。

时间变化导致的另一个后果是，虽然控制器执行完毕，但是只能在预定义的时刻执行驱动。如果平均情况和最坏情况之间存在很大的差异，控制器的输入 - 输出延迟变化时的性能通常要优于延迟较长但恒定时的性能，即使这个恒定的延迟是补偿的（即包含在控制设计中）。因此，放宽对确定性驱动执行时刻的约束可以提升控制性能。

最后介绍更多动态实现技术，例如，基于优先级或者截止期限调度将控制器作为实时操作系统（Real-Time Operating System，RTOS）中的任务实现，并使用基于事件触发的网络协议而不是时间触发协议。当以任务形式实现控制器时，使用确定性采样仍然可以提升控制性能。确定性采样可以通过使用专用高优先级任务调度或者使用硬件支持的方式执行采样过程来实现。为了减少输入－输出延迟，通常把控制器代码划分为计算输出和状态更新两部分，并用以下方式安排控制器代码：采样、计算输出、驱动、状态更新。

计算输出部分只包含控制算法中依赖于当前输入信号的部分。剩余部分（更新控制器状态和预计算）在状态更新也就是驱动之后完成。

离散时间状态空间下的一般线性控制器：

$$\begin{aligned} x_c(k+1) &= Ex_c(k) + F_y y(k) + F_r r(k) \\ u(k) &= Gx_c(k) + H_y y(k) + H_r r(k) \end{aligned} \tag{5-12}$$

简单起见，假设 $h=1$。控制器的伪代码如下：

```
y = getInput(); r = getReference();   // Sample
u = u1 + Hy*y + Hr*r;                 // Calculate Output
sendOutput(u);                        // Actuate
xc = E*xc + Fy*y + Fr*r; u1 = G*xc;   // Update State
```

5.3.5　计算资源共享

当控制器作为实时操作系统中的任务实现或者通过网络关闭控制器时，其他任务和其他通信链路都分别共享 CPU 和网络资源。这种共享机制产生的干扰对控制器决策采样时刻有影响，进而对控制器性能造成负面影响。干扰的性质取决于共享资源的调度方式。

如果使用固定优先级任务调度机制，一个任务只会受到更高或同等优先级任务的影响。相反，对于最早时限优先（Earliest-Deadline-First，EDF）调度，所有的任务都有可能影响其他任务。对于网络，所使用的控制器协议确定了干扰项的具体性质。例如，将控制器局域网（Controller Area Network，CAN）协议用于网络传输时，一旦通过协议仲裁，那么网络传输不可中断。另外，如果使用共享以太网，则可能发生重复冲突，从而造成潜在的无限时延。干扰项可以看作非线性的：任务参数（即周期、执行时间、期限或者优先级）的一个小改变都会导致难以预料的输入－输出延迟和抖动的变化。

使用基于预约机制的资源调度是减少或消除干扰的一种方式。基于预约机制的资源调度将物理资源在时间上划分为彼此独立的多个虚拟资源（即虚拟处理器或虚拟网络）。虚拟处理器可以看作一种处理器，其速度根据以下带宽给定：

$$B_i = \frac{Q_i}{P_i}$$

Q_i 是处理器 i 的预算，P_i 是处理器 i 的周期。这种预约机制保证每 P_i 个时间单位内涉及处理器 i 的任务使用 CPU 的时间均为 Q_i。

现有的多种预约机制都用于固定优先级调度和 EDF 任务调度。恒定带宽服务器（Constant Bandwidth Server，CBS）是 EDF 任务调度中一个比较流行的机制［Abeni98］。网络中也出现了类似的发展，其中带宽预留机制可以在多个协议层中实现，发送节点和接收节点通过专用的慢网络通信来提供抽象功能。

另一种更直接的提供暂时隔离的方法是使用时间划分，其中根据预先计算好的循环调度机制实现用户之间的资源共享。这种调度根据时隙划分，并且 CPU 调度将每个时隙分配给单个任务，在网络调度的情况下将其分配给单个发送节点。时分 CPU 调度也称为静态（循环）调度，是控制应用中最古老的调度模型。由于该调度的决策机制具有较高准确度，在安全性应用（如飞行控制系统等）中一直将它作为首选方法。网络中也有一些可用的时分协议，如 TT-CAN、TTP 和 TT-Ethernet。这种方法随着时间驱动通信协议和事件驱动通信协议的结合变得越来越普遍，在 Flexray 和 Profinet-IO 中就有该方法的应用。为了减少网络控制中的输入 - 输出延迟，需要保持任务调度和网络调度的同步。

控制服务器

控制服务器基于预约调度模型［Cervin03］。该模型使用了一种混合调度策略：将基于预约的动态任务调度方式与时间触发 I/O 和任务间通信结合。该模型有以下特点：

- 无关任务间相互独立。
- 输入 - 输出延迟短。
- 采样抖动和输入 - 输出抖动最小化。
- 控制设计与实时设计之间的接口简单。
- 控制和实时行为（包括溢出情况）均可预测。
- 能够将若干任务（组件）组合成一个控制和实时行为可预测的新任务（组件）。

通过恒定带宽服务器实现无关任务之间相互独立，服务器使每个任务看起来像是在一个专用的、给定初始速度的 CPU 上运行。为了缩短延迟，一个任务可以划分为若干小节，然后单独调度。例如，一个任务可以在一个小节的起始处读取输入（从环境或其他任务中读取输入），并只在其结尾处写输出（对环境或其他任务写输出）。所有通信都由内核处理，因此不容易产生抖动。

上面给出的最后三个特点可以通过带宽服务器和静态调度通信点之间的组合来实现。对于具有固定执行时间的周期性任务，控制服务器模型会误认为 CPU 完美划分。该模型使得它能够从调度和控制点的角度独立地分析每一个任务。与普通的 EDF 调度相比，任务的设置策略由总的 CPU 利用率决定（忽略上下文切换和内核操作 I/O）。控制器的性能也可以视为与分配的 CPU 占有率相关的函数。这些属性使控制服务器模型非常适用于反馈调度应用程序。

此外，该模型能够将两个或更多通信任务组合成一个新任务。新任务消耗的 CPU 比例与构成任务的 CPU 利用率之和相等。这将产生一个可预测的 I/O 模式，进而可预测新任务的控制性能。反过来说，将控制任务视为实时组件，从而可以组合成新的组件。

5.3.6　反馈控制系统的分析与仿真

一旦使用事件驱动和动态实现技术，关键在于分析该技术的实施如何影响控制性能。这种分析包括两个步骤。第一步包括如何确定平台参数，如调度策略和调度参数（如优先级和截止时限），还包括网络协议和协议参数如何影响采样延迟和抖动以及输入 - 输出延迟和抖动。这种关系通常难以通过分析来评估。

第二步包括评估延迟的分布对控制性能有何影响，即系统的时间鲁棒性如何。控制性能也受到除延迟之外的一些其他因素的影响：

- 开环系统的动态性。
- 闭环系统所需的动态性。
- 控制器的类型以及如何设计。
- 系统的干扰项。
- 定义控制性能的方法。

在所有基于模型的离散时间控制设计方法中，可以将时延看作恒定。有些设计方法（如 LQG 控制）同样将分散延迟考虑在内。控制性能可以从许多方面定义，常用的一种方法是将成本（即反向性能）作为状态变量和控制信号的二次函数来测量。

下面介绍控制系统的三种时序分析方法：Jitterbug、Jitter Margin 和 TrueTime。

5.3.6.1 Jitterbug

Jitterbug[Cervin03a, Lincoln02] 是一个基于 MATLAB 的工具箱，可以用于不同时序条件下计算线性控制系统的二次性能指标。该工具还可以计算系统信号中的频谱密度。使用工具箱可以在不诉诸模拟的情况下判断控制系统对于延迟、抖动、采样缺失等的敏感度。Jitterbug 应用相当普遍，也可以用来研究抖动补偿控制器、非周期性控制器和多速率控制器。该工具箱建立在著名的理论（LQG 理论和线性跳跃系统）基础上，主要贡献是使得这种类型的随机分析易于应用到各类问题上。

Jitterbug 提供了一组 MATLAB 示例程序使用户能够建立和分析计算控制系统的简单时序模型。要建立一个控制系统，用户需要连接连续和离散时间系统。对于每个子系统，可以给出可选噪声和成本规格。最简单的情况是，假定离散时间系统在控制期间顺序更新。可以给每个离散系统指定一个随机延迟（由离散概率密度函数描述），该延迟必须在下一个系统更新之前完成。如果时序模型是周期性或非周期性但迭代的，可通过代数求和方法计算该系统的总成本（所有子系统之和）。

为了保证性能分析的可行性，Jitterbug 只能处理某一种特定类型的系统。控制系统由白噪声驱动的线性系统构建，并且指定一个二次的固定成本函数作为性能的评估标准。同时假设一个周期的定时延迟独立于前一周期中的延迟。此外，使用整个模型共有的时间粒度来离散延迟概率密度函数。

虽然二次成本函数无法面面俱到，但是在设计空间探索或者权衡分析期间，它仍然可以用作判断几个控制器能否相互实现。更高的成本函数值通常表明闭环系统不太稳定（即，更多振荡），而无限的成本意味着控制回路不稳定。成本函数可以通过大量设计参数评估，并且可以用作控制和实时设计的基础。

(1) Jitterbug 模型

在 Jitterbug 中，控制系统由两个并行模型描述：信号模型和时序模型。信号模型由多连接、线性、连续和离散时间系统给出。时序模型由多个时序节点组成并且描述在控制周期间应当何时更新不同的离散时间系统。

示例如图 5-3 所示，其中一个计算机控制系统由四个模块建模而成。被控对象由连续时间系统 $G(s)$ 描述，控制器由三个离散时间控制系统 H_1，H_2，H_3 描述，H_1 可以表示周期性采样器，H_2 可以表示控制信号的计算，H_3 可以表示作动器。相关时间模型表明，每个周期开始时，应该首先执行（更新）H_1，然后在 H_2 执行之前有一个随机延迟 τ_1，H_3 执行之前又有一个随机延迟 τ_2。这些延迟可以模拟计算延迟、调度延迟或者网络传输延迟。

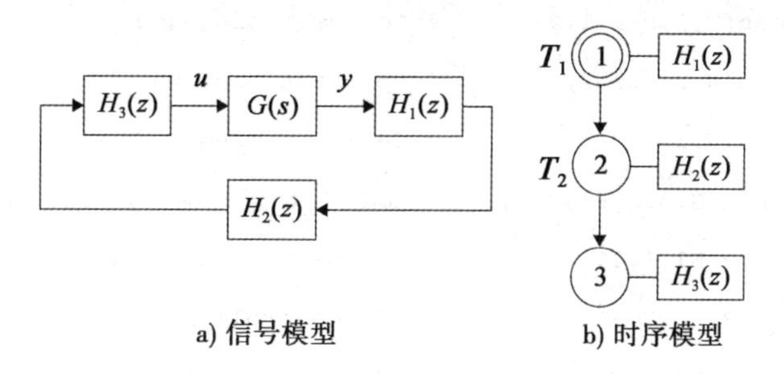

图 5-3　一个计算机控制系统的简单 Jitterbug 模型

相同的离散时间系统可以在几个定时节点中更新。针对每一种不同的情况，可以指定不同的更新操作方程。例如，对滤波器建模时，更新操作根据测量值是否可用而不同。还可以使更新方程依赖于从第一个节点激活以来经过的时间。这种方法可以用于模拟抖动补偿控制器。

对于一些系统而言，需要指定可选执行路径（并由此指定多个文本节点）。Jitterbug 中模拟了以下两种情况（见图 5-4）。

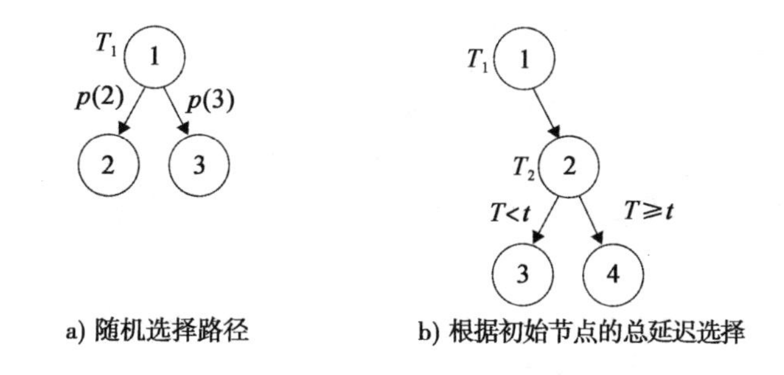

图 5-4　Jitterbug 模型中的可选执行路径

- 用概率向量 p 指定下一个节点的向量 n。延迟之后用概率向量 $p(i)$ 激活执行节点 $n(i)$。该策略可以用于建模以一定概率丢失的样本。
- 用时间向量 t 指定下一个节点的向量 n。如果从该节点起系统中的总时延超过 $t(i)$，则接下来激活节点 $n(i)$。该策略可用于对超时和各种补偿方案建模。

（2）Jitterbug 示例

下面的 MATLAB 脚本程序显示了计算图 5-3 中由时序和信号模型定义的控制系统的性能指标所需的命令。

```
G = 1000/(s*(s+1));                    % Define the process
H1 = 1;                                % Define the sampler
```

```
H2 = -K*(1+Td/h*(z-1)/z);            % Define the controller
H3 = 1;                              % Define the actuator
Ptau1 = [ ... ];                     % Define delay prob distribution 1
Ptau2 = [ ... ];                     % Define delay prob distribution 2
N = initjitterbug(delta,h);          % Set time-grain and period
N = addtimingnode(N,1,Ptau1,2);      % Define timing node 1
N = addtimingnode(N,2,Ptau2,3);      % Define timing node 2
N = addtimingnode(N,3);              % Define timing node 3
N = addcontsys(N,1,G,4,Q,R1,R2);     % Add plant, specify cost and noise
N = adddiscsys(N,2,H1,1,1);          % Add sampler to node 1
N = adddiscsys(N,3,H2,2,2);          % Add controller to node 2
N = adddiscsys(N,4,H3,3,3);          % Add actuator to node 3
N = calcdynamics(N);                 % Calculate internal dynamics
J = calccost(N);                     % Calculate the total cost
```

该过程由以下连续时间系统建模：

$$G(s) = \frac{1000}{s(s+1)}$$

控制器是离散时间 PD 控制器，其实现如下：

$$H_2(z) = -K\left(1 + \frac{T_d}{h}\frac{z-1}{z}\right)$$

采样器和作动器由以下简单离散时间系统描述：

$$H_1(z) = H_3(z) = 1$$

计算系统中的延迟由两个变量（可能是随机变量）τ_1 和 τ_2 模拟。因此从采样到驱动的总延迟为 $\tau_{tot} = \tau_1 + \tau_2$。

使用定义的 Jitterbug 模型可以直接对系统进行分析，例如分析控制回路对于慢采样和恒定延迟的敏感程度（通过扫描这些参数的适当范围），以及具有抖动补偿的随机延迟。更多相关详细信息和其他说明示例（包括多速率控制、溢出处理和丢失采样的槽型滤波器）参见文献［Cervin10］。Jitterbug 还包含设计 LQG 控制器中用于恒定输入延迟和由离散时间概率密度函数定义的输入延迟的命令。

模拟路径随机选择过程时，可以直接扩展该示例来分析网络控制对不可靠网络链路（如无线链路）造成丢失采样样本的影响。图 5-5 中描述了相应的时序模型，简单起见，假设采样器和控制器共同位于一个节点 $C(z)$ 中，并且控制器将控制信号发送到作动器节点 $A(z)$，发送过程中丢失信号的概率为 p。

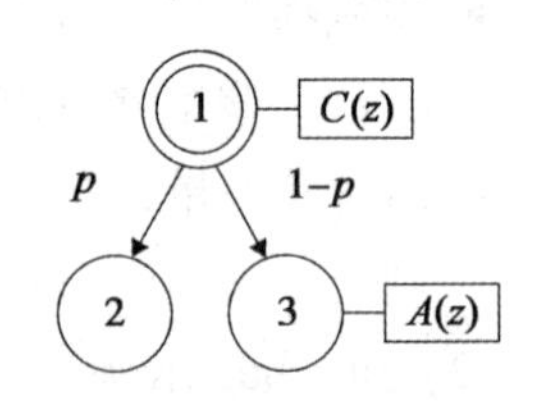

图 5-5　具有丢失控制信号概率的网络控制回路的 Jitterbug 时序模型

5.3.6.2 Jitter Margin

Jitterbug的一个缺点是它的时序模型相当简单；例如，其不允许依赖时延分布，并且分布可以不随时间改变。另一个问题是获得分布的方法。实时调度理论关注最坏情况下的时延。虽然相关研究正在递增，但是公布的理论和关于响应时间分布的结果仍然很少。

Jitterbug的另一个缺点是使用此模型获得的成本仅适用于特定时序分布。一般，人们关注分析低于某些最大上限的任意定时变化。Jitter Margin可以满足这个需求，对此有两个可用版本。在文献［Kao04］中，给出了只有输出抖动情况下的结果，该情况下假设采样抖动为零，对应确定性采样。这一结果在文献［Cervin12］中进行了扩展来处理输入抖动和输出抖动。这里，我们只讨论后一种结果。

（1）Jitter Margin模型

标准系统模型是一个标准的线性采样数据控制回路（如图5-6所示），包括单输入/单输出、连续时间设备$P(s)$、间隔为h的周期性采样器、离散时间控制器$K(z)$（假设为正反馈）和零阶保持电路。假设标准闭环系统稳定。系统的性能通过从干扰输入d到设备输出y的诱导增益$\mathscr{L}_2$来测量。

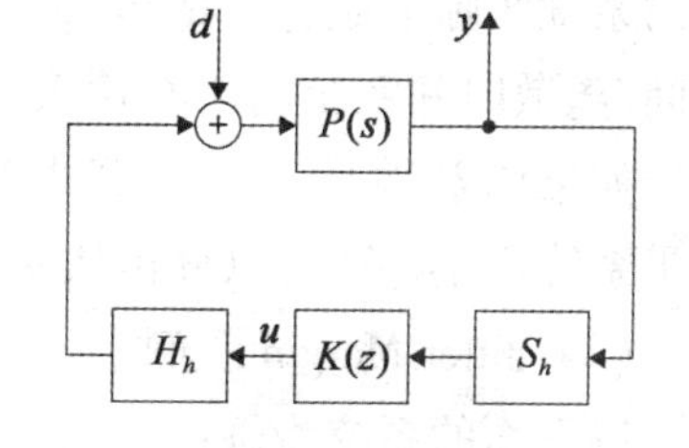

图5-6 标准线性采样数据系统模型

实现过程中引入时变延迟的特征在于三个非负参数：输入抖动J_i，输出抖动J_o和标准输入-输出延迟L（如图5-7所示）。

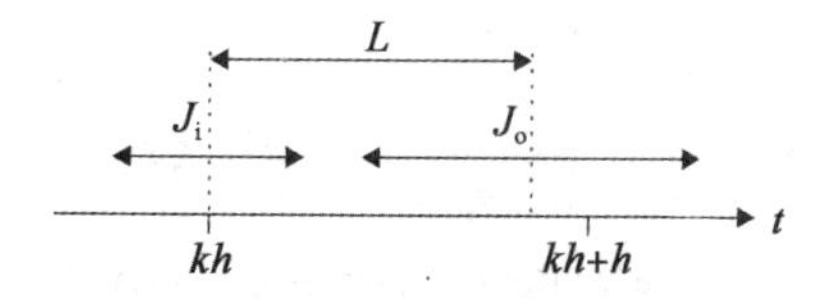

图5-7 具有三个参数的控制器时序模型

理想情况下，控制器应该在周期性时刻$t_k = kh$，$k=\{0, 1, 2, \cdots\}$下执行。然而，在抖动和延迟的情况下，在下面区间的某个时刻采样控制器输入：

$$\left[t_k - \frac{J_i}{2}, t_k + \frac{J_i}{2}\right]$$

在下面区间的某个时刻更新输出：

$$\left[t_k + L - \frac{J_o}{2}, t_k + L + \frac{J_o}{2}\right]$$

因此，任何有效的定时参数必须满足以下不等式：

$$|J_i - J_o| \leqslant 2L \tag{5-13}$$

时序模型允许$L>h$和J_i，$J_o>h$。然而并不关注控制器实际的时序从一个周期到下一个周期是否变化或者如何变化。

具有延迟和抖动的数据采样系统模型如图5-8所示，其中包括连续时间装置$P(s)$、时变延迟算子Δ_i、周期性采样器S_h、离散时间控制器$K(z)$、零阶保持器H_h、时变延迟算子Δ_o和标准输入-输出时延e^{-sL}。

标准输入-输出时延用被控对象的输入延迟模拟，而抖动用一对时变延迟算子来模拟

$$\Delta_i(v) = v(t - \delta_i(t)), \ -\frac{J_i}{2} \leqslant \delta_i(t) \leqslant \frac{J_i}{2} \tag{5-14}$$

$$\Delta_o(v) = v(t - \delta_o(t)), \ -\frac{J_o}{2} \leqslant \delta_o(t) \leqslant \frac{J_o}{2} \tag{5-15}$$

$\delta_i(t)$和$\delta_o(t)$可以取t范围内的任意值。

该系统模型假设$\delta_i(t)$和$\delta_o(t)$之间没有关系。实际上，延迟之间可能存在互相依赖。如果$J_i + J_o > 2L$，则尤其如此，因为真实系统中输出操作不能在输入操作之前。这在分析中将引入一些保守性。

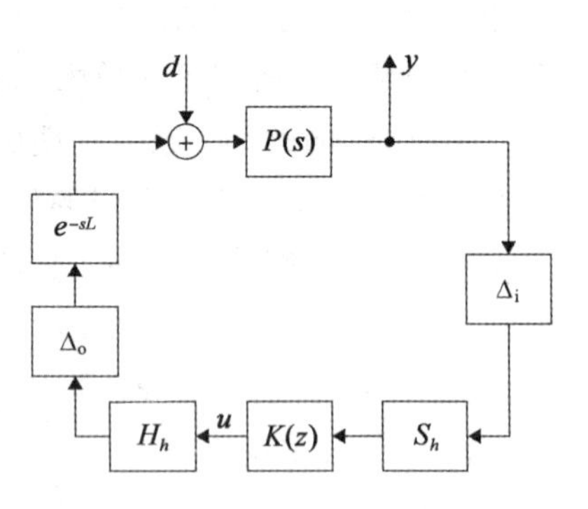

图 5-8　有延迟和抖动的数据采样系统

Jitter Margin 是在小增益定理的基础上分析的［Zames66］（细节参见文献［Cervin12］）。因此，稳定的标准已经能够满足系统需求，即，一个可以分析预测不稳定的系统实际上是稳定的。实际分析需要计算混合连续时间/离散时间系统的所有输入－输出增益，总共九个增益。如果增益满足三个不等式条件，则系统是稳定的。如果系统稳定，还可以分析从d到y的增益上限（细节参见文献［Cervin12］）。

（2）Jitter Margin 示例

以下面的系统为例：

$$P(s) = \frac{1}{s^2 - 0.01}$$

$$K(z) = \frac{-12.95z^2 + 10z}{z^2 - 0.2181z + 0.1081}, \ h = 0.2$$

我们将L的值固定在 0.08，让J_i和J_o在 0 到$2L$之间变化，并且彼此相互独立。图 5-9显示了相对于标准情况$L = J_i = J_o = 0$，系统性能退化的过程。

如图 5-9 所示，该系统对输入抖动更敏感，而不是输出抖动。性能退化曲线只轻微向内弯曲，表明合并分析并不是很保守。

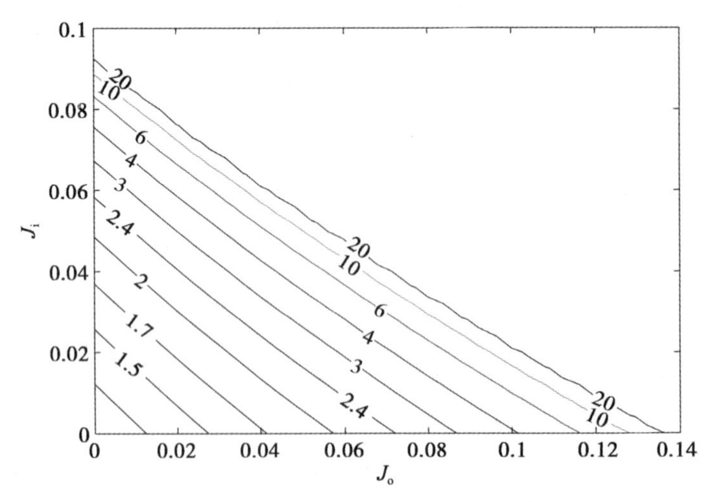

图 5-9　最坏情况下的性能退化函数

5.3.6.3　TrueTime

假设 Jitterbug 和 Jitter Margin 都有控制回路延迟。通常只能由仿真得到这个值。TrueTime [Cervin03a, Henriksson03, Henriksson02] 是一个基于 MATLAB/Simulink 的工具库，它可以帮助模拟多任务实时内核执行控制器任务的时间行为。此时任务是指控制普通时间连续 Simulink 块的建模过程。TrueTime 还可以模拟通信网络的简单模型以及它们对网络控制回路的影响。

在 TrueTime 中，引入了内核和网络 Simulink 模块；这些模块的接口如图 5-10 所示。Schedule 显示了模拟期间公共资源（如 CPU、网络）的分配情况。内核模块基于事件驱动，并对 I/O 任务、控制算法、网络接口进行建模。各内核模块的调度策略是任意的，且由用户决定。同样，在网络模块中，根据所选择的网络模型发送和接收消息。可用的网络模块有两个，一个用于有线网络，另一个用于无线网络。该库还包含一个简单的电池模型来模拟供电设备，一个超声波传播模型来模拟基于超声波的定位方法，以及单独发送和接收的模块，该模块可以用在需要网络仿真功能但不需要内核仿真的仿真模型中使用。

模拟的细节程度也由用户选择：通常不需要在指令级上模拟代码的执行或是在位级上模拟网络传输。TrueTime 可以将任务的执行时间和消息的传输时间设置为恒定、随机或数据相关的。此外，此工具可以使用事件、信号量或监视器模拟上下文切换和任务同步。

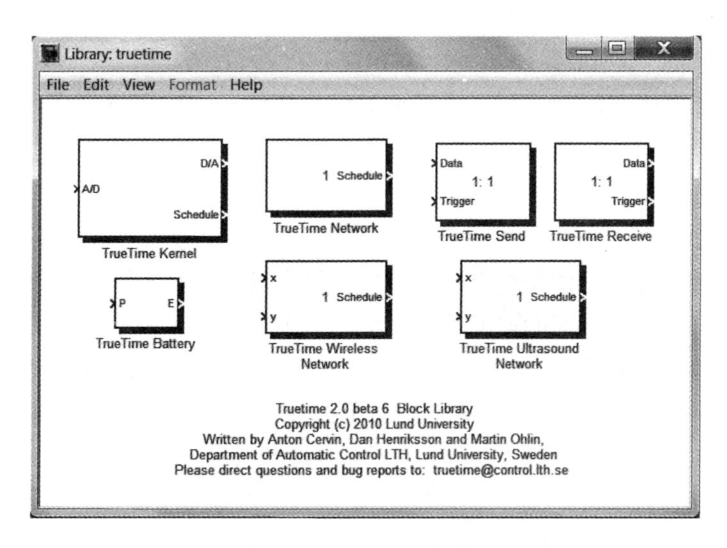

图 5-10　TrueTime 模块库

TrueTime 可以作为动态实时研究控制系统的实验平台。例如，可以研究基于实际定时变化的测量来调整控制算法的补偿方案（即将时间不确定性视为干扰项并利用前馈或增益调度对其进行管理）。也很容易使用更灵活的方法来实现控制器的实时调度（如反馈调度，参见文献 [Cervin02]）。可用的 CPU 或网络资源根据当前系统中的情况（如 CPU 负载、不同回路的性能）动态分布。

(1) 内核模块

内核模块是一个 MATLAB 的 S 函数，它使用简单又灵活的实时内核、A/D 和 D/A 转换器、网络接口和外部中断通道来模拟计算机。内核执行用户定义的任务和中断处理程序。在内部，内核维护几个在实时内核中常见的数据结构：就绪队列、时间队列以及为模拟过程创建的任务记录器、中断处理器、信号量、监视器和定时器。它还支持动态电压频率缩放（Dynamic Voltage and Frequency Scaling , DVFS）和恒定带宽服务器的模拟。内核和网络 S 函数通过离散事件模拟器实现，它们可以决定模块执行的下一时刻。

在 TrueTime 内核中可以创建任意数量的任务。还可以随着仿真动态创建任务。任务用于模拟周期性活动（如控制器和 I/O 任务）和非周期性活动（如通信任务和事件作动器）。非周期性任务通过创建任务实例（作业）来执行。

每个任务由多个静态（如相对期限、周期和优先级）和动态（如绝对期限和释放时间）属性来表征。此外，用户可以为每个任务附加两个超期限处理程序：截止时间超限处理程序（如果任务超过了截止时间则触发）和执行时超时处理程序（如果任务执行时间超过其最坏情况执行时间则触发）。

中断通过两种方式生成：外部（与内核模块的外部中断通道相关联）或内部（由用户定义的定时器触发）。当发生外部或内部中断时，系统将调度用户定义的中断处理程序来处理中断。

任务和中断处理程序的执行由用户编写的函数定义。这些函数可以用 C++（速度较快）或是 MATLAB 的 . m 文件（易于使用）编写。控制算法还可以通过普通离散 Simulink 模块框图以图形化的方式定义。

模拟执行可能发生在以下三种不同级别的优先级中：中断级（此为最高优先级）、内核级和任务级（此为最低优先级）。执行既可以是抢占式的也可以是非抢占式的；该属性可以由每个任务和中断处理程序单独指定。

在中断层，中断处理程序根据固定优先级调度。在任务层，可以使用动态优先级调度。在每个调度点，任务的优先级由用户定义的优先级函数给出，优先级函数反应了任务属性。这种方法可以模拟不同的调度策略。例如，优先级函数返回优先级数意味着固定优先级调度，而返回绝对最后期限则意味着最早期限优先（Earliest-deadline-first）调度。预定义优先级函数存在于单调速率（rate-monotonic）调度、最后期限单调（deadline-monotonic）调度、固定优先级（fixed-priority）调度和最早期限优先调度中。

（2）网络模块

网络模块是事件驱动的，在消息进入或离开网络时执行。当节点尝试发送消息时，将触发信号发送到相应输入信道上的网络模块中。模拟消息的传输结束时，网络模块在接收节点相应的输出信道上发送新的触发信号。发送的消息被放入计算机接收节点的缓冲器中。

消息中包含计算机发送和接收节点、任意用户数据（通常是测量信号或控制信号）、消息的长度以及可选的实时属性（例如优先级或截止时间）的信息。

网络模块模拟局域网中的介质访问和分组传输。目前支持的简单有线网络模型有 CSMA/CD（如以太网）、CSMA/AMP（如 CAN）、Round Robin（如令牌总线）、FDMA、TDMA（如 TTP）、Flexray、PROFINET IO 和交换以太网八种。无线协议有两种：IEEE 802. 11b（WLAN）和 IEEE 802. 15. 4（ZigBee）。

传播延迟在局域网中非常小所以可以忽略，因此网络仅支持数据包级别的仿真，即内核节点中较高协议层将长消息划分为数据包的形式。

配置网络模块需要制定一些常规参数，如传输速率、网络模型和丢包概率。需要提供 TDMA 情况下的时隙和循环调度策略等特定的协议参数。

(3) 执行模块

代码函数定义了任务和中断处理程序的执行。代码函数根据图 5-11 所示的执行模型将代码进一步划分为代码段。与任务和中断处理程序相关联代码的执行由多个具有不同执行时间的代码段模拟而成。用户代码的执行发生在每个代码段的开始。

代码可以与其他任务和每段代码开头的环境交互。该执行模型可以模拟输入 - 输出延迟、访问共享资源时阻塞等。可以选择分段数量来模拟代码执行的任意时间粒度。在技术上，可以模拟在机器指令级发生的非常细粒度的细节，如竞争状态。不过这样做需要大量的代码段。

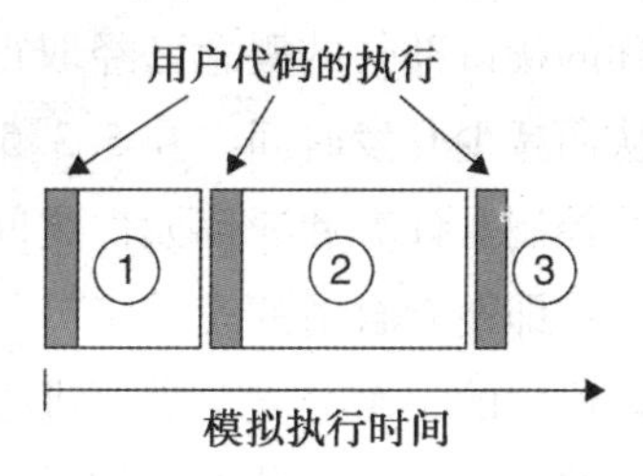

图 5-11　分块代码执行模型

每个代码段的模拟执行时间由代码函数返回，并且可以模拟为常量、随机数，甚至数据依赖。内核跟踪当前代码段，并在仿真期间使用适当的参数调用代码函数。当任务在与上一段代码段相关联的时间内运行时，在下一个代码段中也将继续执行。因此，较高优先级活动和中断的抢占可能导致代码段执行之间的实际延迟比执行时间还长。

下面的代码是与图 5-11 中时间轴对应的代码函数的示例。该函数实现了一个简单的无抗饱和 PI 控制器。在第一段中，对设备进行采样并计算控制信号。在第二段中，驱动控制信号并且更新控制器状态。第三段通过返回负执行时间表示执行结束。

```
function [exectime, data] = PIcontroller(segment, data)
 switch segment,
  case 1, data.r = ttAnalogIn(1);
    data.y = ttAnalogIn(2);
    data.e = data.r - data.y;
    data.u = data.K*data.e + data.I;
    exectime = 0.002;
  case 2,
    ttAnalogOut(1, data.u);
    data.I = data.I + (data.K*data.h/data.Ti)*data.e;
    exectime = 0.001;
  case 3,
    exectime = -1;
 end
```

数据结构表示任务的本地存储器，可用于存储调用不同代码段时用到的控制信号和测量变量。分别使用内核原语 `ttAnalogIn` 和 `ttAnalogOut` 执行 A/D 和 D/A 转换。

该控制器的输入 - 输出延迟至少是 2ms（即第一段代码的执行时间）。但是如果发生其他高优先级任务的抢占，实际的输入 - 输出延迟将更长。

TrueTime 内核模块的一个限制是，它不会模拟除了 CPU 时间之外的任何资源。例如，用户必须明确模拟由存储器访问和高速缓存未命中引起的延迟，并且在执行时间中包含这些延迟。

5.4　总结与挑战

真正的资源感知控制系统应在所有开发阶段都考虑实时软件和实施平台。然而，正如本章所阐述的，控制性能、任务时间和资源共享之间有很大的关系。本章介绍了一些在分析阶段可能有帮助的工具，即 Jitterbug、Jitter Margin 和 TrueTime。但是仍然缺乏可用于设计、实现和操作阶段的工具。

集成系统控制、计算和通信方面的协同设计能够保证资源利用率和控制性能，但是实现起来太复杂。随着技术系统越来越复杂，需要减少子系统集成所需的工程开销。定义明确的接口部件的概念已经取得巨大的理论研究意义。通常牺牲一些性能来实现可组合性，从而减少开发时间。在 5.3.5.1 节中介绍的控制服务器就是一个代表性的例子。定义系统的控制、计算和通信元件之间良好的设计接口是资源感知控制领域中最重要的挑战。

即使有合适的设计接口，也需要在每一层中进行更多的研究。基于事件的控制是控制理论中的一个分支，需要进一步研究才能应用于一般场景中。即使像 LQG 这样的标准设计技术也尚未充分发展到足以消除如采样抖动和输入 - 输出抖动产生的影响。

计算和通信资源在 CPS 中很少保持恒定不变。基于这一事实，资源感知控制系统应该能够适应资源可用性的变化。实现这一目标需要在线识别系统参数和线上再设计。

参考文献

[Abeni98]. L. Abeni, G. Buttazzo, S. Superiore, and S. Anna. "Integrating Multimedia Applications in Hard Real-Time Systems." *Proceedings of the 19th IEEE Real-Time Systems Symposium*, pages 4–13, 1998.

[Årzén99]. K. Årzén. "A Simple Event-Based PID controller." Preprints 14th World Congress of IFAC, Beijing, P.R. China, January 1999.

[Åström11]. K. J. Åström and B. Wittenmark. *Computer-Controlled Systems: Theory and Design*. Dover Books, Electrical Engineering Series, 2011.

[Bemporad00]. A. Bemporad, M. Morari, V. Dua, and E. N. Pistikopoulos. "The Explicit Solution of Model Predictive Control via Multiparametric Quadratic Programming." American Control Conference, pages 872–876, Chicago, IL, June 2000.

[Beschi12]. M. Beschi, S. Dormido, J. Sánchez, and A. Visioli. "On the Stability of an Event-Based PI Controller for FOPDT Processes." IFAC Conference on Advances in PID Control, Brescia, Italy, July 2012.

[Cervin12]. A. Cervin. "Stability and Worst-Case Performance Analysis of Sampled-Data Control Systems with Input and Output Jitter." American Control Conference, Montreal, Canada, June 2012.

[Cervin03]. A. Cervin and J. Eker. "The Control Server: A Computational Model for Real-Time Control Tasks." *Proceedings of the 15th Euromicro Conference on Real-Time Systems*, Porto, Portugal, July 2003.

[Cervin02]. A. Cervin, J. Eker, B. Bernhardsson, and K. Årzén. "Feedback-Feedforward Scheduling of Control Tasks." *Real-Time Systems*, vol. 23, no. 1–2, pages 25–53, July 2002.

[Cervin03a]. A. Cervin, D. Henriksson, B. Lincoln, J. Eker, and K. Årzén. "How Does Control Timing Affect Performance? Analysis and Simulation of Timing Using Jitterbug and TrueTime." *IEEE Control Systems Magazine*, vol. 23, no. 3, pages 16–30, June 2003.

[Cervin10]. A. Cervin and B. Lincoln. *Jitterbug 1.23 Reference Manual.* Technical Report ISRN LUTFD2/TFRT-0.1em-7604-0.1em-SE, Department of Automatic Control, Lund Institute of Technology, Sweden, July 2010.

[Durand09]. S. Durand and N. Marchand. "Further Results on Event-Based PID Controller." *Proceedings of the European Control Conference*, pages 1979–1984, Budapest, Hungary, August 2009.

[Heemels09]. W. P. M. H. Heemels, D. Nesic, A. R. Teel, and N. van de Wouw. "Networked and Quantized Control Systems with Communication Delays." *Proceedings of the Joint 48th IEEE Conference on Decision and Control and 28th Chinese Control Conference*, 2009.

[Heemels08]. W. P. M. H. Heemels, J. H. Sandee, and P. P. J. Van Den Bosch. "Analysis of Event-Driven Controllers for Linear Systems." *International Journal of Control*, vol. 81, no. 4, pages 571–590, 2008.

[Henningsson12]. T. Henningsson. "Stochastic Event-Based Control and Estimation." PhD thesis, Department of Automatic Control, Lund University, Sweden, December 2012.

[Henriksson03]. D. Henriksson and A. Cervin. *TrueTime 1.1: Reference Manual.* Technical Report ISRN LUTFD2/TFRT-0.1em-7605-0.1em-SE, Department of Automatic Control, Lund Institute of Technology, October 2003.

[Henriksson02]. D. Henriksson, A. Cervin, and K. Årzén. "TrueTime: Simulation of Control Loops Under Shared Computer Resources." *Proceedings of the 15th IFAC World Congress on Automatic Control*, Barcelona, Spain, July 2002.

[Kao04]. C. Kao and B. Lincoln. "Simple Stability Criteria for Systems with Time-Varying Delays." *Automatica*, vol. 40, no. 8, pages 1429–1434, August 2004.

[Lin09]. H. Lin and P. J. Antsaklis. "Stability and Stabilizability of Switched Linear Systems: A Survey of Recent Results." *IEEE Transactions on Automatic Control*, vol. 54, no. 2, pages 308–322, February 2009.

[Lincoln02]. B. Lincoln and A. Cervin. "Jitterbug: A Tool for Analysis of Real-Time Control Performance." *Proceedings of the 41st IEEE Conference on Decision and Control*, Las Vegas, NV, December 2002.

[Maciejowski01]. J. M. Maciejowski. *Predictive Control: With Constraints.* Prentice Hall, 2001.

[Rantzer12]. A. Rantzer. "Distributed Control of Positive Systems." ArXiv e-prints, February 2012.

[Scokaert99]. P. O. M. Scokaert, D. Q. Mayne, and J. B. Rawlings. "Suboptimal Model Predictive Control (Feasibility Implies Stability)." *IEEE Transactions on Automatic Control*, vol. 44, no. 3, pages 648–654, March 1999.

[Tabuada07]. P. Tabuada. "Event-Triggered Real-Time Scheduling of Stabilizing Control Tasks." *IEEE Transactions on Automatic Control*, vol. 52, no. 9, pages 1680–1685, September 2007.

[Wang08]. X. Wang and M. D. Lemmon. "State Based Self-Triggered Feedback Control Systems with L2 Stability." *Proceedings of the 17th IFAC World Congress*, 2008.

[Yüksel11]. S. Yüksel. "A Tutorial on Quantizer Design for Networked Control Systems: Stabilization and Optimization." *Applied and Computational Mathematics*, vol. 10, no. 3, pages 365–401, 2011.

[Zames66]. G. Zames. "On the Input-Output Stability of Time-Varying Nonlinear Feedback Systems, Parts I and II." *IEEE Transactions on Automatic Control*, vol. 11, 1966.

第6章
Cyber-Physical Systems

混合系统的逻辑正确性

Sagar Chaki, Edmund Clarke, Arie Gurfinkel, John Hudak

混合系统是一个行为既离散又连续的动态系统。混合系统构成了一个强大的形式机，用于理解、建模和推理日常生活中的各种设备。这些设备从简单的房间恒温器到关键的车辆中的安全气囊控制器。混合系统还可以进行严格的分析，以验证和预测这些设备的正确行为。本章将讨论混合系统中出现的不同类型的功能正确性问题。对于每个类别，我们提出典型示例并提供使用最先进的工具和技术的可能解决方案。本章主要围绕混合系统验证中的开放问题和未来挑战来讨论。

6.1 引言

现代生活的迅速发展依赖与各种设备的正常运转。高度依赖技术的现代社会需要这些底层设备的支持。这些设备建立在数字计算技术的基础上，但必须在固有的模拟世界中操作。从这方面来看，它们是典型的混合系统［Alur95］，即可以模拟环境的离散程序。许多这样的混合系统（例如起搏器、车辆安全气囊控制器、核电站控制器）的另一个特征是它们的不正确操作可能导致灾难性的后果。以上两个事实意味着验证混合系统的“功能正确性”（即安全和安全操作）从根本上看非常重要。该主题是本章的重点。

通俗来讲，混合系统是一个具有两种类型转换的状态机：离散跳跃和连续演进。其中典型代表是混合自动机［Henzinger96］，即一种有限状态机，其中状态表示离散模式，转换表示模式之间的切换。转换是由一组连续变量的状态所决定的。在每个模式中，连续变量的值的变化通过微分方程指定。只要连续变量仍然满足模式中特定的不变量，系统就保持在模式之内。

图6-1显示了恒温器的混合自动机模型（转载自文献［Alur95］），恒温器通过控制加热器来维持 m 和 M 之间的温度。它有两种模式：l_0 表示加热器关闭，l_1 表示加热器打开。当温度 x 等于 M 时，系统从模式 l_0 开始。若不等式 $x>m$ 成立，则系统保持在模式 l_0。若 $x=m$，系统切换到模式 l_1。若 $x<M$ 成立，系统就保持在模式 l_1，每当 $x=M$ 时切换回模式 l_0。注意，模式常量和过渡保护设置为一旦系统进入模式，其离开模式的时间唯一确定，因此，系统是时间确定性的。

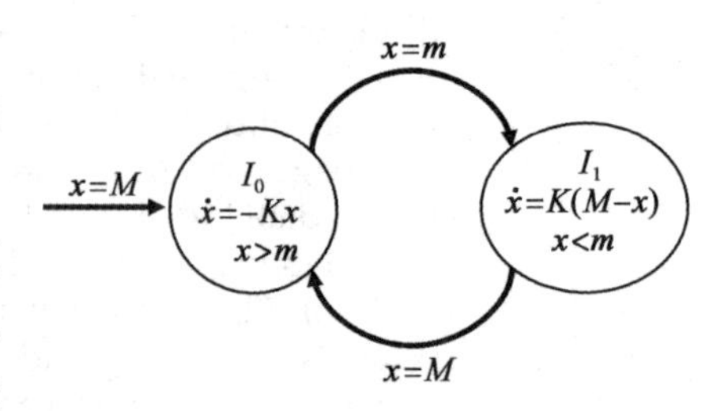

图6-1　恒温器的混合自动机模型

功能正确性这类问题也称为可达性问题。这类问题由一个描述一组“好”的状态的公式 Φ 指定，其中状态指系统变量分配的值。如果系统的状态一直属于 Φ，则系统在功能上是正确的。例如，如图 6-1 所示的混合自动机的功能正确性通过公式 $m \leqslant x \leqslant M$ 表示，这表示混合系统的温度一直保持在［m,M］范围之内。实践中，可达性包含了所有功能正确要求的类别（包括许多安全类型和安全标准），通过系统的有限执行可证明是否违反安全条例，称之为反例。

混合系统的可达性的验证是一个广泛研究的问题，涉及学术界和工业界几十年的研究和开发。完整的介绍这些工作超出了本章的范围。本章主要从三个方面来介绍：问题分类、解决方案、目标受众。

首先，混合系统的可达性问题可分为三类：离散、实时和完全混合。大体上，离散可达性问题可以简单通过完全忽略系统的连续动态性来解决。相比之下，实时可达性问题通过考虑时钟和时间的流逝来解决。最后，完全可达性问题的解决需要针对除了时钟之外的一个或多个动力学连续变量进行推导。

其次，我们关注针对混合系统的可达性解决方案，该解决方案基于一种称为模型检测的详尽自动化算法验证技术［Clarke09］。模型检测最初用于验证有限状态机［Clarke83］，但现在已经扩展到各种各样的系统，包括软件［Jhala09］和混合系统［Frehse08，Henzinger97］。模型检测的一个重要特性是，如果被验证的系统违反了预期可达标准，它将产生反例作为诊断的反馈。

再者，本章主要针对专业人员，针对应用模型检测中的更多实践状态进行研究，以验证混合系统的正确性。首先示范如何将问题分类，然后如何选择和使用一些当前的模型检测工具来有效地解决这些问题。同时，我们将为读者提供一些已出版的参考文献，这些文献主要描述模型检测工具的基本概念和算法。

本章的其余部分描述提升复杂性顺序的三类问题：离散、实时、完全混合。对于每个类别，通过示例演示哪些模型检测工具适用于该类别以及如何有效使用这些工具，进而讨论该类别下有哪些类型的问题。最后简要介绍一些其他方法来验证混合系统的功能正确性、正在进行的工作和开放性问题。

6.2 基础技术

本节介绍验证混合系统的基本原理，着重讨论离散验证和时序逻辑，这是其他技术的基础。专业人员可利用这些技术得到多重示例和可用工具。

6.2.1 离散验证

离散事件系统（Discrete Event System，DES）是随着未知的不规则时间间隔内出现的离散事件演化的一类动态系统［Ramadge89］。它包含离散状态，其状态变化由事件驱动；即，状态的演变完全取决于随时间发生的异步离散事件。例如，事件可以对应过程期间控制点的变化、消息到达队列、离散的连续变量超过某个阈值或者系统（如汽车、飞机、制造过程）中部件的故障。离散事件系统存在于许多领域中，包括制造业、机器人、物流、计算机操作系统和网络通信系统。它们需要某种形式的控制以确保事件的有序来实现某些（良性）行为或是避免某些（恶性）行为。实现良性行为称为活动属性，而避免恶性行为称为安全属性［Lamport77，Schneider85］。

设计和分析离散事件系统的能力取决于该系统是否可以在形式化自动机中建模（表示）。这种表示法是实际系统的抽象。形式机利用精确语义表示行为，典型的例子有状态图［Harel87，Harel87a，Harel90］、Petri 网［Rozenburg98］、马尔可夫链［Usatenko10］等。本节重点介绍离散事件系统的模型检测，因此我们将重点介绍状态图表示法，并且简要概述适用的逻辑和模型检测工具。

6.2.1.1　模型检测工具和相关逻辑

模型检测中适用的模型是系统行为的形式化表示。状态图是广泛适用的一种形式化表示法［Harel87，Harel87a，Harel90］。类似地，声明是验证系统预期属性的形式规范，模型和声明的形式化定义使自动化工具能够验证特定声明是否和模型相悖。如果声明定义精确且模型如实描述系统，模型检测的验证将表明系统是否拥有由声明表示的期望属性。

根据预期属性的类型和模型检测器的类型，可以使用不同的符号来形式化声明。例如，如果关注系统的静态属性，则可以使用经典的命题逻辑来定义各种声明。

时序逻辑是命题逻辑在时间上的一种拓展形式，是一种用于指定和推理系统动态特性的正式方法。时序逻辑在形式上并不明确包括时间（即，在定时装置的传感器上计算或者测量时间）。相反，将时间表示为系统行为中的状态序列（状态轨迹）。这些状态序列（轨迹）可以是有限的 $\langle s_0, s_1, s_2, \cdots, s_n\rangle$ 或者无限的 $\langle s_0, s_1, s_2, \cdots\rangle$。状态表示系统在固定条件下的有限时间间隔。例如，当前灯光的颜色为红色时交通灯的状态为“红”。

文献［Clarke99］中区分了两种典型的时序逻辑：线性时序逻辑（LTL）和分支时序逻辑，分支时序逻辑中包括计算树逻辑（CTL）。两者之间的区别在于展开时序的概念化。在线性时序逻辑中，时序的演化看作是线性的，即单个无限状态序列。相比之下，CTL 将时序演变视为可沿着多个路径（即分支）进行，每个路径都是线性状态序列。

下面简要定义 LTL 的语法和语义。更多详情参见文献［Clarke99］。

6.2.1.2　线性时序逻辑

设 AP 为“原子命题”的集合。LTL 公式 φ 满足以下 BNF 语法：

$$\varphi ::= \mathrm{T} \mid p \mid \neg\varphi \mid \varphi \wedge \varphi \mid \varphi \vee \varphi \mid \mathrm{X}\varphi \mid \varphi \mathrm{U} \varphi \mid \mathrm{G}\varphi \mid \mathrm{F}\varphi$$

这里 T 表示“true”，$p \in AP$ 是原子命题，¬表示逻辑否定，∧表示逻辑与，∨表示逻辑或，X 表示下一状态时序算子，U 表示“直到”时序算子，G 表示“全局”算子，F 表示“最终”时序算子。

例如，设 $AP = \{p, q, r\}$。那么可能的 LTL 表达式如下：

$$\varphi_1 = \mathrm{G}(p \Rightarrow \mathrm{XF}q)$$

$$\varphi_2 = \mathrm{G}(p \Rightarrow \mathrm{XF}(q \vee r))$$

正如下一节所描述的，每个 LTL 公式表示路径上的属性（即系统状态序列）。如果命题 p 在全局（即路径的每个状态）上成立，或者 q 从下一状态开始最终成立，则 φ_1 保持在路径上。类似的，如果命题 p 在全局（即路径的每个状态）上成立，或者 q 或 r 从下一状态开始最终成立，则 φ_2 保持在路径上。

LTL 公式可以用来解释 Kripke 结构。Kripke 结构是用原子命题标记状态的有限状态机。从形式上来说，Kripke 结构 M 是一个四元组 (S, I, R, L)，其中，S 是状态的有限集合；$I \in S$ 是初始状态；$R \subseteq S \times S$ 是过渡关系；L：$S \mapsto 2^{AP}$ 是从状态到原子命题的映射。L 将每个状态映射到在该状态下为真的一组原子命题。

图 6-2 显示了一个 Kripke 结构 $M=(S,I,R,L)$，该结构有三个状态 $S=(s_0,s_1,s_2)$，其中 s_0 是初始状态。过渡关系由箭头显示；即如果图中有从 s 到 s' 的边，则 $(s,s') \in R$。每个状态 s 用 $L(s)$ 标记；即 $L(s_0)=\{p\}$，$L(s_1)=\{r\}$，$L(s_2)=\{q\}$。

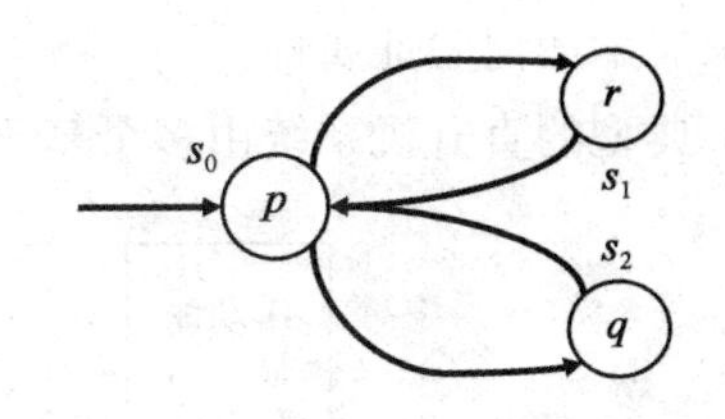

图 6-2 Kripke 示例结构 $AP=\{p,q,r\}$

Kripke 结构 $M=(S,I,R,L)$ 的轨迹是无限状态序列 $\langle s_0,s_1,s_2,\cdots\rangle$，使

$$s_0 = I \wedge \forall i \geqslant 0,\ (s_i,s_{i+1}) \in L$$

换言之，轨迹从初始状态开始，且遵循过渡关系。给定轨迹 $\pi=\langle s_0,s_1,s_2,\cdots\rangle$，我们用 π^i 表示从 s_i 开始的 π 的无限后缀。如果以下条件成立，我们就说 π 满足 LTL 公式 φ，表示为 $\pi \vDash \varphi$。

- $\varphi = \mathrm{T}$。
- $\varphi \in AP$，则 $\varphi \in L(s_0)$，即 π 的第一个状态用 φ 标记。
- $\varphi = \neg\varphi'$，则 $\pi \nvDash \varphi'$。
- $\varphi = \varphi_1 \wedge \varphi_2$，则 $\pi \vDash \varphi_1$ 且 $\pi \vDash \varphi_2$。
- $\varphi = \varphi_1 \mathrm{U}\, \varphi_2$，则存在 $k \geqslant 0$ 使得 $\forall 0 \leqslant i < k$，$\pi^i \vDash \varphi_1 \wedge \pi^k \vDash \varphi_2$。

注意 $\vee$、F、G 可以用其他算子表示：

$$\varphi_1 \vee \varphi_2 \equiv \neg(\neg\varphi_1 \wedge \neg\varphi_2)$$

$$\mathrm{F}\varphi \equiv \mathrm{TU}\varphi$$

$$\mathrm{G}\varphi \equiv \neg(\mathrm{F}\neg\varphi)$$

若对于 M 的每条轨迹 π，都有 $\pi \vDash \varphi$，则 Kripke 结构 M 满足 LTL 公式 φ，表示为 $M \vDash \varphi$。

例如，令 M 为图 6-2 中的 Kripke 结构。$\varphi_1 = \mathrm{G}(p \Rightarrow \mathrm{XF}q)$，$\varphi_2 = \mathrm{G}(p \Rightarrow \mathrm{XF}(q \vee r))$。由于轨迹 $\pi=\langle s_0,s_1,s_0,s_1,\cdots\rangle$，则 $\pi \nvDash \varphi_1$（即对于轨迹 π 无法验证命题 φ_1 为真），所以 $M \nvDash \varphi_1$。从另一方面说 $M \vDash \varphi_2$。

由于需要验证的系统状态图是人工构造的，并且以适当的逻辑描述系统的兴趣声明，因此，需要利用自动化工具将这些声明应用到模型中。有些工具已经在学术和工业环境中广泛使用，包括 NuSMV [Cimatti99]、SPIN [Holzmann04]、Cadance SMV [Jhala01] 和 LT-SA [Magee06]。所有这些工具都使用 LTL 作为属性语言；有些工具中也使用 CTL。模型检测的理论、逻辑和工具超出了本节讨论范围。读者可参考文献 [Clarke99]、文献 [Huth04] 和文献 [Baier08] 作为基础材料，文献 [Peled01] 中描述了在软件可靠性背景下的模型检测。

6.2.1.3 示例：直升机飞行控制验证

在本节中，我们以直升机 [FAA12，Gablehouse69] 为示例，概述如何在现实世界系统中使用模型检测。首先对系统做一个简单的概述，然后重点研究活动属性确定的特定子系统（稳定器）。我们介绍一组专业工具（Simulink [Simulink13]、Stateflow [Simulink13a]，以及相关的 Simulink 设计验证器（Simulink Design Verifier，SDV）[Simulink13b]）的使用方法来展示如何验证属性。

典型的直升机系统由多个基于计算机的子系统组成，如图 6-3 所示。

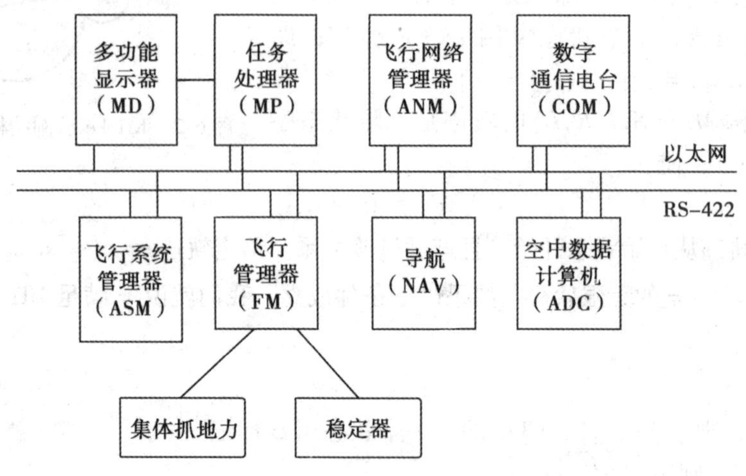

图 6-3　基于计算机子系统的直升机系统结构

典型直升机的基本子系统包括飞机系统管理器（Aircraft Systems Management，ASM）、任务处理器（Mission Processor，MP）、多功能显示器（Multifunction Display，MD）、通信（COM）、导航（NAV）、飞行控制器（Flight Controls，FC）、空中数据计算机（Air Data Computer，ADC）和飞行管理器（Flight Manager，FM）。这些子系统通过冗余串行总线（如以太网、RS-422 或 Mil-1550）进行通信。从操作的角度来看，飞行员使用驾驶舱操作（循环、集体飞行控制）来控制直升机。FM 管理这些操作，并且串行总线将它们的状态传送到子系统。飞行员通过多功能显示屏接收有关直升机状态的信息。还可以使用 MD 的实体按键和虚拟按键启动各种飞行模式、状态显示、导航显示等。目前的直升机设计中，大多数控制器是“线控”的，这意味着控制装置中包含电子传感器，该传感器可将位置或力量转换成电子信号，子系统计算机读取电子信号，嵌入式设备控制逻辑。子系统计算机还与相应的作动器连接，该作动器用于调节电机速度、转子叶片间距、稳定器角度等。

（1）验证操作需求

系统的需求通过对系统进行整体设计来实现。这些需求被指定为系统的目标，它们被系统地分解并映射到适当的子系统上。其衍生出的需求表明子系统或子系统集合的预期行为。最终可以追溯到最高级别的需求。这些需求部分来自于军事专家。熟悉新直升机操作的飞行员也是军事专家之一。

验证动作可以按照需求分解。在此动作中，对每个连续的需求进行分解验证，以确保与高级别需求保持一致。然后将分解的需求映射到适当的子系统上，许多情况下可以跨子系统映射，如机械联动/驱动器可映射到与驱动器相关的计算机控制系统。

对整个系统进行模型检测超出了本文的范围，但是足以说明建立模型检测的重点：确定验证的范围和视角［Comella_Dorda01，Hudak02］。本节重点关注直升机稳定器的运行。因此验证的范围是从飞行员的视角控制整个直升机操作行为的逻辑。具体来说，考虑在确定操作（飞行）条件和飞行员输入的情况下稳定器如何正确定位的问题。

（2）直升机稳定器的功能

直升机本质上是复杂和不稳定的旋翼航空器。由主转子产生的旋转力矩可以使直升机的主体围绕转子轴旋转。尾部转子用于抵消水平旋转力矩。在水平飞行期间，旋转力矩与主转子产生推力的组合会导致直升机在某些空气流速下不稳定。这种不稳定性通常会引起直升机尾部的上升，某些情况下可能会导致直升机“过头”。稳定器翼型（简称“稳定器”）改变尾部区域中气流的方向，并迫使直升机的尾部在更高的空气流速下下降。

从直升机的初步设计文档中，我们可以深入了解稳定器的控制方式。稳定器与飞行员连接，线性电机驱动器控制水平稳定器的飞行表面。飞行员可以控制直升机在两种模式下运行：自动和手动。这表明飞行员可选的直升机操作包括自动模式和手动模式；另外，还有一个闭环控制算法控制稳定器的姿态。

对初步设计文档和飞行员手册进一步的回顾显示了飞行员与稳定器是如何相互作用的。主要有以下两种方式：1）选择稳定器姿态控制系统的操作模式（自动或手动）；2）直接与稳定器驱动器连接来进行手动操作。相互作用点是集体飞行抓地力，它包含一个控制稳定器的开关。这种三工位开关允许稳定器在其操作范围内移动，并且可以重置为自动模式。飞行员通过机头向上/向下（NU/ND）的开关发出使机头向上/向下指令以及稳定器复位指令。此外，飞行员可以通过操作多功能飞行员显示器来请求进入掠地飞行（Nap Of Earth，NOE）模式。NOE 模式是一种允许直升机靠近地面飞行（如在搜索操作期间）的模式。直升机靠近地面飞行在一定条件下会影响飞机的稳定性；因此距离地面高度是描述 NOE 模式的一部分。

直升机的初步设计文档提供了关于预期操作模式的进一步细节和模式之间相互转换的条件。设计文档表示系统始终以自动模式启动。飞行员可以明确地选择手动模式或 NOE 模式，并且可以从 NOE 和手动模式“复位”到自动模式。此外，设计文档规定了在操作模式之间进行转换的条件。有些转换由飞行员启动，而另一些由环境传感器启动，或由系统故障模式触发。使用这些信息可以捕获操作模式和转换，最初不考虑故障模式，并用状态图表达。对此可以制定声明，该声明可以针对稳定器的详细逻辑设计进行验证，最终实现为 FM 内的代码。图 6-4 中实线表示导频起始转换，虚线表示空速触发转换。

图 6-4 中的状态图表示飞行员对控制直升机的操作行为的视角。鉴于此视图来自于较高级别的要求和设计文档，因此需要验证底层控制逻辑是否如状态图所示。我们可以从该图中扩展出几个声明，然后使用 Simulink 和 Design Verifier 进行验证。

（3）声明的产生

通过状态图，可以扩展系统操作中必须被验证的声明。例如，系统初始化模式为自动低速模式。只能从低速或 NOE 模式进入手动模式。下面是一组可能被验证的声明：

- 系统总是以自动低速模式启动。假设命题 AutoLowSpeed 标记系统处于自动低速模

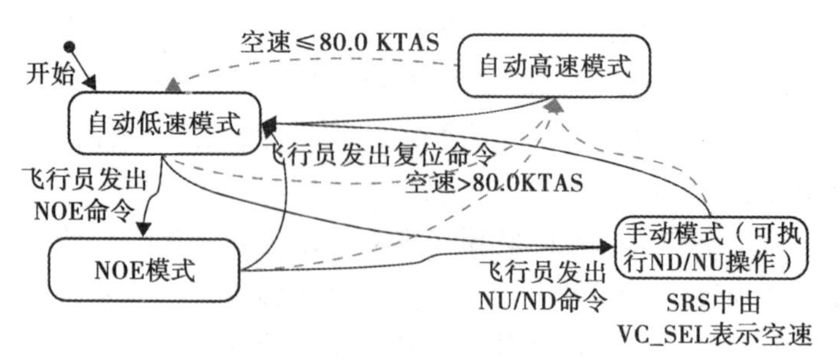

图 6-4　稳定器模态行为状态图

式的每个状态。该声明通过 LTL 公式 φ = AutoLowSpeed 定义。根据 LTL 的语义，如果系统的初始状态满足 AutoLowSpeed，则满足。

- 空速 >50 节（即海里/小时）时，系统才能进入自动高速模式。（在本章的其余部分，我们将 knots 和 KTAS 视为同义词）。假设有两个命题 AutoHighSpeed 和 AirSpeedGT50，该声明用 LTL 表示为 G（AutoHighSpeed⇒AirSpeedGT50）。
- 如果直升机处于自动高速模式，且空速≤50 节时，系统将进入自动低速模式。
- 如果直升机处于自动低速模式，且 NOE 命令为 true，则系统将进入 NOE 模式。
- 如果直升机处于自动高速模式，且空速 >50 节时，则系统将不会进入 NOE 模式。
- 如果直升机处于自动高速模式，且空速≤50 节时，飞行员选择 NOE 模式，则系统将进入 NOE 模式。设有两个命题 NOECommanded 和 NOEMode。该声明用 LTL 表示为 G（AutoHighSpeed ∧ ¬ AirSpeedGT50 ∧ NOECommanded⇒F NOEMode）。
- 当直升机处于 NOE 模式时，稳定器的位置将设置为后缘下垂 -15 度。
- 当直升机处于稳定器手动模式时，稳定器最终将到达指定位置。

以上声明表示正常运行条件下的行为（但并未包含所有情况）。各种组件的故障可能会对模态模型造成影响，并且可以对给定故障操作生成的声明进行验证。

我们主要验证当直升机处于自动高速模式和空速 >50 节时的声明。系统永远不会进入如 Simulink 设计验证器示例的 NOE 模式。

（4）顶级状态图

使用 Simulink Stateflow 状态图获取飞行管理器的逻辑设计，从而执行验证过程，状态图中包含详细的逻辑设计细节。更多细节正增加至状态图中，并验证这些细节的实施是否符合更高级别状态模型的行为要求。在这个精度上，我们将验证控制稳定器所涉及的逻辑支持的验证集中包含的声明。实际上，将底层逻辑转换为在目标处理器上运行的软件。如果将逻辑转换成代码正确执行，则代码的执行将支持更高级别状态图的行为。事实上，许多因素（如同一处理器上运行的其他应用程序代码和相关的调度交互）都可以影响代码的运转和正确性。因此，当应用程序在目标处理器上运行时，需要进行另一轮验证。此外，FM 可以控制除稳定器之外的其余实体，这些实体可以通过与本文概述类似的方式进行验证。

在示例中，将稳定器逻辑分解为 13 个子状态，并且每个子状态由 13 步序列发生器调用。每个子状态包含流程图形式的逻辑，该流程图表示稳定器控制的逻辑流程。使用 Simulink 状态图设计器设计的包含 13 个子状态图的一般描述如图 6-5 所示。

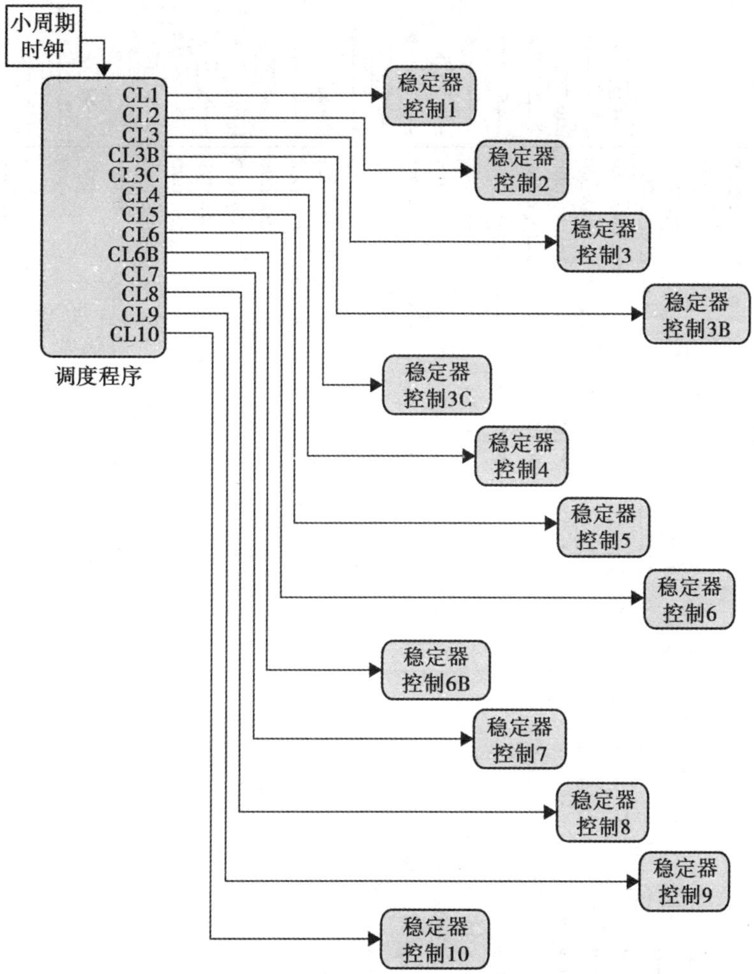

图 6-5　Simulink 稳定器控制逻辑状态图

稳定器控制逻辑的一个较小子集包括序列发生器、稳定器控制逻辑 1（Stabilizer Control Logic 1，SCL1）、稳定器控制逻辑 2（Stabilizer Control Logic 2，SCL2）。这两个逻辑块如图 6-6 所示。

图 6-6 中的状态图给出了输入信号（变量）和输出信号（变量），其中输入信号在椭圆框的右侧对齐而输出信号在椭圆框的左侧对齐。信号流从左边开始，向右移动。信号是用户定义在稳定器本身范围内的局部变量或稳定器范围之外的全局变量。信号可以是布尔值（Boolean）、整型（Integer）或浮点值，且在 Simulink 中定义。

图 6-6 中的顶级状态图表示当序列发生器发出信号 1 时，SCL B1 中包含的逻辑开始执行。读取输入信号中的值，执行内部逻辑，随着执行的进行写入输出信号。在序列发生器的下一个时刻中，信号 2 置位（信号 1 置为无效），读取输入信号，执行 SCL B2 中的内部逻辑，并执行逻辑写入输出变量。该执行序列在剩余的 11 个 SCL 块中继续执行，并循环重复。

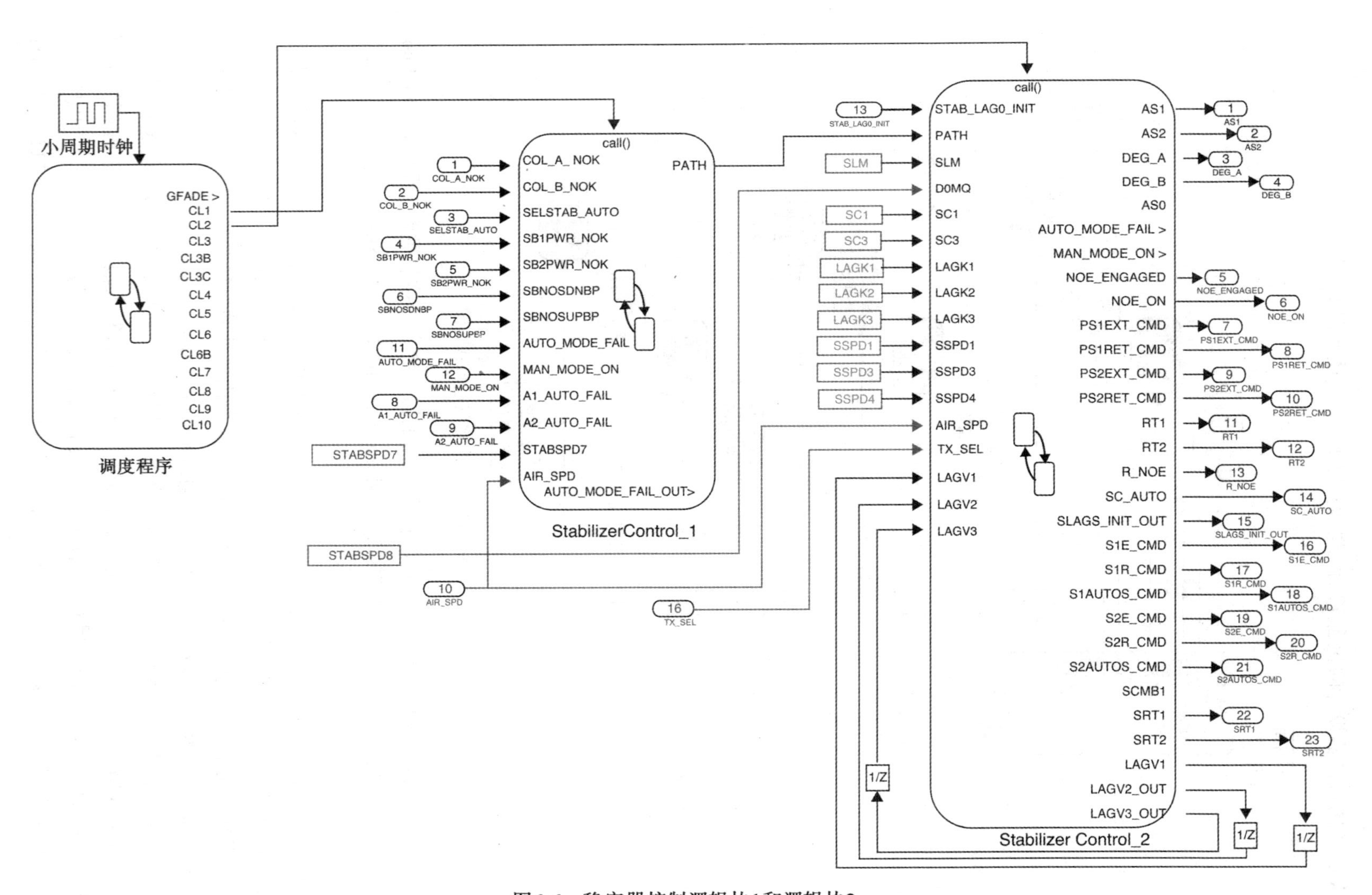

图6-6　稳定器控制逻辑块1和逻辑块2

注意，一个模块的输出信号可以成为系统中另一个模块的输入信号，且该输入信号并不来自稳定器控制，而是来源于全局系统变量或是其他有限可见子系统的信号。这种现象的重要性在于，全局变量的使用越广泛，系统状态对稳定器行为的贡献就越多。在大型系统的模型检测中，状态数量可能大到计算机系统中的存储器无法容纳模型检测算法所需的所有状态，这种现象称为状态爆炸问题。已经研发了一些技术来解决模型检测应用程序可扩展性问题和规避状态爆炸问题，读者可以参考文献［clarke12］和文献［clarke87］中对于这些技术的探讨。

（5）详细状态图

图 6-7 显示了 SCL1 的输入信号和输出信号，图 6-8 以 SCL1 中所包含流程图的形式显示了登录。顶级状态图左侧的输入信号是全局变量（列表）和本地稳定器变量（列表）的组合。状态图中包含的逻辑如图 6-8 所示。

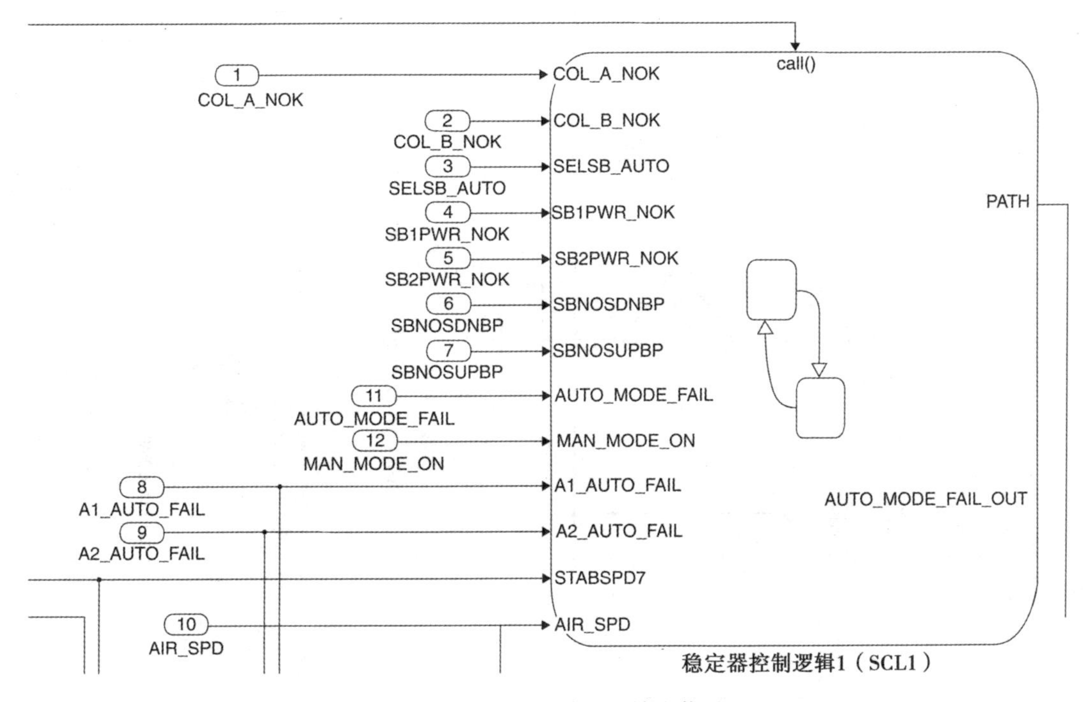

图 6-7　SCL B1 的输入和输出信号

控制逻辑是作为项目详细设计活动的一部分生成的。为了用于 Simulink 设计验证器，系统将控制逻辑映射到 Simulink 状态图上。映射采用比较、赋值和常数块的方式将其转化为状态，而块内的操作将成为状态之间弧上的触发器。SCL1 的转换如图 6-9 所示。底层 Simulink 仿真引擎可以采用该 Stateflow 图，并通过给变量分配值的方式，使用模型检测引擎验证或者更改声明。

通过对 Simulink Stateflow 图建模语义的理解，可以看到如何使用系统设计验证器（System Design Verifier）构建声明并进行分析。离散系统通常要求明确表述预期活动属性（如系统表现的行为）和安全属性（如系统不能展示的行为）。

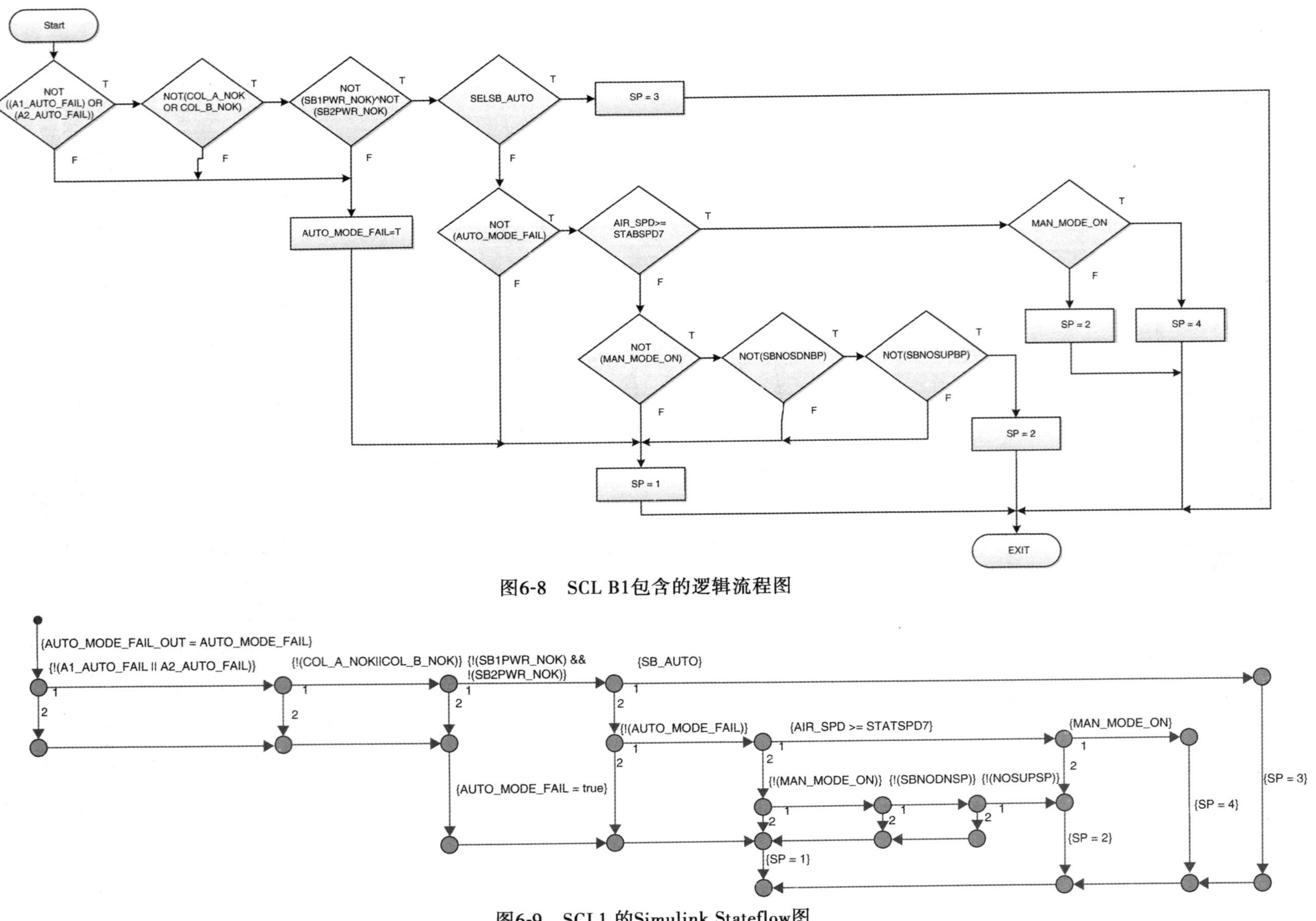

图6-8　SCL B1包含的逻辑流程图

图6-9　SCL1 的Simulink Stateflow图

(6) 系统设计验证器中的正式声明

为了正式验证符合所需要系统属性（如需求）的设计，需求语句首先需要从人类语言翻译成能被分析引擎理解的形式化语言。Simulink 设计验证器可以使用 MATLAB 函数和 Stateflow 块来表达形式化要求。Simulink 中的每个需求都有一个或多个与之相关的验证目标。这些验证目标用于检查设计是否符合指定的属性（声明）。

Simulink 设计验证器（SDV）提供了一套构建模块和定义与组织验证目标的函数。SDV 提供的模块库包含模块和函数，其中函数包括用于测试目标、证明目标、断言、约束以及对时间方面的验证目标进行建模的专用时间运算符。

一般来说，声明是需要证明的需求的表达形式。在 SDV 中，声明称为"属性"，相当于需求。SDV 中的属性证明可以用以下两种通用形式表示：1）Simulink 模型在模拟过程中确定特定的值或者特定范围的信号（可变）；2）Simulink 模型中被证实在逻辑上与大量输入和输出信号表达式等价的信号（可变）。我们将重点关注后一种形式，因为它更全面且与 CTL 表达式的映射关系更为紧密

要构建检测证明，SDV 包含一些初始函数，这些函数可以构建应用于 Simulink 模型的逻辑表达式。实质上，通过提供输入的所有组合并记录相应的输出来模拟模型；然后，SDV 检测证明对于所有可能的输入组合是否为真（true）。SDV 提供一个报告，说明要验证的证明是否满足条件（对于所有组合都为 true）或者失败（false），若失败，则需要提供反例。反例即一组使证明为 false 的输入组合。

在 Simulink 中，一个属性对应 Simulink、Stateflow 和 MATLAB 模块中一个模型的需求。属性可以是一个简单的需求，例如模拟过程中模型的信号必须达到特定值或指定范围。SDV 软件提供两个模块以在 Simulink 模型中指定属性的证明。证明目标模块定义需要证明的信号的值，证明假设模块在证明期间约束信号的值。

证明目标模块可以证明 NOE 模式声明。我们回顾一下声明的基本定义，如果系统处于自动高速模式，且空速将大于 50 节，则系统不会进入 NOE 模式。因此，我们必须在 Simulink 模型中的 NOE ON 信号上插入一个证明目标块。此外，由于自动高速模式包含多个信号，所以必须使用一些逻辑块来构造声明。

要构建信号（这些信号构成声明）的逻辑表达式，我们使用 MATLAB 逻辑块的组合，该组合的表达式如图 6-10 所示。

为了构建与 NOE 模式声明相关的逻辑，需明确自动高速模式包含飞行管理器系统全局信号的集合。根据设计文档，自动高速模式包括 A1_AUTO_FAIL、A2_AUTO_FAIL、COL_A_NOK、COL_B_NOK、SB1PWR_NOK、SB2PWR_NOK、SELSB_AUTO、AUTO_MODE_FAIL 和 MANUAL_MODE_ON 的信号的集合。这些信号是 MATLAB 功能模块自动模式 HS 的输入。空速变量也是一个输入，将其与一个常数进行比较，并转换成二进制值，才能显示它是高于还是低于阈值（在这种情况下阈值为 50 节）。

自动模式 HS 功能块中包含以下逻辑：

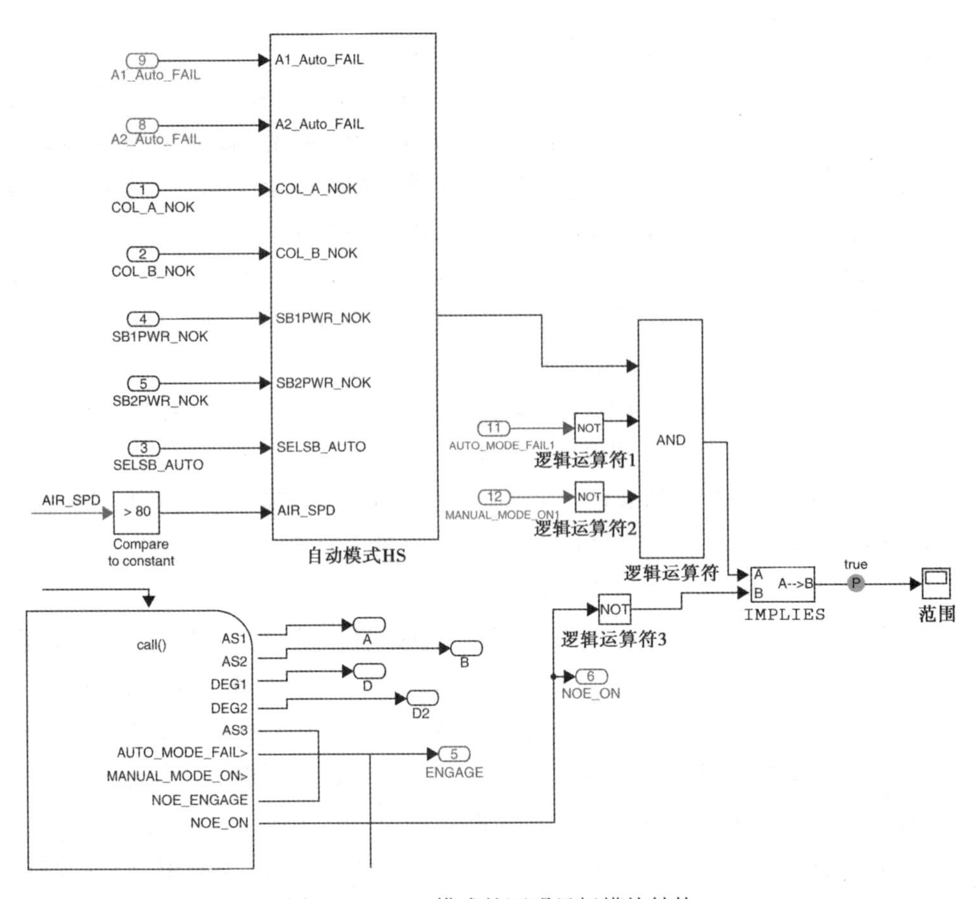

图 6-10　NOE 模式的证明目标模块结构

```
function y = fcn(A1_AUTO_FAIL, A2_AUTO_FAIL, COL_A_NOK, COL_B_NOK,
SB1PWR_NOK, SB2PWR_NOK, SELSB_AUTO, AIR_SPD)
%#codegen
y = ~(A1_AUTO_FAIL || A2_AUTO_FAIL)…
    && ~(COL_A_NOK || COL_B_NOK)…
    && (~(SB1PWR_NOK)&& ~(SB2PWR_NOK)…
    && AIR_SPD)…
    && SELSB_AUTO;
```

该逻辑表达式组成了构成自动模式和空速的条件。该模块的输入连接到一个三输入与（AND）逻辑块，在 AUTO_MODE_FALL1 信号和 MANUAL_MODE_ON1 信号中也包含与操作。这些信号的结合提供了一个 IMPLIES 逻辑块，它可以测试 A 输入是否暗含着 B 输入。当 A 输入为真并且 B 输入为假时，该逻辑块输出布尔值 false，否则，输出 true。真值表如图 6-11 所示。

（7）运行模型检测引擎

此时，声明已经用 Simulink 设计验证器中的符号表示，并且可以执行模型检测分析。编译该模型并检查其与 SDV 的兼容性，然后运行属性证明器（在 Simulink 环境中如何做到这一点的机制在此省略）。有两个可能的结果：证明目标有效（如证明声明为真），或者证明目标无效。在本例中的结果是目标证明有效。输

A	B	输出
F	T	T
T	F	F
F	F	T
T	T	T

图 6-11　IMPLIES 逻辑块真值表

出窗口如图6-12所示。

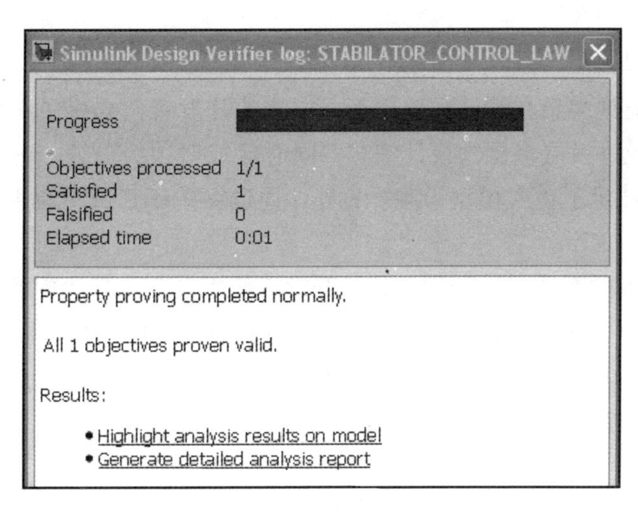

图6-12　SDV的输出显示NOE模式下声明为true

了解该示例包括哪些内容以及结果具有重要意义。整个稳定器模型由13个状态图组成，每个状态图平均有15个变量。在该模型中，大约25个变量是全局系统变量。所有的稳定器变量都用于检测模型。底层模型检测引擎使用所有的变量，并且在属性成立的情况下，保证该模型适用于所有可能的输入。

针对整个示例，高级状态图中省略了FM（硬件或软件）的故障。为了验证系统的容错性，我们确定可能出现潜在故障的模式位置，并且构建系统应该转换到的弧。例如，当飞行管理员处于自动低速或自动高速模式时，产生空速的子系统中的故障将导致其切换到手动模式，以便飞行员可以使用其他方法来确定空速并相应地操作直升机。

6.2.1.4　现象

Simulink和设计验证器的组合提供了一个相当强大的方法来将正式的模型检测验证纳入到系统设计中。该工具集可以处理抽象级别的大型系统，并可以检查详细的逻辑设计，如上一个示例所示。

与所有模型检测工具一样，该工具集存在一个称为状态爆炸问题的限制。假设有m个系统，每个系统有n个状态；那么这些系统的异步组合将有n^m个状态。现代计算平台将模型代表性结构保持在适当位置的能力受到平台中内存容量的限制。已经研究出各种计算方法以解决SDV中底层分析引擎的状态爆炸问题，但该限制仍然存在。在SDV中缓解问题的方法是限制各种子系统设计中所使用变量的范围，并使用假设保证推理技术。读者可以参考文献［Flanagan03］来了解这个问题。

工具的其他限制反映了它仅限于安全属性的事实。此外，它只能检测有限数量的反例。活动属性也超出了当前可用工具的范围。该工具在验证阶段不能直接使用LTL或CTL表达式。虽然这种能力可能随着工具的发展而发展，但是现在能做的最好就是将LTL表达式松散地映射到证明语义中。

另外，可检查的最低级别的细节是流程图中包含的逻辑。虽然Simulink可以生成C代码，但是用户必须依靠翻译的准确性来保证其正确性。关于检测代码的领域也有一些研究正在进行［Jhala09］。

（1）对于开发者

Simulink 中的工具为想在设计中使用正式方法的开发者们提供了一些优势。MATLAB-Simulink 开发环境允许发展多层次设计细节，同时保持对顶级设计描述的可追溯性。模拟和测试设计的能力补足了正式模型检测。另外，通过在循环测试中使用硬件，可以观察时序对设计的影响。

在处理任何规模的系统时，开发者将从开发或使用自动化方法中受益，以帮助识别和管理声明，或许可以通过使用风格化语法来表达功能和非功能性要求。然后，使用 Simulink 和 SDV 中包含的原始块开发一组常见的校验块模板。另外在设计过程中，开发一种管理可变范围的技术有助于减少潜在状态爆炸。

（2）对于研究者

状态爆炸问题一直是过去 10～15 年研究的焦点。这个问题的实质是，随着被开发的系统越来越大并且都需要验证，状态的数量将会持续增长。研究开发额外技术仍然是一个极有前景的领域。

鉴于流程图是生成代码之上的抽象，开发验证代码并和较高级别抽象相关联的技术仍处于研究的起步阶段。此外，研究将应用程序代码与操作系统相结合并保证其功能和时间行为的方法似乎鲜有人涉及。

6.3　高级技术

本节展示了在混合验证技术方面最新的技术，包括在时间自动机上的时序验证和离散/连续混合系统的验证。

6.3.1　实时验证

在前面的小节里面展示了离散验证的问题，在这一节里我们主要将注意力转向实时验证。通俗地说，这意味着一个混合系统正确性的验证不仅仅依靠于其离散状态信息还依靠于它的连续时间流。与离散状态系统数值随着时间的改变而不断改变相反，混合系统时间流始终在相同的速率下变化。正式一点的说法是，对这样一个混合系统的描述就像对时间自动机的描述一样［Alur94，Alur99］。一个时间自动机是一个随着一组时间序列而增大的有限状态自动机。在每一个状态内，每一个时间变量记录着时间的流逝。状态之间的转换是瞬时的，并且这种转换由时间序列的约束保证。最后，每一个时间序列的子集在每次的转换中都要重新设定。这些组合的特点确保了时间自动机对于实时系统来说是一个强有力的模型框架。

现有文献中已经提出了几种不同的对时间自动机的描述。这些描述虽然在语法上是不同的，但是在语义上是等价的。因此，选择哪种语法去描述时间自动机由其他的因素决定，比如应用领域的适配、精通程度和工具的支持。在这一节，我们使用模型检测工具 UPPAAL 的语法［Behrmann11］对时间自动机进行描述。UPPAAL 是检验时间自动机最流行和最活跃使用的工具之一。考虑到我们的主要注意力在开发者上，因此这一选择是非常合适的。在这里的讨论中，我们不会讨论关于时间自动机语义和规格说明的理论细节，这些内容已经在现有的文献里描述的非常全面［Alur94，Alur99］。我们通过一个简单的例子来描述时间自动机。

6.3.1.1　示例：简单的灯光控制

考虑到一个智能的灯光开关拥有以下的几个技术特性：

1）开关有三种状态——关闭、弱光和强光。

2）初始化状态，开关是关闭状态。

3）如果开关在关闭状态被按压，它将转换到弱光状态。

4）如果开关在弱光下被按压，这里会有两种可能的结果：

a）如果最近的一次按压距离上一次按压在 10 秒钟之内，则转换到强光状态。

b）如果最近的一次按压距离上一次按超过 10 秒钟，则开关转换到关闭状态。

5）如果开关在关闭状态被按压，则转换到打开状态。

很明显，时间在开关状态转换中扮演了至关重要的角色。如果开关处于弱光状态，给予相同的外部输入（按压），下一状态的转换将由距上一次按压的时间的长短所决定。此外，任何模型的开关必须要有一些机制来保持对时间变化的追踪和对时间状态的描述。时钟的重新设定和时间自动机状态转换的保证提供了这两种功能。

在 UPPAAL 工具中这种灯光开关的模型如图 6-13 所示。自动机有三种状态：关闭状态（`OFF`）、弱光状态（`MEDIUM`）和强光状态（`HIGH`），并且关闭状态是初始状态。这与我们上面所设想的技术特性 1 和 2 吻合。此外，一个按压动作 `press?` 表明了开关被按压，并且这里有一个时钟序列 `clk`，每一次的转换都有一个形式的子集 α{保证}［动作］，α 是一个触发了状态转换的动作，“保证”是一个施加在时间序列上的限制从而保证转换出现的正确性，“动作”是一组分配好的重新设定时钟的变量。要注意的是 `{}` 意味着“保证”是正确的，`[]` 意味着没有时钟变量被重新设定。

在图 6-13 中，所有的转换都有标签例如 α 是 `press?`，并且指明只有开关被按压时才会有状态转换发生。开关从关闭状态到弱光状态的转换在时间序列 `clk` 任意时刻都能发生。这一点与上面的技术特性 3 吻合。从弱光转换为强光要求时间序列 `clk` 的值不超过 10，与技术特性 4a 吻合。从弱光状态转换为关闭状态要求时间序列 `clk` 的值大于 10，这一点与技术特性 4b 吻合。两个从弱光状态的转换并没有改变 `clk` 的值。最终，从强光状态到关闭状态的只要再按压开关后都能发生，并且也不改变 `clk` 的值。

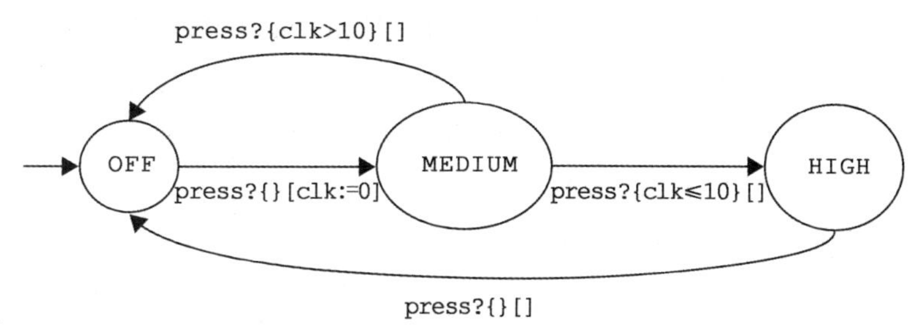

图 6-13　关于智能灯光开关的时间自动机模型

6.3.1.2　组成和同步

时间自动机是可以自组成的，反过来说意味着复杂的时间自动机可以用更简单的时间自动机来描述。在此前文献中已经大量研究了组合语义。在这一节将通过使用 UPPAAL 工具来应用这些语义。在这种语义中，除了时钟提供的自然同步，时间自动机还可以通过标志着转换的输入 - 输出动作对来同步。

再一次思考图 6-13 的灯光开关的例子，灯的状态转换由输入的动作 press? 所决定。如图 6-14a 所示，时间自动机定义了一个每 3 ~ 5 秒按压开关的“快”用户的模型。注意，这个转换由输出动作 press! 所标明，并且这个动作还拥有自己变化的时钟 uclk。这种转换只有在 3≤uclk≤5 才会发生，并会重置时钟变量 uclk。自动机的单一状态 STATE 同样由“不变的状态”uclk≤5 所标明。这意味着只要时钟不超过 5 秒自动机可以保留状态 STATE，事实上，以上方法定义了一个连续两次按压不超过 5 秒的用户模型。状态的不变性对于加强“活动”条件是非常有效的，举个例子，开关经常被无限制地按压，这时开关可以通过模型剔除不切实际的行为。

如图 6-14b 所示，时间自动机定义了一个每 12 ~ 15 秒按压开关的“慢”用户的模型。这个转换同样由输出动作 press! 所标明，并且这个动作还拥有自己变化的时钟 uclk。但是开关转换只有在 12≤uclk≤15 时才会发生，并且重置时钟变量 uclk。另外一点与图 6-14a 所不同的是不变状态 STATE 由 uclk≤15 所标明。

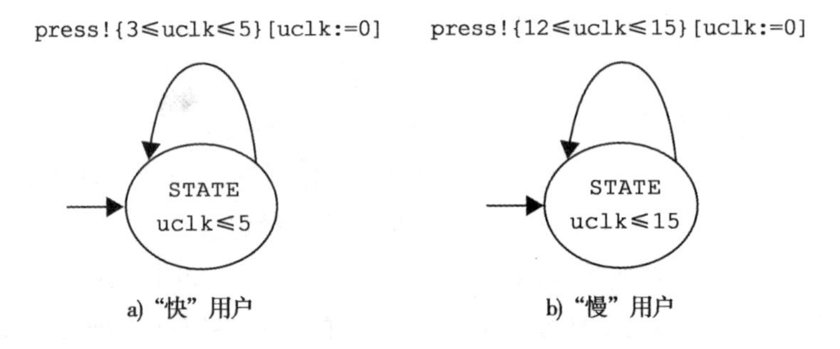

a)“快”用户　　b)“慢”用户

图 6-14　时间自动机模型

6.3.1.3　功能属性

通常都会通过离散状态信息和时钟值的序列来列举和验证时间自动机的功能作用。UPPAAL 支持大量的规范语言，并且 CTL 的子集随着时间而增长 [Clarke83]。对于这种规范语言的完整语法和语义的描述已经超越了本节讨论的范围。然而，对于一个如图 6-13 里时间自动机组成的系统和图 6-14 中的自动机来说，在表 6-1 中展示了 UPPAAL 工具对于以上系统的语法功能的抽样（第二列）和非形式化的含义（第三列）。在这种功能性展示中，开关 Sw 是引用自图 6-13 中的时间自动机。

表6-1 一组时间自动机的功能属性

序号	UPPAAL	信息含义	“快”用户	“慢”用户
1	`E [] Sw.OFF`	灯可能一直处于关闭状态吗	否	否
2	`E<> (Sw.MEDIUM and Sw.clk>6)`	灯光刚到达弱光状态后，6秒后开关会不会被再次按压	否	是
3	`A [] not deadlock`	系统会出现死锁吗	是	是
4	`A<> Sw.HIGH`	在任何给定的状态下，系统会在任何用户行为下最终到达强光状态吗	是	否
5	`A<> Sw.OFF`	在任何给定的状态下，系统会在任何用户行为下最终到达关闭状态吗	是	是

表6-1中的最后两列展示了自动机所拥有的性能取决于我们最终选择了图6-14中的哪一个用户模型。具体而言，第四列展示了“快”系统的结果（使用了图6-14a的用户模型），而第五列展示了“慢”系统的结果（使用了图6-14b的用户模型）⊖。接下来仔细分析这些结果：

- 属性1对于两个系统来说都是错误的，因为在每一个例子中每一个用户的按压动作 `press!` 都强行使开关离开关闭状态，因此，对于开关来说是不可能在任何的系统执行下都无限期地保持关闭状态的。
- 属性2对于“慢”系统是正确的，因为“慢”用户只有在12秒甚至更多秒后才会按压开关。然而“快”用户至少每隔5秒就会按压一次开关，使得属性2对于“快”系统来说是不适用的。
- 属性3对于两个系统来说都是正确的。我们注意到状态不变量在用户模型中对于结果来说是重要的。如果没有这些不变量，对于用户来说没有按压动作 `press!` 时间自动机将永远停留在不确定的 `STATE` 状态里，从而导致系统的死锁。
- 属性4对于“快”系统来说是正确的，因为“快”用户每次快速地按压开关导致强光状态总是由弱光转换而来。相反地，这种属性对于“慢”系统来说是错误的。事实上对于“慢”系统来说，开关从不会转换到强光状态。
- 属性5对于两个系统来说都是正确的，因为关闭状态总是会不时地被访问。这种状态不变量对于保证这种属性是至关重要的。

为了通过模型详细地检验，UPPAAL对于建模与环境仿真都支持图形用户界面，这一特点超越了本章的范围，如果读者想详细地了解这一特点，详见UPPAAL工具的官网 http://www.uppaal.org。

6.3.1.4 局限性与未来的工作

本节总结讨论了其他工具和技术对于实时系统的功能验证的局限性和公开的问题。

其他对于实时系统说明和验证的形式如过程代数的同步CSP算法［Reed88］：它是一

⊖ 使用UPPAAL 4.0.13获得这些结果。

个霍尔通信顺序进程（Communicating Sequential Processes，CSP）的同步时间扩展算法［Hoare78］，且 FDR 工具支持对同步 CSP 过程的分析与验证（http://www. cs. ox. ac. uk/projects/concurrency-tools）。FDR 工具解决的最主要问题是一个 CSP 过程是否优于另一个 CSP 过程。因此，这里没有类似如时间逻辑独立的规范语言。相反地，无论是出于验证下的系统还是处于验证下的功能都表示为同步 CSP 过程。由于验证方面存在的问题，相比起使用时间自动机和 UPPAAL 工具，这也许是一个更有效的办法。

人们已经投入了大量的精力想把基于时间优先级的调度方法加入到实时系统的模型检测中，其中一个方法是在建模时就将调度机作为系统的显式组件，这一方法无论是使用时间自动机还是使用同步 CSP 都是可行的。在这里我们也尝试介绍优先级作为优先的概念，一个显著地例子是交流共享资源的代数学（Algebra of Communicating Shared Resources，ACSR）。然而，因为没有健壮的工具进行必要的支持，实际上这样的努力并没有被采用。

无论是 UPPAAL 还是 FDR 工具都能对系统模型进行验证，但是两者在系统验证和部署之间留下了大的间隙。在近几年来将模型检测的方法应用于源代码领域已经取得了明显的进步［Jhala09］，但很少有人将模型检测应用到实时软件领域。由 C 语言写的模型检测工具 REK［Chaki13］有速率调度的功能，REK 不仅支持上限优先的调度还支持继承锁优先的调度。然而，REK 工具仍然处在原型阶段，并且 REK 仅限于检查部署在单处理机上的软件。

从一个开发者的角度来看，一套健壮的工具对于检查实时系统模型的功能属性是非常有效的。自从这些工具在学术界出现以来，人们在设计与支持这些工具时一直考虑到易用性，其中的一些工具已经商业化（http://www. uppaal. com）。现在的主要挑战是继续提高这些工具的可扩展性、易用性以及对工业工具链的集成，这一点需要调查者和开发者两个群体进行持续的参与与合作。一个相关的挑战在于使用这类工具时需要将问题与功能表述为工具内的形式，并正确地找到抽象分解层面。

对于调查研究的群体而言，模型检测的实时性软件是一个公开的挑战。对于应用于非实时性系统检验技术的扩展和改编是一个好的开始，但是在这一领域的的工具还有技术仍然有很长的路要走。另一个挑战是随着多处理器和分布式实时系统的出现，系统中有越来越多的“真正的并发”需要处理。这两个特点不仅加剧了状态空间激增的问题，而且还妨碍了模型检测的可扩展性。最有希望解决这一挑战的范例是抽象和组合推理。需要在实践中普遍地采用自动化的解决方案（如新的假设保证规则）。最后，组合的故障、不确定性和安全性为此问题添加了新的维度。

6.3.2　混合验证

本节将展示完全混合系统的验证例子。通俗地说，完全混合系统是由离散部分和连续部分组成的，而系统连续部分的发展取决于一些微分方程。方便起见，在剩余的这节里面，我们将用术语“混合系统”来代指完全混合的系统。在先前章节里所描述的实时系统其实就是混合系统的一个实例，实时系统唯一的连续变量是时钟，并且按着固定的统一速率运行。正式地说，混合系统是混合自动机的表现［Alur95，Henzinger96］。混合自动机是有着连续变量子集的有限状态机。在每一种状态内，连续变量记录着一段时间内的连续变化，流量的动态性由微分方程所表示，状态之间的转换由连续变量的限制所保证。混合自动机这种使用微分方程来说明连续变化的特性使得它比用于实时系统的时间自动机更强有力［Alur94，Alur99］。特别地，对于混合系统的可达性问题，即对一个给定的状态和连续变量来评估其是否可达的问题上，混合自动机是不可判定的。因此，现存的验证技术是尽力而为的，并且需要用户去指定探索深度的上界。

为了描述和分析混合自动机，开发了大量的符号和工具。在示例中，我们使用了 Verimag 公司的状态空间探索工具 SpaceEX(http://spaceex.imag.fr)。在其他处于研发中的对于混合系统验证的强有力的工具是 KeYmaera 系统［Jeannin15］，这一工具通过对自动化和交互式证明方法的结合来实现对于混合系统的验证，因此 KeYmaera 能验证更为广泛的系统类型，性能比全自动的验证工具如 SpaceEx 更好。

这里我们只关注于建模和分析系统的实用层面，混合自动机语义和潜在的一些分析技术的理论细节请参考现有的文献［Alur95，Henzinger96］，不做过多阐述。在这一节剩下的部分里，我们将会举两个混合系统的例子：弹球和恒温器。

6.3.2.1　示例：弹球

对一个从固定高度落下的球进行建模，这一模型在 SpaceEx 工具里如图 6-15 所示。这一模型包含了两个连续变量：x 和 v。x 代表了小球现在距离地面的高度，v 代表了球的速度。这一系统拥有一个单一离散状态并且状态由下面的微分方程所描述：

$$\frac{\mathrm{d}x}{\mathrm{d}t}=v \text{ 和 } \frac{\mathrm{d}v}{\mathrm{d}t}=-g$$

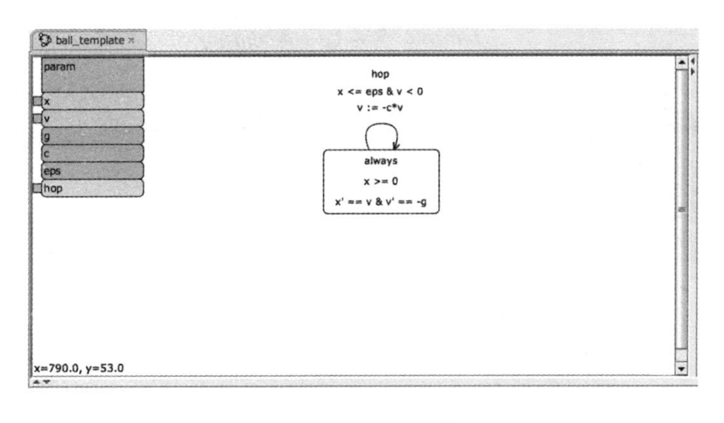

图 6-15　一个弹球系统的混合自动机示例

这里的 g 代表了标准的重力加速度。我们注意到图 6-15 里上撇号代表一阶导数。此外，要求小球距离地面的距离必须是正数。

这一弹球系统有一个单一的转换改变着持续的动态。每当球的中心接近地面（即 x 小于参数 eps）并且速度 v 是负值时，球撞击地面并且以成比例的速度弹起，并且速度因衰减因子 c 而减小。注意到转换中有一个标签 hop 在我们的例子中没有用到。这一类的标签通常用于组件的同步网络中，与实时系统中读和写同步的标签是类似的。

图 6-16 展示了 SpaceEx 工具对于弹球高度 x 的可到达状态子集的计算结果，在初始化时弹球高度是在 10 到 10.2 之间的，并且速度为 0。通常来说因为混合自动机的可达性是不可判定的 [Henzinger96]，所以用户必须指定系统离散和连续变化的步数。这一例子包含了 50 个离散的步骤和 80 个连续的步骤。图 6-16 里展示了球的高度（x 轴）与速度（y 轴）的关系。最初的时候球处于约 10 米的高度并开始下落，并且球撞击地面时的速度略大于 -4m/s，然后因为阻尼效应球在刚弹起来时速度为稍小于 4m/s。图中的每一个圆弧代表一次完全的球弹起落下的过程。

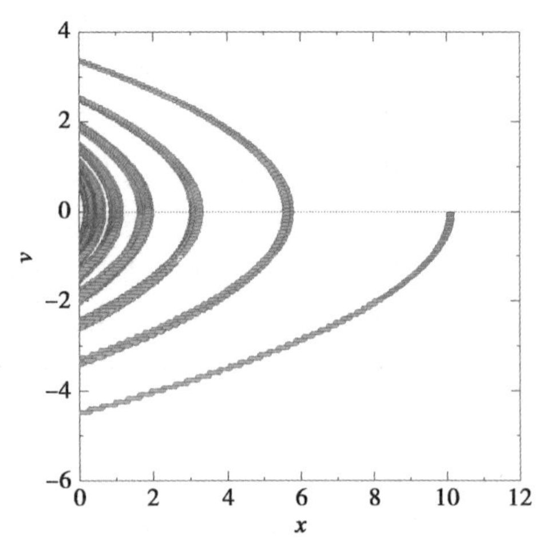

图 6-16　弹球可到达状态的例子

6.3.2.2　示例：恒温器

第二个混合系统例子是恒温器模型 [Henzinger96]，与 6.1 节里面的混合系统的例子是相似的。恒温器有两个状态：打开和关闭。在关闭状态，温度会逐渐降低，而在打开状态，温度会逐渐上升，当温度达到一个特定限制的时候（过冷或者过热），恒温器的开关转换到相应的模式。在 SpaceEx 工具里面恒温器模型如图 6-17 所示。在关闭状态里温度的持续变化由下面的微分方程所给出：

$$\frac{\mathrm{d}}{\mathrm{d}t}temp = -0.1 * temp$$

在打开状态里温度持续的变化由下面的微分方程所给出：

$$\frac{\mathrm{d}}{\mathrm{d}x}temp = 5 - 0.1 * temp$$

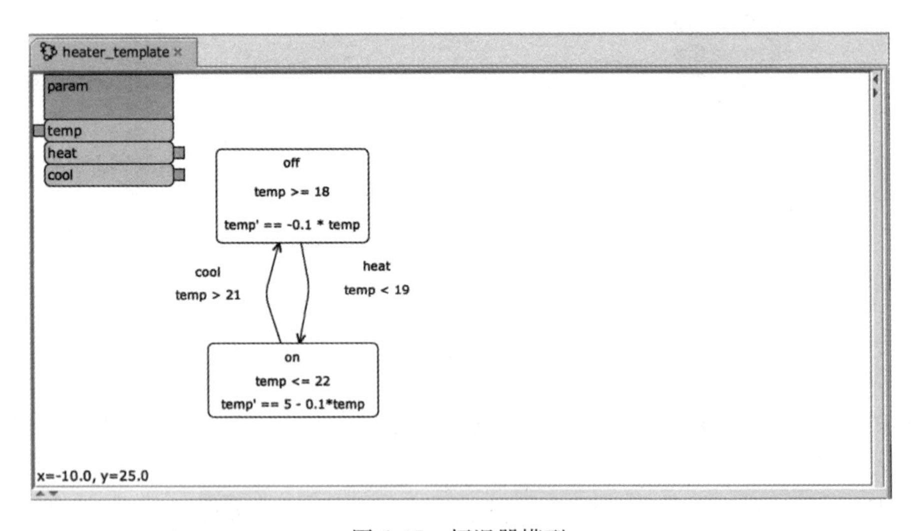

图 6-17　恒温器模型

由 SpaceEx 工具计算出恒温器模型可到达状态的计算结果如图 6-18 所示。系统初始温度 $temp$ 是 20 度，并且恒温器处于关闭状态。图 6-18 展示了温度（y 轴）与时间（x 轴）

可能的值。像之前的那样，因为计算所有可到达状态是不可判定的问题，所以必须选择计算的步骤数，这里我们选取 40 个离散的步骤和 80 个连续的步骤。我们注意到这足以探索系统在将近 5 秒内能达到的所有状态。

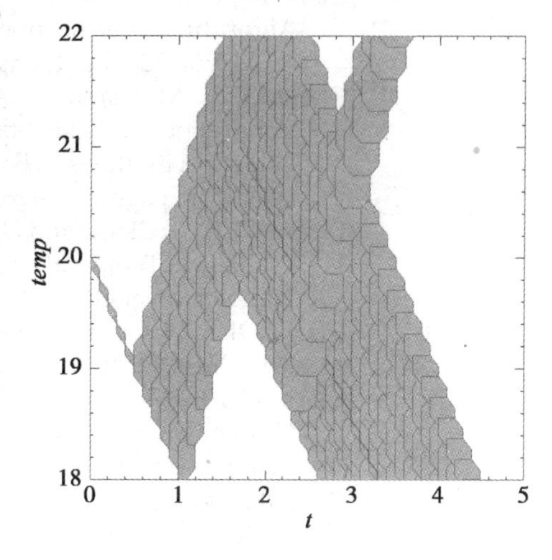

图 6-18　恒温器可到达状态的例子

6.3.2.3　限制与未来的工作

对于完全混合系统的验证是我们作为验证目标的三种系统中最难的一个挑战。这一点毫不奇怪，因为在这方面的技术与工具是最不成熟的。开发者没有很多的工具可供选择并且在工具所限定的模式内描述特定的问题也相应变得更加困难。从理论视角来看，确定一个拥有有效验证技术的混合系统的约束类型是一个重要的挑战。

6.4　总结与挑战

在 CPS 认证问题上确保混合系统的逻辑正确性是一个基础挑战，而模型检测则是针对这一挑战的可行途径。应用模型检测去核查问题是纯粹的离散、还是实时或者完全混合系统的问题在理论和实践上都取得了进步。即使如此，在基础理论和技术迁移方面仍然有许多公开亟待解决的问题。一个已经成熟的研究领域是桥接模型与检测软件之间的间隙、减少验证与执行之间的鸿沟，另一个领域是处理故障。最后，在不确定性前提下验证完全混合系统也是相当关键的。总的来说，协调实践者与软件开发者是一个很重要且充满挑战的领域。

参考文献

[Alur99]. R. Alur. "Timed Automata." *Proceedings on Computer Aided Verification*, pages 8–22, 1999.

[Alur95]. R. Alur, C. Courcoubetis, N. Halbwachs, T. A. Henzinger, P. Ho, X. Nicollin, A. Olivero, J. Sifakis, and S. Yovine. "The Algorithmic Analysis of Hybrid Systems." *Theoretical Computer Science*, vol. 138, no. 1, pages 3–34, 1995.

[Alur94]. R. Alur and D. L. Dill. "A Theory of Timed Automata." *Theoretical Computer Science*, vol. 126, no. 2, pages 183–235, 1994.

[Baier08]. C. Baier and J. Katoen. *Principles of Model Checking*. MIT Press, 2008.

[Behrmann11]. G. Behrmann, A. David, K. G. Larsen, P. Pettersson, and W. Yi. "Developing UPPAAL over 15 years." *Software: Practice and Experience*, vol. 41, no. 2, pages 133–142, 2011.

[Brémond-Grégoire93]. P. Brémond-Grégoire, I. Lee, and R. Gerber. "ACSR: An Algebra of Communicating Shared Resources with Dense Time and Priorities." *CONCUR*, pages 417–431, 1993.

[Chaki13]. S. Chaki, A. Gurfinkel, S. Kong, and O. Strichman. "Compositional Sequentialization of Periodic Programs." *Verification, Model Checking and Abstract Interpretation*, pages 536–554, 2013.

[Cimatti99]. A. Cimatti, A. Biere, E. M. Clarke, and Y. Zhu. "Symbolic Model Checking Without BDDs." *Tools and Algorithms for*

Construction and Analysis of Systems, March 1999.

[Clarke09]. E. M. Clarke, E. A. Emerson, and J. Sifakis. "Model Checking: Algorithmic Verification and Debugging." *Communications of the ACM*, vol. 52, no. 11, pages 74–84, 2009.

[Clarke83]. E. M. Clarke, E. A. Emerson, and A. P. Sistla. "Automatic Verification of Finite-State Concurrent Systems Using Temporal Logic Specifications: A Practical Approach." *Principles of Programming Languages*, pages 117–126, 1983.

[Clarke87]. E. M. Clarke and O. Grumberg. "Avoiding the State Explosion Problem in Temporal Logic Model Checking Algorithms." Carnegie Mellon University, CMU-CS-87-137, July 1987.

[Clarke99]. E. M. Clarke, O. Grumberg, and D. A. Peled. *Model Checking*. MIT Press, 1999.

[Clarke12]. E. M. Clarke, W. Klieber, M. Novacek, and P. Zuliani. "Model Checking and the State Explosion Problem." In *Tools for Practical Software Verification*. Springer, Berlin/Heidelberg, 2012.

[Comella_Dorda01]. S. Comella-Dorda, D. P. Gluch, J. J. Hudak, G. Lewis, and C. B. Weinstock, "Model-Based Verification: Abstraction Guidelines." SEI Technical Note CMU/SEI-2001-TN-018, Software Engineering Institute, Carnegie Mellon University, October 2001.

[FAA12]. Federal Aviation Administration. "Helicopter Flight Controls." In *Helicopter Flying Handbook*. FAA, 2012.

[Flanagan03]. C. Flanagan and S. Qadeer. *Assume-Guarantee Model Checking*. Technical Report, Microsoft Research, 2003.

[Frehse08]. G. Frehse. "PHAVer: Algorithmic Verification of Hybrid Systems Past HyTech." *Software Tools for Technology Transfer*, vol. 10, no. 3, pages 263–279, 2008.

[Gablehouse69]. C. Gablehouse. *Helicopters and Autogiros: A History of Rotating-Wing and V/STOL Aviation*. Lippincott, 1969.

[Harel87]. D. Harel. "Statecharts: A Visual Formalism for Complex Systems." *Science of Computer Programming*, vol. 8, pages 231–274, 1987.

[Harel90]. D. Harel, H. Lachover, A. Naamad, A. Pnueli, M. Politi, R. Sherman, A. Shtul-Trauring, and M. Trakhtenbrot. "STATEMATE: A Working Environment for the Development of Complex Reactive Systems." *IEEE Transactions on Software Engineering*, vol. 16, no. 4, pages 403–414, 1990.

[Harel87a]. D. Harel, A. Pnueli, J. Schmidt, and R. Sherman. "On the Formal Semantics of Statecharts." *Proceedings of the 2nd IEEE Symposium on Logic in Computer Science*, pages 54–64, Ithaca, NY, 1987.

[Henzinger96]. T. A. Henzinger. "The Theory of Hybrid Automata." *Logic in Computer Science*, pages 278–292, 1996.

[Henzinger97]. T. A. Henzinger, P. Ho, and H. Wong-Toi. "HYTECH: A Model Checker for Hybrid Systems." *Software Tools for Technology Transfer*, vol. 1, no. 1–2, pages 110-122, 1997.

[Hessel03]. A. Hessel, K. G. Larsen, B. Nielsen, P. Pettersson, and A. Skou. "Time-Optimal Real-Time Test Case Generation Using UPPAAL." *Formal Approaches to Testing Software*, pages 114–130, 2003.

[Hoare78]. C. A. R. Hoare. "Communicating Sequential Processes." *Communications of the ACM*, vol. 21, no. 8, pages 666–677, 1978.

[Holzmann04]. G. J. Holzmann. *The SPIN Model Checker: Primer and Reference Manual*. Addison-Wesley, 2004.

[Hudak02]. J. J. Hudak, S. Comella-Dorda, D. P. Gluch, G. Lewis, and C. B. Weinstock. "Model-Based Verification: Abstraction

Guidelines." SEI Technical Note CMU/SEI-2002-TN-011, Software Engineering Institute, Carnegie Mellon University, October 2002.

[Huth04]. M. Huth and M. Ryan. *Logic in Computer Science: Modelling and Reasoning About Systems*. Cambridge University Press, 2004.

[Jeannin15]. J. Jeannin, K. Ghorbal, Y. Kouskoulas, R. Gardner, A. Schmidt, E. Zawadzki, and A. Platzer. "A Formally Verified Hybrid System for the Next-Generation Airborne Collision Avoidance System." In *Tools and Algorithms for the Construction and Analysis of Systems*. Springer, 2015.

[Jhala09]. R. Jhala and R. Majumdar. "Software Model Checking." *ACM Computing Surveys*, vol. 41, no. 4, 2009.

[Jhala01]. R. Jhala and K. L. McMillan, "Microarchitecture Verification by Compositional Model Checking." Computer Aided Verification 13th International Conference, LNCS 2102, pages 396–410, Paris, France, July 2001.

[Lamport77]. L. Lamport. "Proving the Correctness of Multiprocess Programs." *IEEE Transactions on Software Engineering*, vol. 3, no. 2, pages 125–143, March 1977.

[Magee06]. J. Magee and J. Kramer. *Concurrency: State Models and Java Programs, 2nd Edition*. John Wiley and Sons, Worldwide Series in Computer Science, 2006.

[Peled01]. D. Peled. *Software Reliability Methods*. Springer-Verlag, 2001.

[Ramadge89]. P. J. G. Ramadge and W. M. Wonham. "The Control of Discrete Event Systems." *Proceedings of the IEEE*, vol. 77, no. 1, January 1989.

[Reed88]. G. M. Reed and A. W. Roscoe. "A Timed Model for Communicating Sequential Processes." *Theoretical Computer Science*, vol. 58, pages 249–261, 1988.

[Rozenburg98]. G. Rozenburg and J. Engelfriet. "Elementary Net Systems." In *Lectures on Petri Nets I: Basic Models. Advances in Petri Nets*, vol. 1491 of *Lecture Notes in Computer Science*, pages 12–121. Springer, 1998.

[Schneider85]. F. B. Schneider and B. Alpern. "Defining Liveness." *Information Processing Letters*, vol. 21, no. 4, pages 181–185, October 1985.

[Simulink13]. *Simulink Reference, R2013a*. The Mathworks, Natick, MA, 2013.

[Simulink13a]. *Simulink Design Verifier User's Guide, R2013a*. The Mathworks, Natick, MA, 2013.

[Simulink13b]. *Simulink Stateflow User's Guide, R2013a*. The Mathworks, Natick, MA, 2013.

[Usatenko10]. O. V. Usatenko, S. S. Apostolov, Z. A. Mayzelis, and S. S. Melnik. *Random Finite-Valued Dynamical Systems: Additive Markov Chain Approach*. Cambridge Scientific Publisher, 2010.

第7章
Cyber-Physical Systems

GPS 的安全

Bruno Sinopoli, Adrian Perrig, Tiffany Hyun-Jin Kim, Yilin Mo

对于信息物理系统（CPS）而言有一系列潜在发动攻击的动机，如金融原因（举例来说，减少电费账单）、恶作剧以及恐怖主义（通过控制电力以及其他性命攸关的资源威胁公众）。在2010年7月发现了第一例针对CPS的病毒Stuxnet。这一例瞄准着易受攻击的CPS的病毒向CPS的安全提出了新的挑战［Vijayan10］。CPS一般是孤立的，以防止外部的访问，然而这款病毒能通过USB传播并妨碍CPS的运行。新兴的、高度互连且复杂的CPS（例如车载网络、嵌入式医疗设备和智能电网）在不远的将来都将暴露于日益增长的外部访问中，反过来说系统元器件将更容易发生感染。本章将讨论现实中所出现的新的安全威胁，以及创新性地利用系统物理模型来还击这些威胁。

7.1 引言

对于研究者而言信息与物理空间之间的紧密集成带来了新的挑战。在CPS中，网络攻击造成的破坏能超出网络领域并在现实物理世界中造成破坏。Stuxnet［Vijayan10］就是这样一个导致物理后果的网络攻击的例子。相反地，纯粹的物理攻击也同样能影响网络系统的安全。举个例子，如果一个攻击者使用分流器绕开电表，那么智能电表的可信度将会打折扣。同样，一个交通信号抢先显示将会对红绿灯系统造成影响。在正常的传感器旁边放置一个受损的传感器会破坏系统的安全性与完整性。基于在2009年陆军研究办公室关于CPS安全讨论会上的讨论，我们将CPS的攻击分为四类。表7-1提供了阐述这些分类的例子。

表7-1 CPS攻击和后果的分类

后果/攻击	信息空间	物理空间
信息空间	隐私信息的窃听	Stuxnet CPS 病毒
物理空间	传感器出错	物理破坏导致的系统不稳定

CPS的防御机制需要考虑到CPS的二重性。例如，对于纯网络的系统通常的做法是关闭出问题的网络组件，但是在CPS中这种做法会导致物理层面的不稳定性，因此对于保障CPS安全而言，这种做法是不可行的。对于物理攻击而言，去防护大规模物理系统的所有元件在经济上是不可行的，而纯粹网络安全的防御办法对于CPS安全而言是不充足的，因为这些防御办法不能很好地探测与还击物理的攻击，也不能分析网络攻击所造成的后果和物理系统的防御机制。因此，基于理论的CPS防御方法必须利用系统的物理模型，且防御

方法需要结合网络安全从而提供一种探测、响应、重新配置和恢复的系统功能，保证系统的正常运行。

本章剩余的内容将回顾处理网络威胁的基础技术和基于 CPS 理论知识的高级技术。

7.2 基础技术

本节将分析 CPS 的网络安全需求以及考虑在现实中日益增长的新攻击模式，从而确定基本的应对策略。

7.2.1 网络安全需求

通常来讲，一个系统的网络安全需求主要包括三项主要属性。

- 保密性：阻止一个非法用户获取机密信息或隐私信息。
- 完整性：阻止一个非法用户修改信息。
- 可用性：确保资源在需要时是可用的。

在 CPS 中各种各样的信息在实时交换，如传感器数据和控制命令，这两种数据是本章将要讨论的核心信息类型。第一，我们将检查关于主要安全属性即保护核心信息类型的重要性。第二，我们将分析对于软件而言网络安全的重要程度。

如仪表数据、全球定位系统（GPS）数据或者加速度计数据等传感器数据的保密性是很重要的。比如，仪表数据能提供个人电器具体的使用模式，这些数据可以通过非干涉性的设备监控从而揭示个人的生活习惯 [Quinn09]。GPS 可以提供个人的位置信息，而位置信息通常可用来追踪个体的位置。控制命令的保密性也许不是那么的重要，因为有些情况下控制命令是众所周知的。软件的保密性不是很重要，依据 Kerckhoffs 准则，系统的安全性不应该依赖于软件的保密性，而依赖于密匙的保密性 [Kerckhoffs83]。

传感器数据和控制命令的完整性和软件完整性的重要程度是一样的。受损软件或者恶意软件可能潜在地控制 CPS 中的任何设备或元件。

拒绝服务（DoS）攻击是一种资源耗尽型攻击，它通过向服务器或者网络发送假的请求从而消耗资源。分布式的拒绝服务（DDoS）攻击通过利用分布式的攻击资源而达成，如受损的智能仪表、交通信号灯或者车辆中的传感器。在 CPS 中，信息的可用性对于系统操作而言很重要。举个例子，在自动驾驶系统中，电动汽车电池信息的可用性是至关重要的，电池信息可以防止车辆因为没电而停在繁忙的道路中央从而导致交通事故。控制命令的可用性同样也是很重要的，例如汽车为了和前面的车保持一定距离从而减低速度时。相比之下，传感器数据（如百英里油耗）的可用性显得不是那么重要，因为数据可以在稍后读取。

表 7-2 总结了数据、命令和软件的相对重要性程度。在这张表中，高风险意味着某些信息的属性是至关重要的，中等风险意味着一部分信息是重要的，低风险意味着信息不是很要紧。这个分类能对风险进行优先次序排列，使我们将注意力首先放在应对最重要的风险层面。举例来说，控制命令的完整性比控制命令的保密性更重要。因此，在寻址加密之前我们应该将注意力集中在有效的密码认证机制上。

表7-2 命令、数据和软件安全属性的重要性

	控制命令	传感器数据	软件
保密性	低	中	低
完整性	高	高	高
可用性	高	低	不适用

7.2.2 攻击模型

为了发起一次攻击，攻击者首先会利用切入点，在成功的切入点之上，他们会对 CPS 发起特殊的网络攻击。本节将详细讨论这一攻击模型的具体细节。

7.2.2.1 攻击切入点

通常来讲，一个健壮的边界防御机制是为了防止外部攻击者访问信任区域内的信息或设备。不幸的是，CPS 网络的规模和复杂性提供了众多潜在的切入点。

- *通过感染设备进行隐蔽渗透*：恶意的媒体或设备可通过相关人员无心地渗透到受信任的边界内。举个例子，USB 存储设备已逐渐成为一个流行的绕开边界防御机制的工具。一些在公共场所遗失的 U 盘被员工捡起并插入到之前受信任的安全设备上，然后 U 盘上的恶意软件会立刻感染设备。同样地，设备同时在受信任的范围内和受信任的范围外使用也会被恶意软件感染，导致恶意软件渗透进系统。举个例子，公用电脑被带回家私下使用时易受到这种类型的攻击。
- *基于网络的入侵*：也许渗透进受信任边界内最常见的方式是通过网络攻击。错误配置的入境和出境规则所造成防火墙的不充分配置是一个常见的切入点，这一切入点使得攻击者能在控制系统上插入恶意的负载。
- *网络边界（network perimeter）的后门和漏洞*：后门和漏洞也许是由 IT 基础设施元件的缺陷或者错误配置所导致的。比如，在边界上的网络设备（例如连着网却被人遗忘的传真机）也许会被操纵从而绕过适当的访问控制机制。特别地，拨号访问远程终端设备（Remote Terminal Unit，RTU）通常用作远程管理，对手可以直接拨号进调制解调器然后附着于场地设备，其中许多终端设备没有设置密码或者仅使用默认的密码。更进一步，攻击者可以探索设备的缺陷并向设备内安装后门程序，从而使得未来可以访问设备的禁区。利用信任的、平等的、实用的链接是另一个潜在的基于网络的切入点。举个例子，攻击者可以等待一个合法的用户通过虚拟专用网（Virtual Private Network，VPN）连接受信任的控制系统的网络，然后劫持这个虚拟专用网的连接。所有这种基于网络的入侵方式都是特别危险的，因为它能使攻击者远程进入受信任控制系统的网络。
- *缺乏抵抗力的供应链*：攻击者在设备装运到目的地之前便在设备中预安装了恶意代码或者后门，这种策略称为供应链攻击。因此，对于源软件和设备在开发和制造过程中涉及技术开发商和供应商的网络供应链的保护是至关重要的。
- *恶意的内部人员*：一个授权的员工或者合法的用户在访问系统资源并执行一些动

作，这种行为是很难被探测和阻止的。享有特权且精通防御机制部署的内部用户通常可以轻易地绕过防御机制。

7.2.2.2 攻击者的行动

一旦攻击者可以连接到网络，他可以完成大范围内的攻击。表7-3列出了攻击者为了攻击核心信息类型的安全属性（保密性、完整性、可用性）所能采取的行动。基于攻击是造成网络后果还是物理后果，我们将网络攻击进行详细的分类。

表7-3 攻击安全属性所创建的各种类型的威胁

	控制命令	传感器数据	软件
保密性	控制结构的暴露	未授权用户访问传感器数据	软件所有权的盗窃
完整性	控制命令的改变	错误的系统数据	恶意软件
可用性	无法控制系统	无效的传感器信息	不适用

（1）网络后果

从网络的观点来看，各种各样的后果都起源于软件工作量可能出现的上升。

- *传播恶意软件并控制设备*：攻击者可以开发并传播恶意软件，从而让恶意软件感染智能仪表［Depuru11］或者公司服务器。恶意软件可以向设备或者系统替换或者增加任意功能，例如发送敏感信息或者控制设备。
- *共有协议的缺陷*：CPS运用了当前存在的一些协议，这同时也意味着系统继承了这些协议的缺陷。一般使用的协议包括了TCP/IP和RPC。
- *通过数据库连接的访问*：控制系统会在控制系统网络的数据库中记录下系统的活动，同时在商业网络中也会有相应的镜像日志。一个有经验的攻击者可以获得商业网络上数据库的访问，然后商业网络会提供访问控制系统网络的路径。现在的数据库架构如果错误配置的话也许会导致这种类型攻击的发生。
- *受损的通信设备*：攻击者可能潜在地重新配置或者危害一些通信设备，如多路复用器。
- *传感器数据被注入错误信息*：攻击者可以发送数据包向系统注入错误的信息。如在十字路口对特定方向的车流量进行阻塞，注入错误信息的结果，会导致在这一方向上车流量无限期地等待。
- *窃听攻击*：攻击者可以通过监听网络流量来获取敏感信息，这将会导致CPS隐私的缺口或者控制架构的暴露。这一类的窃听通常用来收集信息并为下一步的犯罪做准备。例如，攻击者会收集并检验网络流量然后从通信模式推断出信息内容，甚至加密通信也可能受到这种类型的流量分析攻击。

值得注意的是SCADA协议是一种Modbus协议［Huitsing08］，SCADA协议广泛用在工业控制应用中，例如应用在水利、石油和天然气等基础设施上。控制系统使用定义了信息结构和通信规则的Modbus协议从而交换SCADA信息进一步操作和控制工业生产过程。Modbus协议是一个简单的客户端-服务器协议，它最初是为了在过程控制网络中进行低速率串行通信而设计的协议。考虑到这种协议并不是用在高安全要求的环境中，可能遇到各种类型的攻击。

- 广播消息欺骗：这种攻击包含向从设备发送假广播信息。
- 基线响应重放：这种攻击包含记录主服务器和现场设备之间真实的通信流量，然后重播部分通信信息发送给主服务器。
- 直接附属控制：这种攻击通常包括锁定一个主服务器或者控制一个或多个现场设备。
- Modbus 网络浏览：这种攻击包含了在 Modbus 网络中向所有可能的地址发送良性信息从而获得场地设备的信息。
- 被动侦查：这种攻击通常包含了被动地读取 Modbus 信息或者网络流量。
- 响应延迟：这种攻击通常会延迟信息的响应，从而使主服务器接收到来自从设备的过期信息。
- 欺诈闯入：这种攻击通常包含了通过适当的适配器（串行适配器或者以太网适配器）访问一条不受保护的通信链路从而攻击一台计算机。

(2) 物理后果

这里所提到的攻击并不是很详尽，但是却足以用来阐述风险并使开发人员意识到保证电网安全的重要性。

- SCADA 数据帧的拦截：攻击者能使用协议分析工具来嗅探网络流量并拦截 SCADA DNP3（分布式网络协议 3.0）数据帧，并收集可能有价值未加密的明文数据帧，如源地址和目标地址。一般被拦截的数据包含了控制和设定信息，这些数据可能在后来用到其他的 SCADA 系统或者智能设备（IED）上，从而导致服务的关闭（最坏情况）或者服务的崩坏（最轻情况）。额外的关于 SCADA 威胁的例子可在 US-CERT 网站上看到：http://www.us-cert.gov/control_systems/csvuls.html。
- 瞄准工业控制系统的恶意软件：攻击者可以成功将蠕虫病毒注入易受攻击的控制系统并重新编写工业控制系统程序。
- 网络和服务器的 DoS/DDoS 攻击：攻击者可以对 CPS 中各种各样的组件发起一次 DoS/DDoS 攻击，包括网络设备、通信链路和服务器。如果攻击成功，则系统在目标区域内会不受控制。
- 向区域中的系统发送假命令：攻击者能向目标区域中的一个设备或者一组设备发送假的命令。举个例子，向汽车发送假的紧急电子刹车灯（Emergency Electronic Brake Light，EEBL））标识可能导致汽车刹车困难，这可能会导致交通事故。因此，在 CPS 中不可靠的通信也许会危及人的生命。

7.2.3 应对策略

为了应对这些类型的攻击，已经在 CPS 中部署大量的应对措施。本节将展示其中一些最相关的应对措施。

7.2.3.1 密钥管理

密钥管理是信息安全最基本的一个途径。共享密匙或者可信的公匙能用来完成秘密和可信的交流。真实性对于验证消息的起源是极其重要的，反过来说真实性是访问控制的关键。

最关键的系统设置是定义信任的根源。举个例子，一个基于公/私密钥的系统把信任中心的公钥作为信任的根源，而信任中心的私钥一般用来签名数字证书或者向其他公钥转委托。在一个对称密钥系统中，比如 Kerberos 网络鉴别协议（https://web.mit.edu/kerberos/），每一个实体都会和信任中心建立共享密钥而且实体会通过信任中心的杠杆作用与其他节点建立附加关系。在 CPS 这个领域里的挑战是密钥管理要穿过非常辽阔和多种多样的基础设施。统计到几十种可能的安全通信情景的需要，范围从制造商和设备通信以及传感器和场地工作人员通信，对于所有的通信情境，必须建立密钥以保证安全性和真实性。

除了设备极大地多样性之外，各种各样的利益相关者也必须被考虑到，例如政府人员、公司职员和消费者。即使在如今不同公司之间的安全电子邮件通信也是一个挑战，与此同时要求一个公司的传感器能和另一个公司的场地工作人员之间进行安全通信，这一要求提出了更多的附加挑战。因为不断地往密钥管理中添加各种各样的操作（例如密钥更新、密钥撤回、密钥备份和密钥恢复），现在秘钥管理的复杂度变得越来越难以应付。此外，在建立秘钥管理系统时需要充分考虑到商业层面、政策层面和法律层面，比如用私钥对消息进行签名时，那么私钥的拥有者就要对内容负有责任。NIST 的最新出版物为设计支持组织的密码密钥管理系统提供了良好的指南［Barker10］，但是这本书并没有考虑到 CPS 需求的多样性。

7.2.3.2 安全通信架构

设计一个高度灵活的通信架构对于 CPS 在完成高度可用性同时缓和受到攻击时的影响是至关重要的。这里列出了设计出这样一种架构系统所必需的元素。

- *网络拓扑设计*：网络拓扑结构代表着节点之间的连通结构，而且拓扑结构对于网络的健壮性也有影响［Lee06］。因此，在遭遇攻击时高度灵活的节点间的连接对于建立一个安全通信架构来说是基础任务。
- *安全路由协议*：网络上的路由协议用于在节点之间建立逻辑连接，反过来说，阻止通信最简单的办法就是攻击路由协议。通过注入假的路由信息损害一个路由器，整个网络的通信都会因此而停止。因此，我们需要考虑运行在网络拓扑之上路由协议的安全性。
- *安全转发*：攻击者如果控制了路由器便可以更改、丢掉数据包以及延迟数据包的传输或者注入新的数据包，因此，保卫单个路由器的安全以及探测有害的行为是完成安全转发任务所必需的步骤。
- *端到端通信*：从端到端的视角来看，数据的保密性和真实性是最重要的属性。保密性阻止窃听者了解传输数据的内容，真实性（有时候也称为完整性）确保了数据接收者验证的数据确实是从发送者那里发出的，这一性质防止了数据被攻击者更改而不被发现。虽然现存许多的通信协议（例如，SSL/TLS、IPsec、SSH），但是一些低功耗的设备仍需要轻量级的协议来执行相关的加密。
- *安全广播*：许多 CPS 依赖于广播通信，尤其是传感器数据的传播，信息的真实性尤其重要，因为对手可以注入虚假信息导致不希望的结果出现。

- *拒绝服务攻击的防御*：即使之前所有提到的防御机制都做到位，攻击者仍然可以通过发起拒绝服务攻击来阻止通信。举例来说，当一个攻击者在感染了许多端节点并控制了这些端节点以后，他或她可以用这些端节点发送数据导致网络出现泛洪。因此，在这种情形下授权的通信显得至关重要，比如执行防御攻击的网络管理操作。此外，相比通信网络，供电系统本身更容易成为拒绝服务攻击的目标[Seo11]。
- *干扰防御*：为了阻止攻击者干扰无线网络，可以采用干扰探测机制来探测攻击和提升警报。目前已经研制出了大量的反击干扰攻击的方法 [Pickholtz82]，保证了在受到干扰时操作的正常进行。

7.2.3.3 系统和设备安全

无论是对手利用软件的漏洞向系统中植入恶意代码还是内部人员利用行政优先权安装和执行恶意代码，确保 CPS 安全的一个重要领域是防止攻击者利用软件的漏洞。当和一个潜在的危险系统通信时，如何获取“正确值”在该环境下是一个挑战：信息到底是由合法代码返回的还是恶意软件返回的？关于这个问题的一个例证便是我们尝试在一个潜在受感染系统上运行病毒扫描程序：如果扫描程序返回的结果是目前没有病毒，这种扫描结果的出现是不是因为病毒没有被识别还是病毒已经瘫痪了病毒扫描程序所导致的呢？相关的问题是当前病毒扫描程序包含的病毒特征列表不完整，没有探测出病毒是因为病毒扫描程序辨别不了新病毒。

一种有希望的能在远端对代码进行核实的技术称为代码验证技术。代码验证技术能使外部实体查询在系统上执行的软件以防止恶意软件的隐藏。由于代码验证技术可以显示执行代码的签名，即使是未知的恶意软件也会更改数字签名，因此可以探测恶意软件。在代码验证的技术方面，基于硬件的代码验证技术已经处于测试中 [LeMay07，LeMay12]，基于软件的代码验证技术不需要特殊的硬件，但在某种程度上验证者和设备可以进行唯一的通信 [Seshadri04]。文献 [Shah08] 阐述了在 SCADA 设备上进行这种验证技术的可行性。

7.3 高级技术

新的安全方案和当前正在开发的安全方案需要意识到来自 CPS 的网络和物理方面的新的漏洞，并需要依据双方的特点进行开发。

7.3.1 系统理论

创建新的安全保护机制时，理论上需要将系统的物理属性作为考虑的基础。

7.3.1.1 安全需求

尽管存在诸如故障和攻击的问题，但 CPS 的安全性和灵活性对于关键基础设施的连续操作至关重要。在实时安全设置方面 CPS 的灵活性可以归结为以下几个属性：

- CPS 应经得起提前设定好的列表里突发事件的考验。

- CPS 应具有探测与隔离故障和攻击的能力。
- CPS 在遭遇攻击或者故障时性能应该缓慢地下降。

CPS 安全方面的先例是由美国国家能源部门（Department of Energy，DoE）设立的，其内容是关于智能电网的安全规范，这也是 CPS 安全规范的一个重要例子。DoE 的《智能电网系统报告》[US-DOE09] 总结出了智能电网的六个特点，这六个特点是由国家能源技术实验室（National Energy Technology Laboratory，NETL）发表的《现代电网特点》[NETL08] 中七个特点发展而来的。在这六个特点中，DoE 最看重的是电网系统在遭遇干扰、攻击以及自然灾害时可以灵活操作。

通过使用为特定功能设计的对策，可以增强系统特定的属性。例如执行详尽设计的应急预案可以检验系统是否会在受限制状况下继续运行。其次可以利用健壮的控制机制来实现系统性能的平滑下降，防止系统不稳定的发生。故障探测与隔离技术可用于精确定位和诊断系统故障，同样也适用于对恶意软件的探查与诊断。对不同类型攻击的应对策略同样也可以用于关键系统的防御。

7.3.1.2 系统与攻击模型

本节描述了一个关于 CPS 线性时不变（LTI）的状态空间模型。尽管大多数常用的系统是非线性且随时间变化的，但是 LTI 模型可以近似代替实时系统在一个时间点上的模型。具体而言，对于连续时间系统，有以下的关系式：

$$\frac{\mathrm{d}}{\mathrm{d}t}x_t = Ax_t + Bu_t + B^a u_t^a + w_t$$

上式中 t 代表着时间且 $t \geqslant 0$，$x_t \in \mathbb{R}^n$ 且 $u_t \in \mathbb{R}^p$，x_t 和 u_t 都属于状态向量，t 代表着向量输入时间，攻击者在时间 t 的输入由 $u_t^a \in \mathbb{R}^q$ 所表示，w_t 表示系统不稳定性的白高斯噪音。$A \in \mathbb{R}^{n\times n}$表示系统矩阵，$B \in \mathbb{R}^{n\times p}$表示输入矩阵，攻击者的输入矩阵 $B^a \in \mathbb{R}^{n\times p}$模拟攻击者对系统影响的可能方向。

假设传感器服从线性模型，模型由下面的表达式所表示：

$$y_t = Cx_t + \Gamma u_t^a + v_t$$

$y_t \in \mathbb{R}^t$ 是传感器在时间 t 的测量值，v_t 表示传感器不稳定的白高斯噪音，$C \in \mathbb{R}^{m\times n}$ 表示输出矩阵，$\Gamma = \mathrm{diag}(\gamma_1, \cdots, \gamma_n)$ 是一个对角矩阵，γ_i 是一个二进制变量，表示着第 i 个测量结果是否被攻击者改变：$\gamma_i = 1$ 表明数据被修改，否则，$\gamma_i = 0$。

根据测量结果 y_t，控制器会形成控制输入 u_t 以稳定系统或提升系统的性能，一个典型的状态空间控制器应该包含以下两部分。

- 状态估计器：会基于之前和当前测量值 y_t 产生当前状态 x_t 的估计值$\hat{x}_t$。
- 反馈控制器：能形成基于状态估计值$\hat{x}_t$ 的控制输入 u_t。

在实践中通常采用固定收益的状态估计器和固定收益的反馈控制器，且由以下的等式所表示：

$$\frac{\mathrm{d}}{\mathrm{d}t}\hat{x}_t = A\hat{x}_t + Bu_t + K(y_t - C\hat{x}_t)$$

$$u_t = L\hat{x}_t$$

其中 K 代表估计值矩阵，L 代表控制收益矩阵。当且仅当矩阵 $A-KC$ 和矩阵 $A+BL$ 的特征值都位于左边平面上（即特征值的实数部分都是严格负的），那么闭环的 CPS 是稳定的（在没有外界攻击的前提下）。

同样地，一个离散时间的线性时不变系统可以由下面的等式所表示：

$$x_{k+1} = Ax_k + Bu_k + B^a u_k^a + w_k$$

$$y_k = Cx_k + \Gamma u_k^a + v_k$$

$k \in \mathbb{N}$ 是离散时间的数值，固定收益的状态估计器和控制器将遵循下面的形式：

$$\hat{x}_{k+1} = A\hat{x}_k + Bu_k + K(y_k - C\hat{x}_k)$$

$$u_k = L\hat{x}_k$$

图 7-1 展示了 CPS 的简单控制系统视图。

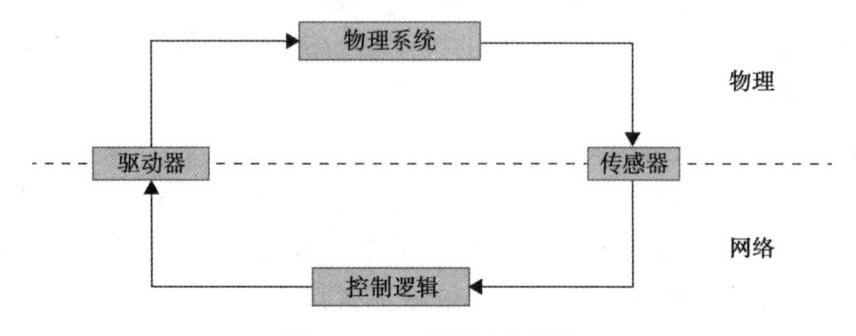

图 7-1　CPS 控制系统视图

当且仅当矩阵 $A-KCA$ 和矩阵 $A+BL$ 所有的特征值都位于单位圆内（即所有特征值的绝对值都小于 1），那么闭环的 CPS 是稳定的（在没有外界攻击的前提下）。

离散时间模型和连续时间模型都是动态模型，这意味着当前的状态 x_t（即 x_k）会影响到未来的系统状态。对于大规模的系统而言（例如智能电网）通常使用一种静态模型，模型由下面的等式所表示：

$$y_k = Cx_k + \Gamma u_k^a + v_k$$

比起动态模型的等式，假设在时间 k 的状态 x_t 是未知的且独立于先前的状态。一个固定收益的状态估计器由下面的等式表示：

$$\hat{x}_k = Ky_k$$

攻击者模型的特征

文献［Teixeira12］提出了通过先验系统知识、信息获取能力及中断能力三个方面来量化攻击者的能力。系统的先验知识包含了攻击者对系统静态参数的了解，如矩阵 A、B、C 以及状态估计器和状态控制器的增益 L、K 以及系统噪音的统计。相比之下，信息获取能力使得攻击者能够获得实时系统的信息，如当前状态 x_k、传感器测量数值 y_k、状态估计值 $\hat{x}_k$ 和控制输入 u_k。攻击者的中断能力包括了注入恶意的控制代码和破坏传感器数据与控制命令的完整性。

图 7-2 展示了基于先验系统知识、信息获取能力及中断能力三个方面的四种不同类型的攻击。对于单纯的窃听攻击只涉及信息获取能力；对于拒绝服务（DoS）攻击只涉及中

断能力；在稍后的章节里将会介绍更复杂的攻击，如零动态攻击和重放攻击以及相对应的防御机制。

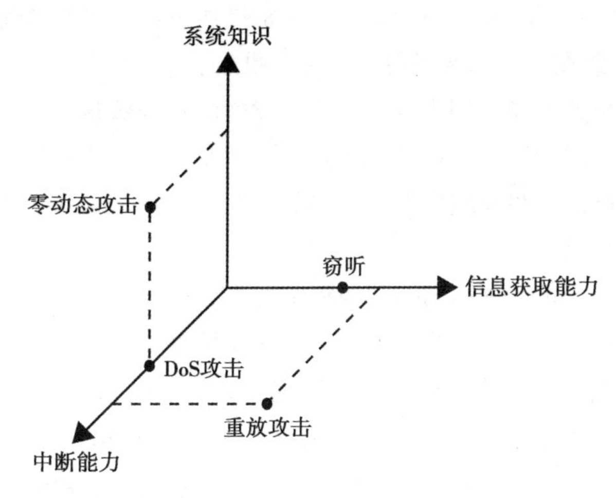

图7-2 CPS攻击特征

7.3.1.3 应对策略

高级应对策略涉及网络和物理两个层面，这一点是应对CPS新类型攻击的关键，接下来将展示这一领域大量的最新成果。

(1) 应急分析

应急分析检查稳态系统在意外发生时是否处于操作区域之外［Shahidehpour05］，最常用的安全准则是$N-1$准则，该准则的条款除其他内容外，如下所示：

- 在系统所有元素（N）都处于正常操作条件下系统必须对操作环境进行添加限制。
- 对于任何意外所导致的系统一个部件或者仅有一个部件的系统失联，操作点必须保持在所需的参数内。

第一个条款是用来测试不同正常工作状况下系统表现的，比如智能电网中电网负荷处于峰值负荷与非峰值负荷的情形。第二个条款表明系统的任何一个部件是可能失效的但不会引起其他部件的过载——也就是说，系统将保持在任何元件可能失效但其他元件将保持低于其操作限制的状态［Hug08］。

在智能电网的例子中，一系列部件如变压器、输电线路、电缆以及发电机等部件都是可用的。在模拟中，将部件一个接一个地停止使用，然后计算每种情况下系统各处负载值，如果计算中某个部件出现了过载情况，那么在现实中就会为此部件采取预防措施。

这种基于大量可能发生情况下负载的计算称作应急分析。公共控制中心一般会定期进行应急分析［Schavemaker09］。文献［Deuse03］描述了一种电力系统应急分析的综合性方案。

安全准则可以很容易地推广到超过一个部件的缺失，从$N-1$准则到$N-2$准则，更进一步到$N-k$准则［Zima06］，为了模拟这些准则，可能在系统中剔除多个部件：

- 由于各部件之间组合的自然性，每一种连续元素的失效会指数般地增加意外事故的数量，即使只考虑连续故障中较少的部分也会极大地增加计算负担。
- 如果系统需要遵守 $N-k$ 准则，那么在正常操作情形下系统资源的利用率将会非常低，这将会导致在相同情况下更大的运营投入。

在实际部署的系统如智能电网中，潜在可能发生的意外数量是非常多的，由于实时系统的限制，即使在 $N-1$ 准则的约束下，也不可能计算每种模拟状况。因此，应急事故的列表是被筛选与分级过的，只有选中的应急事故才会被评估。

（2）故障检测与隔离

故障检测与隔离（Fault Detection and Isolation，FDI）通常用于探测 CPS 中是否存在故障以及查明故障类型与所在位置。理论上，当一个系统处于正常操作下，即没有部件失效或者攻击者注入恶意代码，传感器的测量值序列 $\{y_t\}$ 是向稳定高斯过程靠拢的。反之，如果 $\{y_t\}$ 的分布与标准分布有差异，则意味着 CPS 中存在错误（或者遭受到了攻击）。文献 [Willsky76] 的调查提供了检测 $\{y_t\}$ 与正态分布的偏差过程的细节。

然而，对于一些系统，攻击者可能会仔细构造输入序列 $\{u_a\}$ 注入系统，使得传感器所得的测量 $\{y_t\}$ 遵循与正常操作下的测量 $\{y_t\}$ 相同的分布，这一类的攻击策略称作零动态攻击。因为受损序列与正常序列 $\{y_t\}$ 在统计学上是完全相同的，所以没有探测器能区分受损系统与正常系统。因此，零动态攻击可以有效地使所有 FDI 方案无效化。

要想发动一次零动态攻击，攻击者需要精确的系统信息，否则受损系统的测量结果 $\{y_t\}$ 不可能与正常系统测量结果 $\{y_t\}$ 完全一样。此外攻击者还需要中断能力以注入恶意代码或修改传感器信息与控制命令。由于系统模型的线性特点，零动态攻击不需要攻击者具有信息获取的能力。

由于零动态攻击无法被检测到，所以系统设计人员必须仔细地选择系统参数，以防止可能发生的零动态攻击。可以通过以下代数式检测零动态攻击是否存在 [Pasqualetti13]：如果连续时间系统存在零动态攻击，当且仅当存在 $s \in C$，$x \in C^n$ 和 $u_a \in C^p$，会有以下等式成立：

$$(sI-A)x-B^a u^a=0, Cx+\Gamma u^a=0$$

此外，零动态攻击的存在也可以使用拓扑条件来表征，文献 [Pasqualetti 13] 详细论述了这一方法。在电力系统中广泛采用的静态系统模型，数据检测器例如 χ^2 或最大归一化检测器 [Abur04] 可通过检测剩余向量 $r_k \triangleq y_k - C\hat{x}_k$ 来检测测量值 y_k 中的错误数据。对于未损坏的测量值，剩余向量 r 服从高斯分布。

然而，类似于零动态攻击的情况，有可能损坏的测量值 y_k 生成与正确测量值 y_k 相同的剩余向量 r_k。利用这个缺点，攻击者偷偷向测量结果注入序列 u_k^a 从而改变状态估计值 $\hat{x}_k$ 并同时欺骗数据检测器 [Liu11]。因此，很重要的一点是设计系统时排除“隐形”攻击的可能性。

（3）鲁棒控制

鲁棒控制涉及控制系统中的不确定性和波动性。在 CPS 安全性的背景下，攻击者的输入可以看作对系统的干扰，假设攻击者是能量受限的，即 $\int(u_t^a)^2\mathrm{d}t < +\infty$，$\mathcal{H}_\infty$ 环路成型技术减少状态估计序列 $\{x_t\}$ 受到攻击者输入序列 $\{u_t^a\}$ 的影响，从而保证系统不会大大偏离其正常轨迹。文献［Zhou98］提供了这类问题的详细处理。

（4）物理水印与验证

如 Stuxnet 恶意软件所采用的重放攻击需要极强的信息获取能力和中断能力。在这个案例中，攻击者被设定为能够将外部控制信息注入系统，读取所有传感器数据并任意修改它们。如果攻击者拥有以上能力，他或她在重放先前测量记录的同时给予系统一个期望的控制输入序列，攻击者由此可以实现类似于计算机安全中遇到的重放攻击的攻击策略。

作为贯穿本章的例子，考虑一个使用了卡尔曼滤波器（增益 K）和线性二次高斯控制器的离散时间系统，文献［Mo13］证明除非矩阵$\mathcal{A}\triangleq(A+BL)(I-KC)$ 是严格不稳定的，否则常用的数据检测器如χ^2 在遇到重放攻击时会无效化［Greenwood96，Mehra71］。该结果虽然是针对估计器、控制器和检测器遭遇特定情况而推导出的，但在附加一些更强的条件后通常适用于更大的系统。

为了辨别这类攻击，可能的应对策略是重新设计控制系统使矩阵 A 不稳定或者在控制输入上包含一些物理水印起到验证信号的作用。物理水印的关键思想是在控制信号中嵌入一个随机的小信号，随机信号对于攻击者是保密的。当信号穿过通信信道、作动器、物理系统和传感器时，信号会根据组件的模型进行转换。只要检测到转换的水印，可以认为控制回路上的所有组件都进行系统预期的操作。在独立且恒等分布的（Independent and Identically Distributed，IID）高斯过程计算最佳化水印信号的问题可以转化为半正定规划问题从而有效地解决［Mo13］。图7-3展示了水印方案的系统图例。图中 u_k 是反馈控制器形成的控制信号，Δu_k 是随机水印信号。

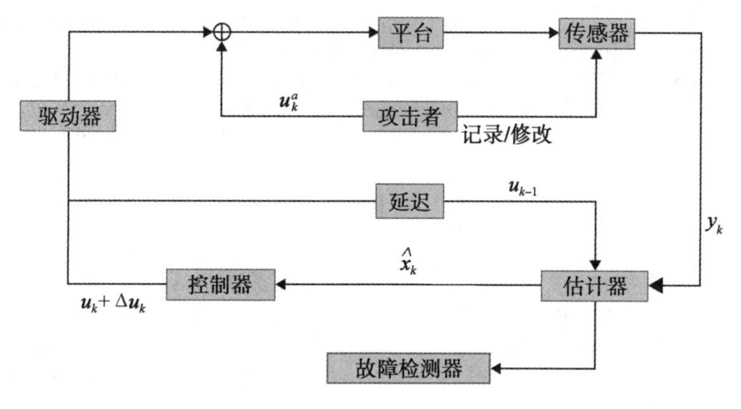

图7-3 水印方案系统图例

7.4 总结与挑战

随着 CPS 中远程控制与管理需求的激增，安全性在这一类系统中扮演着至关重要的角色，不幸的是，攻击者在家中也能舒适地利用远程管理便利地达成恶意的目的。

相比起现有的网络基础设施，CPS 物理构件的复杂性显著增加，这使得安全性问题大大复杂化。一方面，复杂性的激增将需要攻击者付出更多的努力来理解该系统；另一方面，复杂性的激增带来了许多攻击机会。从防御者的视角来看，更复杂的系统需要更多的努力来分析和防御，因为事件的组合会导致状态空间爆炸。

目前保护网络基础设施的方法也适用于保护 CPS：密钥管理技术、安全通信技术（保密性、真实性、可用性）、安全认证码技术、入侵检测系统等。但以上方法忽视了 CPS 的物理层面。相比之下，系统理论方法虽然有用，却忽视了系统的网络层面。因此，需要发展一门全新的 CPS 安全的科学，它结合了网络和系统理论的优点以解决 CPS 提出的挑战，这一学科将在多年内提供令人激动的研究挑战。

参考文献

[Abur04]. A. Abur and A. G. Expósito. *Power System State Estimation: Theory and Implementation*. CRC Press, 2004.

[Barker10]. E. Barker, D. Branstad, S. Chokhani, and M. Smid. *Framework for Designing Cryptographic Key Management Systems*. National Institute of Standards and Technology (NIST) Draft Special Publication, June 2010.

[Depuru11]. S. S. S. R. Depuru, L. Wang, and V. Devabhaktuni, "Smart Meters for Power Grid: Challenges, Issues, Advantages and Status." *Renewable and Sustainable Energy Reviews*, vol. 15, no. 6, pages 2736–2742, August 2011.

[Deuse03]. J. Deuse, K. Karoui, A. Bihain, and J. Dubois. "Comprehensive Approach of Power System Contingency Analysis." *Power Tech Conference Proceedings*, IEEE Bologna, vol. 3, 2003.

[Greenwood96]. P. E. Greenwood and M. S. Nikulin. *A Guide to Chi-Squared Testing*. John Wiley & Sons, 1996.

[Hug08]. G. Hug. "Coordinated Power Flow Control to Enhance Steady-State Security in Power Systems." Ph.D. dissertation, Swiss Federal Institute of Technology, Zurich, 2008.

[Huitsing08]. P. Huitsing, R. Chandia, M. Papa, and S. Shenoi. "Attack Taxonomies for the Modbus Protocols." *International Journal of Critical Infrastructure Protection VL*, vol. 1, no. 0, pages 37–44, December 2008.

[Kerckhoffs83]. A. Kerckhoffs. "La Cryptographie Militaire." *Journal des Sciences Militaires*, vol. IX, pages 5–38, January 1883.

[Lee06]. H. Lee, J. Kim, and W. Y. Lee. "Resiliency of Network Topologies Under Path-Based Attacks." *IEICE Transactions on Communications*, vol. E89-B, no. 10, pages 2878–2884, October 2006.

[LeMay07]. M. LeMay, G. Gross, C. A. Gunter, and S. Garg. "Unified Architecture for Large-Scale Attested Metering." 40th Annual Hawaii International Conference on System Sciences, pages 115–125, 2007.

[LeMay12]. M. LeMay and C. A. Gunter. "Cumulative Attestation Kernels for Embedded Systems." *IEEE Transactions on Smartgrid*, vol. 3, no. 2, pages 744–760, 2012.

[Liu11]. Y. Liu, P. Ning, and M. K. Reiter. "False Data Injection Attacks Against State Estimation in Electric Power Grids." *ACM Transactions on Information and System Security*, vol. 14, no. 1, pages 1–33, 2011.

[Mehra71]. R. K. Mehra and J. Peschon. "An Innovations Approach to Fault Detection and Diagnosis in Dynamic Systems." *Automatica*, vol. 7, no. 5, pages 637–640, September 1971.

[Mo13]. Y. Mo, R. Chabukswar, and B. Sinopoli. "Detecting Integrity Attacks on SCADA Systems." *IEEE Transactions on Control Systems Technology*, no. 99, page 1, 2013.

[NETL08]. National Energy Technology Laboratory (NETL). *Characteristics of the Modern Grid*. Technology Report, July 2008.

[Pasqualetti13]. F. Pasqualetti, F. Dorfler, and F. Bullo. "Attack Detection and Identification in Cyber-Physical Systems." *IEEE Transactions on Automatic Control*, vol. 58, no. 11, pages 2715–2729, 2013.

[Pickholtz82] R. L. Pickholtz, D. L. Schilling, and L. B. Milstein. "Theory of Spread-Spectrum Communications: A Tutorial." *IEEE Transactions on Communications*, vol. 30, pages 855–884, May 1982.

[Quinn09]. E. L. Quinn. "Smart Metering and Privacy: Existing Laws and Competing Policies." *Social Science Research Network (SSRN) Journal*, 2009.

[Schavemaker09]. P. Schavemaker and L. van der Sluis. *Electrical Power System Essentials*. John Wiley & Sons, 2009.

[Seo11]. D. Seo, H. Lee, and A. Perrig. "Secure and Efficient Capability-Based Power Management in the Smart Grid." Ninth IEEE International Symposium on Parallel and Distributed Processing with Applications Workshops (ISPAW), pages 119–126, 2011.

[Seshadri04]. A. Seshadri, A. Perrig, L. van Doorn, and P. K. Khosla. "SWATT: Software-Based Attestation for Embedded Devices." *Proceedings of IEEE Symposium on Security and Privacy*, pages 272–282, 2004.

[Shah08]. A. Shah, A. Perrig, and B. Sinopoli. "Mechanisms to Provide Integrity in SCADA and PCS Devices." *Proceedings of the International Workshop on Cyber-Physical Systems: Challenges and Applications (CPS-CA)*, 2008.

[Shahidehpour05]. M. Shahidehpour, W. F. Tinney, and Y. Fu. "Impact of Security on Power Systems Operation." *Proceedings of the IEEE*, vol. 93, no. 11, pages 2013–2025, 2005.

[Teixeira12]. A. Teixeira, D. Perez, H. Sandberg, and K. H. Johansson. "Attack Models and Scenarios for Networked Control Systems." *Proceedings of the 1st International Conference on High Confidence Networked Systems*, pages 55–64, New York, NY, USA, 2012.

[US-DOE09]. U.S. Department of Energy. *Smart Grid System Report: Characteristics of the Smart Grid*. Technology Report, July 2009.

[Vijayan10]. J. Vijayan. "Stuxnet Renews Power Grid Security Concerns." *Computerworld*, 2010.

[Willsky76]. A. S. Willsky. "A Survey of Design Methods for Failure Detection in Dynamic Systems." *Automatica*, vol. 12, no. 6, pages 601–611, November 1976.

[Zhou98]. K. Zhou and J. C. Doyle. *Essentials of Robust Control*. Prentice Hall, Upper Saddle River, NJ, 1998.

[Zima06]. M. Zima. "Contributions to Security of Electric Power Systems." Ph.D. dissertation, Swiss Federal Institute of Technology, Zurich, 2006.

分布式 CPS 的同步

Abdullah Al-Nayeem, Lui Sha, Cheolgi Kim

信息物理系统（CPS）通常是由传感器、作动器和控制器组成的实时网络系统，这一系统中的许多信息处理功能需要实时且一致的观点和行动，在硬实时条件下保证分布式系统计算的一致性是一种挑战，这一章将讨论分布式计算同步性的挑战与解决方案。

8.1 引言

与芯片上的网络组件相比，在分布式系统中最主要的难点在于不同节点之间的异步交互。在分布式系统中，许多计算指令本质上是周期性的，并且这些指令由基于本地时钟的定时器周期触发，本地时钟的相对漂移是有界限的，但不能完全消除漂移。嵌入式系统的设计者使用了“全局异步，局部同步”（Globally Asynchronous Locally Synchronous，GALS）的设计理念来模拟分布式计算，这一构思最初是由硬件界提出的［Chapiro84，Muttersbach00］。在这种设计中，节点内的计算基于本地时钟同步执行，节点间的计算则异步执行。

因为 GALS 系统中存在时钟漂移，在执行过程中一个小的时差和通信延迟可能导致分布式的竞争现象。下面将举例说明这一问题，如图 8-1 所示，当一个三重冗余控制系统接收到来自监管控制器的新参考位置信息或设定命令，因为非零时钟漂移的存在，在接收设定值时控制器 A 处于基于本地时钟的周期 $j+1$ 中，其他两个控制器（控制器 B、控制器 C）仍处于基于本地时钟的周期 j 中。因为在不同的周期中接收设定命令，控制器 A 的控制命令会偏离控制器 B、C 的命令，最终控制器 A 会在控制器选举中失败，这种竞争情况会导致控制器 A 的无效错误检测（即使它实际上没有错误）。因此，当控制器产生错误数据时，系统不再能够处理故障。

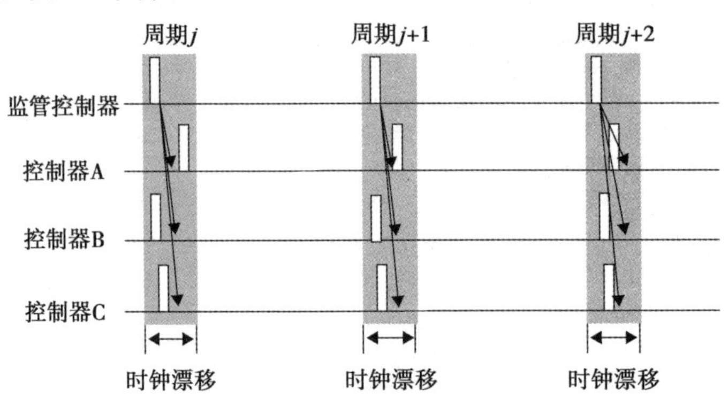

图 8-1　GALS 系统中的三重控制

8.1.1 CPS的挑战

在安全需求高的CPS（如航空电子系统）中，潜在的竞争现象会导致在设计、验证及认证过程中出现显著的开销，这会导致很多难以重现的BUG。在这些情况下，系统可能会长时间正常运行，甚至长达数年，但在某些逻辑无关的硬件、软件或工作负载发生更改后会突然失效。要查明这一类故障的源头犹如大海捞针，形式化分析工具如模型检测器也许会在相当长时间内无法产生反例。特别是模型检测器必须探索在所有可能的事件交织下的应用状态以验证分布式协议，这容易导致GALS系统中状态空间爆炸问题［Meseguer12，Miller09］。

当应用需要以不同速率进行交互的分布式计算时，这一问题将变得更有挑战性。例如在电传操控的飞机中，飞行操纵界面的每个局部显示的内容由更高一级的监管控制器以不同的速率操纵。为了防止可能出现的故障，控制器都是冗余部署的。不仅在组件与备份组件进行复制管理交互时，而且在组件与其他组件进行更高层次的交换离散命令（如设定命令和模式变换命令）时都需要强制一致的观点和行动。在多速率的分布式计算中竞争现象会显著地复杂化。

8.1.2 一种降低同步复杂度的技术

在本节将讨论几种现存的CPS与其他分布式系统中常用的同步技术。CPS为了实现分布式计算的同步一般采用定制的网络系统如波音777空中巴士［Hoyme93］和时间触发架构（Time-Triggered Architecture，TTA）［Kopetz03］。在这些系统中同步任务需要以特别的硬件为代价在网络层完成。

研究人员还实现了许多用于分布式同步的协议［Abdelzaher96，Awerbuch85，Birman87，Cristian95，Renesse96，Tel94，Tripakis08］。这类协议中的大部分最初是为传统计算环境设计的，所以没有利用到CPS实时性保证的特点，而是依赖于复杂的握手协议来完成分布式计算的同步。

这一类技术，无论是通过硬件实现的还是通过软件实现，都有一个限制，便是其为了保证一致的观点和行动常常依赖于体系结构相关的语义，因此，当配置随着高级硬件和软件而改变时，验证和认证的成本会增加。

在工程学领域中，需要研发一种新的降低同步复杂度的技术，这一技术不仅能降低开销，而且能应用于更广泛的领域。接下来讨论一个名叫“物理异步，逻辑同步”（Physically Asynchronous Logically Synchronous，PALS）系统的高级技术，这一技术是我们与Rockwell Collins、Lockheed Martin公司联合开发的，这里介绍的材料是基于以前的工作［Al-Nayeem09，Al-Nayeem12，Al-Nayeem13，Meseguer12，Miller09，Sha09］。

PALS系统是一个消除了异步通信所导致的竞争现象的正式架构模式。这一模式利用了CPS网络的基础特点（如有界的时钟漂移和有界的端到端延迟）以简化分布式计算的交互。

在这种设计中，工程师设计和验证分布式应用程序，就好像计算将在全局同步架构上执行一样，该设计将同步任务分配在物理异步的架构上，从而无需对应用程序的逻辑和属性进行任何修改。无论是在全局同步的系统下还是在异步系统下所保持的时序逻辑公式都受此模式调节［Meseguer12］。因此在 PALS 系统中验证的代价大大降低，我们只需要验证全局同步架构的应用程序逻辑。此外 PALS 系统可以用现有的商业化硬件工作而不需要特殊的硬件（只要满足模板的假设）。

8.2　基础技术

本节将介绍在开发者群体中普遍接受的基础技术，以及讨论这些技术在 CPS 同步背景下的有效性与局限性。

8.2.1　软件工程

自从《设计模式：可复用面向对象软件的基础》[㊀]［Gamma 95］一书出版以来，已经针对不同的领域提出了许多设计模式，有许多基于容错、实时计算和 CPS 网络的架构模式［Douglass03，Hanmer07，Schmidt00］。模式可以看作一类通用问题的解决方案的模板，虽然模式在实现软件重用方面很有用，对于 CPS 而言按照软件模板进行标准设计是不够的。这些模式通常以非正式语言记录，模式的实例化取决于用户所在的研究领域和应用上下文的解释，因此在软件模式建模的正式化领域做出了很多尝试［Alencar96，Allen97，de Niz09，Dietrich05，Taibi03，Wahba10］，这些尝试旨在通过使用领域特定语言和结构化分析来避免在实践中的歧义，但是它们并没有直接减少 CPS 设计和验证复杂性。

Simulink、SCADE 和 Lustre 一类的同步设计语言和工具通常用于 CPS 开发中软件组件的建模、模拟和分析。此外，同步设计语言中的软件组件最初仅由全局时钟驱动，所以这一类技术都默认缺乏对分布式软件组件架构层面的分析。已提出好几种方案用来模拟分布式软件的异步性在同步设计语言中的表现［Halbwachs06，Jahier07］，这些方案通过零散的进程执行和控制信息的传递来模拟非确定性的异步表现。虽然这些方法在异步软件组件建模中很有用，但仍然需要在分布式应用程序中处理交织的组合事件和复杂交互。

因此 PALS 架构模式是对以上语言和工具的补充。Simulink、SCADE 和 Lustre 一类的语言和工具可以用于在 PALS 系统的逻辑同步模型中设计系统，就像我们在架构分析和设计语言（Architecture Analysis and Design Language，AADL）标准下所做的那样［Bae11］。然后正确地保存同步模型的变换以在物理异步架构上执行它们。

8.2.2　分布式一致性算法

分布式一致性在分布式系统和理论中是基础概念，虚拟同步是实现分布式一致性的早期解决方案之一。文献［Birman87］首先引入了进程组的抽象概念以实现用于事件触发计算的虚拟同步，此虚拟同步模型保证了复制进程的行为与非故障节点上的单个引用进程行为之间无法区分。

ISIS 及其后续版本 ISIS2 是两个实现一组通信服务之间虚拟同步的中间件平台［Bir-

㊀　本书由机械工业出版社于 2007 年引进出版，ISBN：9787111075752。——编辑注

man12]。组通信服务维护了一个活动进程的列表并通过事件通知进程加入或者崩溃，也称为视图转换事件。这些平台用这样一种方式使得视图转换事件与应用消息同步从而使分布式进程维持一致性。

Horus 是另外一个支持虚拟同步的系统［Renesse96］。文献［Guo96］给出了此系统轻量级的实施方案。文献［Pereira02］使用了应用级语义来降低虚拟同步的一些强一致性要求。

然而，这些技术并没有提供硬实时的保证或者完成同步的时间界限。这些通信服务的实时版本已经由文献［Abdelzaher 96］和文献［Harrison 97］提出，如文献［Abdelzaher 96］提供了逻辑环组织的实时进程组多播服务和成员服务，当应用需要发送实时消息时，应用将具有时序约束的消息发给准入控制器，然后准入控制器执行在线可调度性分析，如果消息可以被调度则接受该消息，否则拒绝该消息。这些技术通常用于设计软实时系统，其不需要确保在限期内。

首先仔细观察这些组通信服务中实现的虚拟同步模型。第一，这些作为传输层的服务主要用于一组计算中可靠一致的消息通信，可以将各个事件如应用消息事件、成员资格事件或者视图转换事件上的计算与这些服务同步，因此，对于应用程序，使用具有事件触发服务或非周期性计算更有意义。此外，应用程序必须提供必要地事件定时处理机制，然后需要在应用中协调计算和消息通信，使得在两个连续时钟事件期间生成的消息在接受任务时被一致地处理。因此，需要在节点间的全局时间内将计算同步化为时钟事件。

第二，在默认情况下，组通信服务保证单个应用消息的可靠多播比多个实时应用所需要的更为复杂。例如，实时分布式系统不要求在一个周期内消息的有序传送，只要消息在下一周期开始之前接收即可，系统中的任务仅关心消息是否可靠与及时地传递。

第三，组通信服务捆绑了多种容错机制，如在初始化时的组成员资格和状态转移机制。这些机制对于许多应用是非常有用的，但最好将逻辑同步机制与这些容错机制区分开，这样，软件工程师可以应用适当的容错机制来满足应用程序不同的可靠性要求。

其他著名的一致性算法有 Lamport's Paxos 算法［Lamport01］和 Chandra-Toueg's 算法［Chandra96］。这些算法广泛应用于分布式事务、分布式加锁协议和选举算法中，但是以上算法都不提供硬实时的保证。相反，以上算法假定系统是一个不提供消息传输延迟、时钟漂移率和执行速度约束限制的全局异步系统。

文献［Fischer85］提出了一个著名的关于分布式一致性不可达的理论，这个理论表明在异步系统模型中，没有任何算法总是能在有限时间内达到一致，即使伴随着单一进程的崩溃或失败。出现上述情况的主要原因是进程不能在没有对端对端延迟的限制下正确地区分执行较慢的进程和崩溃进程。一些一致性算法通过应用诸如故障检测器和法定一致性的概念来规避这种不可达的一致性［Gifford79］。

实时系统需要消息传递延迟、时钟漂移率、时钟偏移和响应时间的界限——关于分布式一致性不可达的理论不适用于这种类型的系统。此外，在诸如现代航空电子设备的网络控制系统中，网络层确保了信息传输的容错和实时要求，例如电传飞行控制系统的网络。理想情况下，我们将利用网络控制系统中现有的具有容错机制的实时网络简化实时虚拟同步的设计。

8.2.3　同步锁步执行

其他研究人员已经在不同的异步架构如松散时间触发架构（Loosely Time-Triggered Architecture，LTTA）[Benveniste10] 和异步有界延迟（Asynchronous Bounded Delay，ABD）网络架构上 [Chou90] 实现了同步模型。文献 [Tripakis08] 解决了异步架构上对同步计算映射的问题，在以上的方法中都考虑到了 LTTA，并且通过中间有限的 FIFO 平台（FFP）层完成映射。尽管这些方法在没有考虑网络延迟和时钟偏移的情况下做到了正确性，但是没有提供 CPS 同步和一致性视图所需的硬实时保证。此外，这些方法中没有涉及任何关于故障和多速率计算的处理。

ABD 网络中一般假设消息传输延迟是有界的，文献 [Chou90] 和文献 [Tel94] 给出一种在时钟漂移率有界的 ABD 网络中类似模拟全局同步的协议。这一类协议定义了依据不同网络拓扑的回合周期的逻辑同步周期，其中每个回合周期给出消息传输延迟的上界。但是，这一类协议中没有考虑到应用于本地时钟的容错时钟同步协议，而这一点正是网络控制系统如航空电子网络上所需要的。所以，以上协议需要复杂的重新初始化过程来校正时钟漂移误差，如协议在运行几个回合后会基于多播的特殊“开始”消息来重置时钟。在以上协议中，CPS 的实时周期性计算在重新初始化过程期间可能是不连续的。此外，以上所有协议都没有讨论到节点故障、可靠消息传输和多速率计算。

文献 [Awerbuch85] 给出了三种完成逻辑同步的协议：α 同步协议、β 同步协议和 γ 同步协议。这些同步协议产生本地节拍（tick）事件以执行逻辑同步，但是它们取决于消息的确认或主节点以防止在节拍事件之后旧消息的到达。因此，以上协议需要更长的同步时间间隔和更大的开销以维持在遇到故障或其他异步事件时选举算法的逻辑。

文献 [Rushby99] 在时间触发架构中给出了基于回合的同步执行模型。在这种模型中，每个同步的回合或周期有两个阶段：通信和计算。计算阶段只有在通信阶段结束之后才会开始。但这一模型不支持多速率执行，并要求计算阶段在发送消息之前完成。

8.2.4　时间触发架构

时间触发架构（Time-Triggered Architecture，TTA）是最早引入分布式实时时钟源维持一致性的系统架构之一 [Kopetz03]。TTA 的核心功能是在 TTP / A 和 TTP / C 一类的定制（custom）网络架构中用于可靠的消息传输。在这两种协议中，节点根据预先设定的时分多址（TDMA）时间表进行通信，因此每个节点知道确切的消息传输时间并具有接收消息的时间窗口。这一类架构中的硬件（如网络监视器和网络交换机）都维持着消息时间表，并且能在消息没有被正确的时间窗口接收时探测出错节点的功能 [Kopetz03]，这些方案的正确性取决于所有节点紧密的时钟同步，这其中也包含了网络交换机。因此，这些网络架构还实现了硬件容错时钟同步算法 [Pfeifer99，Steiner11]。TTA-Group 公司最近推出了 TTEthernet，这是一个实时交换以太网系统，采用基于 TDMA 的消息传递和基于硬件的时间同步，这一系统受到了 TTA 的启发 [Kopetz10]。

TTA 与其他架构相比在分布式一致性实施和逻辑同步方面有其自己显著的特点。在

TTA 中，分布式一致性是基于稀疏时基的概念 [Kopetz92]，在稀疏时基内，TTA 控制着消息传输的发送时刻，消息在传输时，消息之间有着充足的时间差使得其他节点可以基于本地时间戳来协商消息的传输顺序。为了定义时间戳，TTA 定义了逻辑时钟，其粒度（即间隙持续时间）是最大时钟偏移的函数。基于这个时钟，只要事件之间时间戳的差值大于或等于 2 个时隙，TTA 便可以从时间戳中恢复事件的顺序 [Kopetz11]。

虽然这个模型提供了一种简单的方法来定义 TTA 中消息的时间顺序，但是需要额外的协调分布式交互，而且 TTA 没有考虑到任务的响应时间和消息传输延迟。虽然对消息的传输施加了控制，但是系统参数的改变也会增加 TTA 里分布式算法验证的复杂性。

文献 [Steiner11] 最近提出了稀疏时基的扩展，以在 TTA 中实现全局同步模型。这种方法需要在 TTA 的原始逻辑时钟之上的附加定时层，这使得同步周期足够长以允许任务响应时间和消息传输延迟的存在。

其他方法（如 PALS 系统 [Sha09]）在执行逻辑同步时不需要知道时间触发网络架构中消息的时间表。尽管时间戳的应用可以使这一方法的实施在 PALSware（PALS 系统的中间件版本）中更加实用 [AlNayeem13]，但 PALS 模式仅用系统的性能参数来抽象出基础网络架构。

8.2.5　相关技术

许多相关技术可以与分布式同步结合使用，在本节中将讨论一些相关技术。

8.2.5.1　实时网络中间件

如实时 CORBA [Schmidt00]、Web 服务和发布 - 订阅中间件 [Eugster03] 等分布式中间件提供了一个虚拟化平台，通过这一平台分布式任务可以互相协作，但是不同中间件所提供的抽象是不同的。实时 CORBA、Web 服务和发布 - 订阅中间件要求开发人员在开发时明确地了解分布式节点间的异步性。因此，运行在这些中间件之上的应用程序应该仔细设计和验证，以确保它们在异步环境下能提供一致性。

8.2.5.2　容错系统设计

容错性是安全至上系统在设计时主要考虑的因素，在不同的领域有着各种各样的容错技术，比如三重模块冗余和二重冗余广泛用于避免单点故障。文献 [Sha01] 提出了一种单一架构来分离有效性、命令可靠性以及控制系统。进程组中的应用可以使用成员算法在存在各种故障（例如崩溃故障、消息遗漏和拜占庭故障）的情况下获得成员状态的快照 [Cristian86，Kopetz93]。

8.2.5.3　分布式算法的形式证明

分布式一致性算法的形式证明在过去已被研究过 [Hendriks05，Lamport05]，研究表明在物理异步架构中分布式一致性算法模型检测使得信息传输延迟有界在一定程度上是可行的，这些架构称为局部同步分布式系统。但是，这些算法没有提供任何实现分布式系统可扩展验证的通用解决方案。

研究人员也同时在这一架构中研究了其他的分布式算法如分布式收敛算法。例如，文献［Chandy08］变换了共享内存架构以验证局部同步分布式系统中的收敛问题，但是共享内存架构和局部同步架构的架构假设不同于实时系统中所需的架构假设。相反地，实时系统将时间限制安放在各种系统参数上，因此可以通过使用等效的全局同步设计来减少可能的非确定性交互场景。

近年来，研究人员还探索了分布式软件的模型检测方法［Killian07，Lauterburg09，Lin09，Sen06］，他们考虑了多种有效探索状态空间的启发式算法，如随机游走、边界搜索和动态偏序规约算法。尽管已经对这一类算法做了优化，但是当模型超过一定尺寸和复杂度时，分布式模型检测算法仍然很难得出结果。

8.3 高级技术

传统的分布式 CPS 同步技术并没有解决状态空间爆炸这一重要问题。本节介绍了一种新技术来解决这一问题，同时简化了这些系统的验证。

8.3.1 物理异步、逻辑同步系统

本节将讨论目前仍在学术界中发展的一项先进技术——物理异步、逻辑同步（Physically Asynchronous Logically Synchronous，PALS）。

在基于 PALS 的系统中，逻辑同步的主要概念其实非常简单。如图 8-2 所示，在一个全局同步系统中，分布式计算被分配到由该周期的全局时钟所决定的一个锁步中。而在每一个分配中，任务从它的输入端口读取消息，处理消息，最后将得到的输出消息发送给其他节点。在这个锁步的执行过程中，周期 j 中生成的消息总会被周期 $j+1$ 中的目标任务完全消耗。

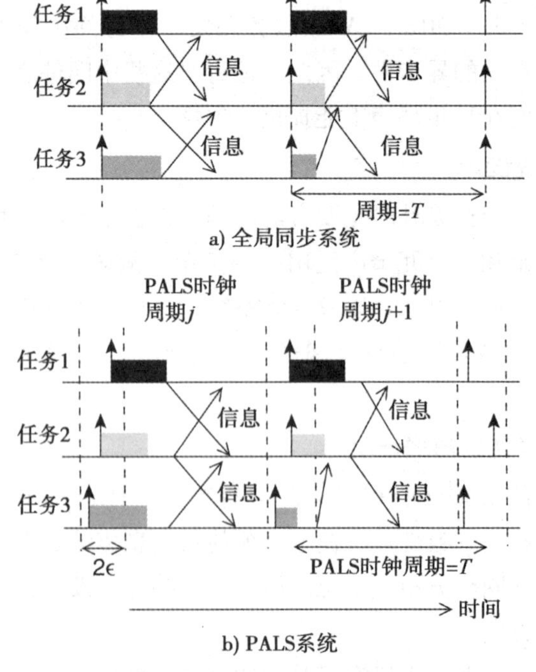

图 8-2　逻辑等同的全局同步系统和 PALS 系统

PALS 系统在一个物理异步的系统架构上保证了一个相等长度（同步的）锁步的执行。在这个系统中，每个节点为每次分布式计算都定义了一个逻辑时钟，称为长度为 T 的 PALS 时钟周期。各节点在其 PALS 时钟周期的开始触发计算逻辑。第 j 个 PALS 时钟周期在某节点的局部时钟点开始，将其定义为 $c(t)=jT$。

由于局部时钟是异步的，因此，PALS 时钟周期不会在同一个全局时间点同时开始。相对应的，不同节点的 PALS 时钟周期会在全局时间轴上定义好的一个时间间隔内的不同时间点一起开始。

尽管 PALS 系统的时钟在物理上异步，但通过这种模式可以确保在周期 j 中生成的消息会被周期 $j+1$ 中的目标任务消耗完。这就意味着，那些运行在 PALS 时钟周期中的输入看上去和那些运行在全局同步模型里的结果是一模一样的。

8.3.1.1　PALS 系统假设

为了将 PALS 模式应用到一个 CPS 架构上，该 CPS 体系结构必须满足以下的一系列假设。PALS 系统假设可以分为 3 个类别：系统内容、时序以及外在接口约束。

（1）系统内容

PALS 模式可以应用在具有以下特征和性能指标的硬实时网络系统中：

- 每个节点都有一个单调不减的局部时钟 c，是一个由时间到时间的映射（时间 $=R\geqslant 0$）。这里，$c(t)=x$ 是“理想”全局时间 t 在局部时钟的时间值。
- 局部时钟只有在相关的局部时间点出现在全局时间的 2ε 时间间隔内时才是同步的。假定 $c(t)=x$，那么参数 ε 一定是落在全局时间的 $[x-\varepsilon, x+\varepsilon]$ 间隔内，这里的 ε 定义为关于全局时间的最坏时钟偏差。
- 一个计算任务 α 的响应时间应该界定在：$0<\alpha^{min}\leqslant\alpha\leqslant\alpha^{max}$。
- 消息的传输延时 μ 应该界定在：$0<\mu^{min}\leqslant\mu\leqslant\mu^{max}$。
- 节点能验证故障终止行为并有可能在之后自我修复。一个故障的节点禁止在当前周期继续发送额外消息。

如今存在的一些 CPS，比如那些航电仪器中的系统能满足以上这些要求。例如，在一个航电系统当中，节点通信所使用的实时网络架构保证了消息能在固定的时间内传输到下一节点。而且，各节点同步各自的局部时钟来最小化采样和控制操作上的时间抖动。这些架构同样支持冗余处理器对故障的终止操作。因此，PALS 模式可以通过较少的开销实例化到这些系统中去。

（2）时序约束

以下这些在系统参数上的约束必须同时满足于物理异步的架构。

- PALS 的因果性或输出保持了一定的约束：由于 PALS 时钟事件并不是完美同步的，过早地递交一个任务的输出可能会违反锁步的同步。这就可能导致一个消息会在消息处理所在的周期中就被目标任务消耗完。为了避免这个错误的状况，所有任务都不允许在周期 j 的 $t=(jT+H)$ 时间之前发送消息，这里 $H=\max(2\varepsilon-\mu^{min}, 0)$。
- PALS 时钟周期约束：分布式计算的节点在至少知道包括端到端的计算延迟和消息传输延迟的情况下，才可能知道其他节点的计算状态。因此，PALS 系统中的分布式计算必须运行在一个比该延迟更长的周期中。PALS 系统如下定义了一个 PALS 时钟周期的下界：$T > 2\varepsilon + \max\left(\alpha^{\max}, 2\varepsilon - \mu^{\min}\right) + \mu^{\max}$。

(3) 外部接口约束

为了与外部组件进行交互，PALS 模式定义了附加约束。这种系统使用了一种称之为环境输入同步器的特殊组件来协调外置消息的逻辑同步传输。其最简单的一个形式就是环境输入同步器作为一个同时满足 PALS 时钟周期约束和 PALS 因果约束的周期性任务。假设环境输入同步器在周期 j 接收外置消息，并且环境输入同步器会在第 $j+1$ 周期将这些消息传输给最终的目标任务，这样一来，接收方的任务就能一直在相同的 PALS 时钟周期内接收外置消息。

类似地，对于外部观测者，需要使用一个环境输出同步器来维持一个不变的 PALS 计算视图。该环境输出同步器和其他 PALS 计算设备以相同的方式运行，并且满足之前提到的时序约束。

8.3.1.2 多速率计算的模式扩充

在多速率 PALS 系统模式中，PALS 系统已经扩展到支持逻辑同步的多速率的分布式计算 [Al-Nayeem12]。在这个模式中，应用任务在不同的速率下执行，而且在每个 PALS 时钟周期上允许多个消息的传输。

当对任意 $j \in N$，局部时钟 C 等于 jT_{hp} 时，该扩展同样定义了一系列周期性的 PALS 时钟事件。这里，T_{hp} 就是 PALS 的时钟周期。在多速率 PALS 系统中，PALS 时钟周期被选为超周期或者参与任务的最小公倍周期（Least-Common-Multiple，LCM）。由于在一个带有多速率任务的全局同步系统中，离散状态的同步更新只会发生在超周期的边界内，所以不应该出现比 PALS 时钟周期更小的同步周期。更小的同步周期会导致处理行为的异步，同时会破坏系统的安全性。为了保持相同的同步语义，PALS 系统将参与任务的最小公倍周期作为它的时钟周期。

假设 M_1 和 M_2 分别是周期 T_1 和 T_2 上的两个周期性任务。M_1 会将它输出的消息传输给 M_2，反之亦然。假定 PALS 时钟周期等于 T_{hp}，且 $T_{hp} = \mathrm{LCM}(T_1, T_2)$。多速率 PALS 系统模式保证了 M_1 能接收由 M_2 在 PALS 时钟周期 j 中生成的消息，数量为消息总量的 $n_2 = T_{hp}/T_2$ 倍。同样，M_2 能接收由 M_1 在相同 PALS 时钟周期中生成的消息总数 $n_1 = T_{hp}/T_1$ 倍的消息。该模式过滤掉了这些收到的消息，并在下一个 PALS 时钟周期中，递交了一个与上一周期保持一致的被选消息。图 8-3 说明了这个例子。

为了确保该运转过程的实现，来自源任务的端到端延迟必须小于该任务的周期。该模式同样必须满足 PALS 系统所要求的一系列系统假设。文献 [Bae12-b] 中提供了关于多速率 PALS 系统的数学分析。

8.3.1.3 PALS 结构说明

PALS 系统模式非常适用于结构模型语言中的形式化规范和分析。可以通过验证 PALS 系统的结构模型来处理 CPS 中逻辑同步的复杂部分。例如，在过去，人们用结构分析和设计语言（Architecture Analysis and Design Language，AADL）来定义 PALS 系统的结构规格

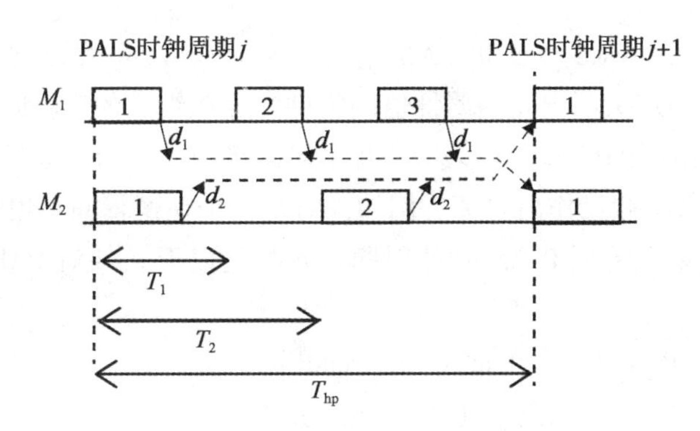

图 8-3　基于多速率 PALS 系统的交互

和需求。它由国际自动机工程协会规范化并作为了 CPS 建模的工业建模语言规格 [Aerospace04]。这些需求确定了一套在 AADL 模型中易于验证的简单约束。我们通过确认模型能够满足这些约束，就可以轻松地保证在物理异步模型上逻辑同步的正确性。

在 AADL 中有两种用于 PALS 系统设计的规格：同步 AADL 和 PALS AADL。

(1) 同步 AADL 规格

PALS 系统设计的第一步是设计和验证同步模型。与 UIUC 和奥斯陆大学的同事们一起，我们提出了一个用 AADL 来设计的同步规格 [Bae11]。该同步 AADL 规格模型化了全局同步计算中锁步的执行。

在同步 AADL 规格中，仅仅使用了 AADL 模型结构的一个子集来定义它的组件和连接体。该规格仅包括两种组件：1) 在锁步模式下参与分布式计算的组件；2) 用于给它们发送外部输入的外部运行环境。这两种组件都使用 AADL 线程结构建模，从而会以相同的速率周期性地分派消息。状态和状态传输使用 AADL 行为附件建模 [Frana07]。

同步 AADL 规格使用延迟数据端口连接语义来对多个线程之间的消息传输进行建模。这就保证了在一个锁步执行中，用于接收的线程会在下个周期到来之前消耗掉源线程的输出。环境线程和其他线程之间的连接使用即时数据端口作为连接语言建模。当源线程的执行优先级高于接收线程且它们同时分配时，即时连接会提供一个调度顺序来解决此问题。

AADL 模型不可执行，但同时，它们也不能自动地被验证。为了支持形式化验证，同步 AADL 模型会在模型检测和仿真时自动转换为实时 Maude 模型。同步 AADL 规格的形式化语义以及模型检测结果可以参考文献 [Bae11]。

(2) PALS AADL 规格

PALS 系统设计过程的下一步是要将同步 AADL 模型映射到一个物理异步系统模型上。在基于模型的设计工程中，其主要难点在保持验证属性的工程完善的同时，怎样在发展过程中扩展模型。和来自罗克韦尔柯林斯国际公司（Rockwell Collins Inc.）的同事一起，我们已经提出了一个简单的可检测的 AADL 规格来解决这一难题 [Cofer11]。

该规格的概念来自架构转换（architectural transformation）。在 AADL 中，这种转换需要组件继承——这就意味着要对组件和连接做模式属性的注释。我们定义了一套关于 AADL 的属性来确定在模式实例的逻辑同步交互中的界限和时序特性。例如，在一个非同步模型中，我们用两个字符串类型的属性来注释相关的同步 AADL 模型的线程和连接：

PALS_Properties::PALS_Id 和 PALS_Properties::PALS_Connection_ Id。通过这两个属性，我们定义了由相同属性值的组件和连接组成的逻辑同步组。

PALS 系统规则能应用在逻辑同步组的组件和连接中。AADL 模型检测器能够加载系统模型，并对 PALS 系统假设作出验证。例如，对每一个在逻辑同步组中的线程 M_i，我们可以用之前提到的约束来验证 PALS 时钟周期，同时就以下条件对 PALS 因果性约束的影响作简单验证：

$$M_i.\text{Period} > 2 + \max(M_i.\text{Deadline}, 2\varepsilon - \mu^{\min}) + \mu^{\max}$$

$$\min(M_i.\text{PALS Properties::PALS\_Output\_Time}) > \max(2\varepsilon - \mu^{\min}, 0)$$

这里 M_i.Period 是由线程 M_i 定义的 AADL 属性周期的值。同样地，M_i.Deadline 是线程 M_i 的 AADL 属性时限的值。而在该规格中我们使用线程时限作为最大响应时间 $\alpha^{\max}$ 的参数。一个线程同样定义了 AADL 属性，记为 PALS Properties::PALS_Output_Time。该参数给出了线程派分输出过程中的最早和最迟可能完成时间。其余的性能参数都是基于其他的 AADL 标准属性计算得到的，例如消息传输延迟区间（$\mu^{\min}$，$\mu^{\max}$）以及局部时钟偏移 ε 等。

8.3.1.4　PALS 中间件架构

我们已经推出了一套名为 PALSware 的分布式中间件，用于实现逻辑同步交互的任务执行和通信服务。图 8-4 展示了 PALS 中间件的软件架构。它包括三个层次：基础设施层、中间件层以及应用层。这种层次架构使得软件在不同的平台有更好的可移植性和伸缩性。

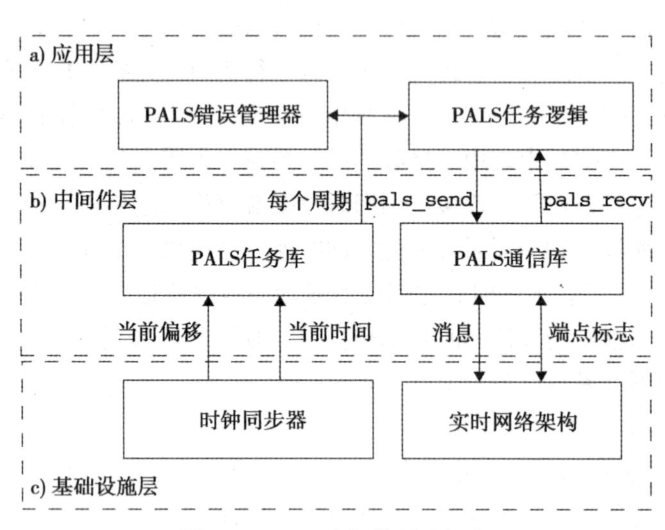

图 8-4　PALS 中间件层次架构

在基础设施层，中间件定义了用于整合可容错时钟同步器和实时网络架构的接口。只要模式的假设都满足，即使这些基础服务发生改变或随商用成品的组件一同发展，应用逻辑始终不会受到影响。

在中间件层，PALSware 解决了几个实现上的挑战，尤其在任务故障增加系统复杂度的问题上。例如，一个任务可能会顺序地向不同目标任务发送同一消息。如果该任务突然停止，只有一部分的目标任务会收到发来的消息，这就会导致任务状态的不一致。

PALSware 实现了一个实时可靠的多播协议来防止这一问题。对于那些正通过一个可容错的实时网络架构通信但却异常终止的节点，该协议保证只要有一个正常的目标任务接收到了源任务发来的消息，那么其他的正常目标节点也能够在同一周期接收到该消息。PALSware 同样使用该通信协议来实现分布式交互中的原子性，以保证目标任务在源任务正在工作或者出现异常状况的情况下都会拥有相同的结果。

在应用层，应用程序开发人员为分布式任务实现了周期应用逻辑。该层同样支持运行时监控以发现任何可能对逻辑同步产生影响的错误。例如，假如由于某些原因，时钟偏移违反了原先的假设，那么分布式任务也就不会在全局时钟的 2ε 间隙内继续保持逻辑同步。这时用户就可以为 PALSware 定做一个专用的错误管理器来检测这些错误，还可以为任何一个不安全行为作定义。例如，错误管理器可以从时钟同步器处获取当前的时钟偏移的一个评估，然后通过将该数值和 ε 作比较就可以检测出是否发生时序错误。

8.3.1.5　示例：双冗余控制系统

本节说明了一个使用 PALS AADL 规格以及 PALS 中间件 API 的、称之为主 - 备系统的双冗余控制系统。该主 - 备系统由两个物理上分离的控制器组成：Side1 和 Side2（见图 8-5）。每个控制器周期性地从传感器子系统接收信息。只有一个控制器需要作为主控制器运行并移交控制输出，而另一个作为备用在后台运行。用户可以通过输入命令来控制两个控制器的主动和备用模式。本例中两个控制器通过同步计算来商定到底哪个控制器主动运行。

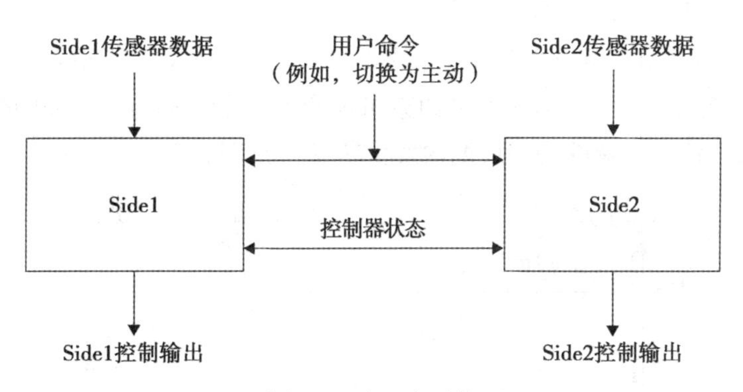

图 8-5　主 - 备系统

（1） PALS AADL 应用规格说明和分析

在这个例子中，两边的控制器通过一个实时网络架构进行通信。我们通过假设需求的变化所导致的网络架构的一种更新情况，来讲解 PALS AADL 的规格并作相关分析。该变化导致之前的线性共享总线结构被选择性网络架构所代替。图 8-6 给出了在这个结构变化过程中的系统模型的一个子集。在之前的结构下，Side1 的主/备用状态（`side1_status`）通过共享总线流至 Side2。而在现在的结构中，该消息通过若干网络交换机转交到目的节点。

在这个示例系统中，状态消息对于这些控制器的协调正确性至关重要。例如，如果备用控制器没有接收到主控制器的状态信息，它就会推测主控制器已经故障，并将自己切换为活跃状态。如果在执行过程中出现任何不一致，则两个控制器可能在同一周期错误地充当了主控制器或备用控制器。

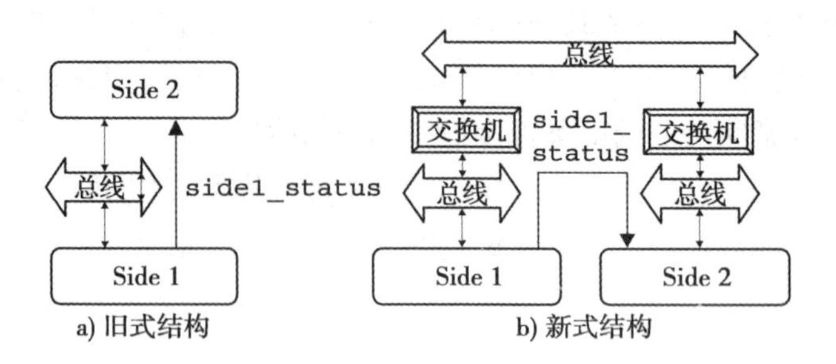

图 8-6　结构变化中的系统模型

表 8-1　AADL 属性值示例

AADL 属性	旧式结构	新式结构
Latency (from Side1 to Side2)	0. 1 ~ 0. 5ms	0. 05 ~ 0. 9ms
Clock_Jitter	0. 5ms	1ms
PALS_properties::PALS_Output_Times	1 ~ 2ms	1 ~ 2ms

PALS AADL 规格中需要对若干 AADL 属性作注释，例如 Latency、Clock_Jitter、properties::PALS_Output_Time。表 8-1 给出了两种不同结构下的这些属性的采样值。

一个基于 PALS AADL 规格的静态分析器可以轻松检测出一个新式结构是否是有效的 PALS 系统。但特殊情况下，PALS 因果约束可能存在问题，例如，Side1 的状态消息传递出去后，可能会在消息传输的同一周期内发生转变（见图 8-7）。

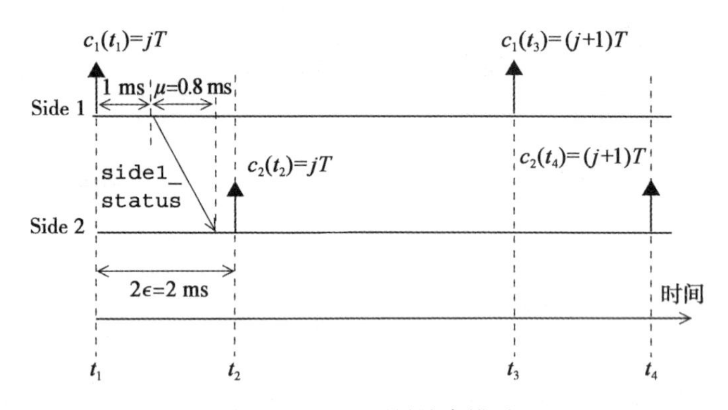

图 8-7　PALS 因果约束错误

（2）C++ API

PALSware 提供了一套易于使用且有良好扩展性的为 PALS 应用开发的 C++ API。该 API 定义了基于操作系统独立接口的任务执行的方法和通信的类。如下所示是该中间件主要的一些类。

- PALS_task：该类在一项任务参与 PALS 系统时执行。在每个周期中，PALS 事件发生器通过调用一个称作 each_pals_period 的占位符函数来产生 PALS_task 的逻辑。而应用开发者会继承该类并在该函数中定义周期逻辑。
- PALS_comm_client：该类为逻辑同步消息的通信提供简单的封装接口。应用任务使用 pals_send(connection name, payload)和 pals_recv(connection name, payload)这两个函数来分别实现消息的发送和接收。在这两个函数中，connection_name 是源任务到目标任务组的一个连接输入标志符。

以下代码段使用了这些类：

```
Bool Side1_task::each_pals_period() {
    …
    // 1. Define task-specific default values for messages.
    int8_t side1 = NO_MSG;
    int8_t side2 = NO_MSG;
    bool user_cmd = false;
    // 2. Receive previous period's data, given that the source has not
    // crashed.
    comm_client->pals_recv("side1_status",&side1,1);
    comm_client->pals_recv("side2_status",&side2,1);
    comm_client->pals_recv("user_cmd",&user_cmd,1);
    // 3. Decide which side is active, based on information received
    // from Side1, Side2, and the user.
    next_side1_state = active_standy_logic(side1, side2,
user_cmd);
    // 4. Send current period's state.
    comm_client->pals_send("side1_status",&next_side1_state,1);
    …
    return true;
}
```

这里 Side1_task 类继承了 PALS_task 类并在函数 each_pals_period 中实现了 Side1 的周期性控制计算。在每个周期中，Side1_task 通过使用 pals_recv 函数读取控制器状态以及用户指令，并使用 pals_send 函数发送自己的主/备用状态。在 pals_recv 函数中，如果源任务发生异常，会使用默认输入值代替。

这些简单接口抽象了与可靠通信服务交互的细节以及逻辑同步组的管理方法。

8.3.1.6 实际问题

在本节中，我们给出了现有的能为 PALS 系统发展提供帮助的技术概述。

(1) 用于 PALS 系统建模的 AADL 工具

在 AADL 和实时 Maude 模型中存在一些可用于 PALS 系统建模和分析的工具。

- SynchAADL2Maude：由文献［Bae12］开发，该工具自动地将 PALS 系统的同步 AADL 模型转换成一个实时的 Maude 模型。在实时 Maude 模型中，同步设计可以通过模型检测来验证。
- Static checker：我们已经在实验室中开发了一款静态检测器来验证多速率计算下模式执行的正确性。该工具同时将单速率 PALS 模型转换成为同步 AADL 模型。这就允许用户在物理异步的模型中可以直接重构一个逻辑同步的传统组件。用户可以自行生成同步 AADL 模型并验证它。

- Rockwell Collins META Toolset：该 AADL 工具同样支持 PALS 系统分析［Cofer11］。通常，该工具集支持设计变换、组合验证以及多种模式构建的静态分析。设计师可以实例化 PALS 设计规范，并在名为 Lute 的静态检测器中验证假设。
- ASIIST：该工具用于 AADL 模型的调度和总线分析［Nam09］。ASIIST 组件补充了 PALS 系统的静态检测器。设计者可以使用 ASIIST 来计算拥有硬件组件系统模型的端到端延时、最坏情况响应以及输出时间。一旦获取了这些时序特性，就可以验证 PALS 系统的时序约束。

（2）PALS 中间件

用 C + + 开发的称之为 PALSware 的分布式中间件现可用于 PALS 系统中。它允许使用商用的计算机和网络成品，从而与定制或半定制的传统系统相比降低可能一到两个数量级的同步开销。该中间件具有以下特性：

- 一个简单的 C + + 库，从而在不同的系统架构下都有良好的扩展性。
- 一个容错的实时多播协议。
- 支持原子的分布式交互。
- 一体化的时钟同步函数库。

最近又开发了一款 C 语言版本的 PALSware 来支持源码级别的形式化验证，使用了 CBMC［CBMC］。此外，还有几款常用的容错应用可以利用 PALS 在源码级别上做检测。

8.4　总结与挑战

本章中，我们提出了一个降低同步复杂度的架构模式，来实现 CPS 中的逻辑同步。通过该方法，开发者可以减少分布式系统设计和验证所需的开销。当系统架构满足该模式假设时，工程师只需要设计和验证一个简单的全局同步模型即可完成设计工作。

在研究 PALS 系统时还存在以下这些公开挑战：

- 最近航空电子鉴定标准 DO - 178C（是 DO - 333 形式化方法的补充）提供了使用形式化方法满足鉴定行为的引导。在过去，由于分布式交互的复杂性，软件模型检测是非常昂贵的，甚至不可能的。而 PALS 系统应该为 PALS 应用提供更高效的测试。需要更多的软件模型检测方面的研究以应用这种复杂减少模式，以及支持分布式应用的可扩展验证。
- PALS 系统支持一小部分物理异步架构的分布式交互。例如，只能在当前 PALS 时钟周期的末尾接收消息，以及诸如此类的消息通信模式的限制。在许多信息处理应用中，分布式计算工作在多个阶段的多个节点上。带有中间消息通信的多速率计算一体化也必须加以研究。
- 无线传输已应用在 CPS 中，比如医疗系统。PALS 系统当前并不兼容无线通信，因为它只支持消息的概率传输。该模式还必须做调整以保证网络中的一致性。

参考文献

[Abdelzaher96]. T. Abdelzaher, A. Shaikh, F. Jahanian, and K. Shin. "RTCAST: Lightweight Multicast for Real-Time Process Groups." *Proceedings of IEEE Real-Time Technology and Applications Symposium*, pages 250–259, 1996.

[Aerospace04]. Aerospace. *The Architecture Analysis and Design Language (AADL)*. AS-5506, SAE International, 2004.

[Alencar96]. P. S. Alencar, D. D. Cowan, and C. J. P. Lucena. "A Formal Approach to Architectural Design Patterns." In *FME '96: Industrial Benefit and Advances in Formal Methods*, pages 576–594. Springer, 1996.

[Allen97]. R. Allen and D. Garlan. "A Formal Basis for Architectural Connection." *ACM Transactions on Software Engineering and Methodology*, vol. 6, no. 3, pages 213–249, 1997.

[Al-Nayeem13]. A. Al-Nayeem. "Physically-Asynchronous Logically-Synchronous (PALS) System Design and Development." Ph.D. Thesis, University of Illinois at Urbana–Champaign, 2013.

[Al-Nayeem12]. A. Al-Nayeem, L. Sha, D. D. Cofer, and S. M. Miller. "Pattern-Based Composition and Analysis of Virtually Synchronized Real-Time Distributed Systems." IEEE/ACM Third International Conference on Cyber-Physical Systems (ICCPS), pages 65–74, 2012.

[Al-Nayeem09]. A. Al-Nayeem, M. Sun, X. Qiu, L. Sha, S. P. Miller, and D. D. Cofer. "A Formal Architecture Pattern for Real-Time Distributed Systems." 30th IEEE Real-Time Systems Symposium, pages 161–170, 2009.

[Awerbuch85]. B. Awerbuch. "Complexity of Network Synchronization." *Journal of the ACM*, vol. 32, no. 4, pages 804–823, 1985.

[Bae12-b]. K. Bae, J. Meseguer, and P. Olveczky. "Formal Patterns for Multi-Rate Distributed Real-Time Systems." *Proceedings of International Symposium of Formal Aspects of Component Software (FACS)*, 2012.

[Bae11]. K. Bae, P. C. Ölveczky, A. Al-Nayeem, and J. Meseguer. "Synchronous AADL and its Formal Analysis in Real-Time Maude." In *Formal Methods and Software Engineering*, pages 651–667. Springer, 2011.

[Bae12]. K. Bae, P. C. Ölveczky, J. Meseguer, and A. Al-Nayeem. "The SynchAADL2Maude Tool." In *Fundamental Approaches to Software Engineering*, pages 59–62. Springer, 2012.

[Benveniste10]. A. Benveniste, A. Bouillard, and P. Caspi. "A Unifying View of Loosely Time-Triggered Architectures." *Proceedings of the 10th ACM International Conference on Embedded Software*, pages 189–198, 2010.

[Birman12]. K. P. Birman. *Guide to Reliable Distributed Systems: Building High-Assurance Applications and Cloud-Hosted Services*. Springer, 2012.

[Birman87]. K. Birman and T. Joseph. "Exploiting Virtual Synchrony in Distributed Systems." *Proceedings of the 11th ACM Symposium on Operating Systems Principles*, vol. 21, no. 5, pages 123–138, 1987.

[CBMC]. CBMC Homepage, http://www.cprover.org/cbmc/.

[Chandra96]. T. D. Chandra and S. Toueg. "Unreliable Failure Detectors for Reliable Distributed Systems." *Journal of the ACM*, vol. 43, no. 2, pages 225–267, 1996.

[Chandy08]. K. M. Chandy, S. Mitra, and C. Pilotto. "Convergence Verification: From Shared Memory to Partially Synchronous

Systems." In *Formal Modeling and Analysis of Timed Systems*, pages 218–232. Springer, 2008.

[Chapiro84]. D. M. Chapiro. "Globally-Asynchronous Locally-Synchronous Systems." Ph.D. Thesis, Stanford University, 1984.

[Chou90]. C. Chou, I. Cidon, I. S. Gopal, and S. Zaks. "Synchronizing Asynchronous Bounded Delay Networks." *IEEE Transactions on Communications*, vol. 38, no. 2, pages 144–147, 1990.

[Cofer11]. D. Cofer, S. Miller, A. Gacek, M. Whalen, B. LaValley, L. Sha, and A. Al-Nayeem. *Complexity-Reducing Design Patterns for Cyber-Physical Systems.* Air Force Research Laboratory Technical Report AFRL-RZ-WP-TR-2011-2098, 2011.

[Cristian86]. F. Cristian, H. Aghili, R. Strong, and D. Dolev. *Atomic Broadcast: From Simple Message Diffusion to Byzantine Agreement.* CiteSeer, 1986.

[Cristian95]. F. Cristian, H. Aghili, R. Strong, and D. Dolev. "Atomic Broadcast: From Simple Message Diffusion to Byzantine Agreement." *Information and Computation*, vol. 118, no. 1, pages 158–179, 1995.

[de Niz09]. D. de Niz and P. H. Feiler. "Verification of Replication Architectures in AADL." 14th IEEE International Conference on Engineering of Complex Computer Systems, pages 365–370, 2009.

[Dietrich05]. J. Dietrich and C. Elgar. "A Formal Description of Design Patterns Using OWL." *Proceedings of IEEE Australian Software Engineering Conference*, pages 243–250, 2005.

[Douglass03]. B. P. Douglass. *Real-Time Design Patterns: Robust Scalable Architecture for Real-Time Systems.* Addison-Wesley Professional, 2003.

[Eugster03]. P. T. Eugster, P. A. Felber, R. Guerraoui, and A. Kermarrec. "The Many Faces of Publish/Subscribe." *ACM Computing Surveys*, vol. 35, no. 2, pages 114–131, 2003.

[Fischer85]. M. J. Fischer, N. A. Lynch, and M. S. Paterson. "Impossibility of Distributed Consensus with One Faulty Process." *Journal of the ACM*, vol. 32, no. 2, pages 374–382, 1985.

[Frana07]. R. Frana, J. Bodeveix, M. Filali, and J. Rolland. "The AADL Behaviour Annex: Experiments And Roadmap." 12th IEEE International Conference on Engineering Complex Computer Systems, pages 377–382, 2007.

[Gamma95]. E. Gamma, R. Helm, R. Johnson, J. Vlissides, and G. Booch. *Design Patterns: Elements of Reusable Object-Oriented Software.* Addison-Wesley Professional, 1995.

[Gifford79]. D. K. Gifford. "Weighted Voting for Replicated Data." *Proceedings of the 7th ACM Symposium on Operating Systems Principles*, pages 150–162, 1979.

[Guo96]. K. Guo, W. Vogels, and R. van Renesse. "Structured Virtual Synchrony: Exploring the Bounds of Virtual Synchronous Group Communication." *Proceedings of the 7th ACM SIGOPS European Workshop: Systems Support for Worldwide Applications*, pages 213–217, 1996.

[Halbwachs06]. N. Halbwachs and L. Mandel. "Simulation and Verification of Asynchronous Systems by Means of a Synchronous Model." 6th International Conference on Application of Concurrency to System Design (ACSD), pages 3–14, 2006.

[Hanmer07]. R. Hanmer. *Patterns for Fault Tolerant Software.* John Wiley and Sons, 2007.

[Harrison97]. T. H. Harrison, D. L. Levine, and D. C. Schmidt. "The

Design and Performance of a Real-Time CORBA Event Service." *ACM SIGPLAN Notices*, vol. 32, no. 10, pages 184–200, 1997.

[Hendriks05]. M. Hendriks. "Model Checking the Time to Reach Agreement." In *Formal Modeling and Analysis of Timed Systems*, pages 98–111. Springer, 2005.

[Hoyme93]. K. Hoyme and K. Driscoll. "SAFEbus (for Avionics)." *IEEE Aerospace and Electronic Systems Magazine*, vol. 8, no. 3, pages 34–39, 1993.

[Jahier07]. E. Jahier, N. Halbwachs, P. Raymond, X. Nicollin, and D. Lesens. "Virtual Execution of AADL Models via a Translation into Synchronous Programs." *Proceedings of the 7th ACM and IEEE International Conference on Embedded Software*, pages 134–143, 2007.

[Killian07]. C. Killian, J. W. Anderson, R. Jhala, and A. Vahdat. "Life, Death, and the Critical Transition: Finding Liveness Bugs in Systems Code." *Networked Systems Design and Implementation*, pages 243–256, 2007.

[Kopetz03]. H. Kopetz. "Fault Containment and Error Detection in the Time-Triggered Architecture." IEEE 6th International Symposium on Autonomous Decentralized Systems (ISADS), pages 139–146, 2003.

[Kopetz11]. H. Kopetz. *Real-Time Systems: Design Principles for Distributed Embedded Applications*. Springer, 2011.

[Kopetz92]. H. Kopetz. "Sparse Time Versus Dense Time in Distributed Real-Time Systems." *Proceedings of the 12th International Conference on Distributed Computing Systems*, pages 460–467, IEEE, 1992.

[Kopetz10]. H. Kopetz, A. Ademaj, P. Grillinger, and K. Steinhammer. "The Time-Triggered Ethernet (TTE) Design." 8th IEEE International Symposium on Object-Oriented Real-Time Distributed Computing, December 2010.

[Kopetz03]. H. Kopetz and G. Bauer. "The Time-Triggered Architecture." *Proceedings of the IEEE*, vol. 91, no. 1, pages 112–126, 2003.

[Kopetz93]. H. Kopetz and G. Grunsteidl. "TTP: A Time-Triggered Protocol for Fault-Tolerant Real-Time Systems." 23rd International Symposium on Fault-Tolerant Computing, pages 524–533, IEEE, 1993.

[Lamport01]. L. Lamport. "Paxos Made Simple." *ACM SIGACT News*, vol. 32, no. 4, pages 18–25, 2001.

[Lamport05]. L. Lamport. "Real-Time Model Checking Is Really Simple." In *Correct Hardware Design and Verification Methods*, pages 162–175. Springer, 2005.

[Lauterburg09]. S. Lauterburg, M. Dotta, D. Marinov, and G. Agha. "A Framework for State-Space Exploration of Java-Based Actor Programs." *Proceedings of the IEEE/ACM International Conference on Automated Software Engineering*, pages 468–479, 2009.

[Lin09]. H. Lin, M. Yang, F. Long, L. Zhang, and L. Zhou. "MODIST: Transparent Model Checking of Unmodified Distributed Systems." *Proceedings of the 6th USENIX Symposium on Networked Systems Design and Implementation*, 2009.

[Meseguer12]. J. Meseguer and P. C. Ölveczky. "Formalization and Correctness of the PALS Architectural Pattern for Distributed Real-Time Systems." *Theoretical Computer Science*, 2012.

[Miller09]. S. P. Miller, D. D. Cofer, L. Sha, J. Meseguer, and A. Al-Nayeem. "Implementing Logical Synchrony in Integrated Modular Avionics." IEEE/AIAA 28th Digital Avionics Systems Conference (DASC'09), pages 1. A. 3-1-1. A. 3-12, 2009.

[Muttersbach00]. J. Muttersbach, T. Villiger, and W. Fichtner. "Practical Design of Globally-Asynchronous Locally-Synchronous Systems."

Proceedings of the Sixth International Symposium on Advanced Research in Asynchronous Circuits and Systems, pages 52–59, 2000.

[Nam09]. M. Nam, R. Pellizzoni, L. Sha, and R. M. Bradford. "ASIIST: Application Specific I/O Integration Support Tool for Real-Time Bus Architecture Designs." 14th IEEE International Conference on Engineering of Complex Computer Systems, pages 11–22, 2009.

[Nam14]. M. Y. Nam, L. Sha, S. Chaki, and C. Kim. "Applying Software Model Checking to PALS Systems." Digital Avionics Systems Conference, 2014.

[Pereira02]. J. Pereira, L. Rodrigues, and R. Oliveira. "Reducing the Cost of Group Communication with Semantic View Synchrony." *Proceedings of International Conference on Dependable Systems and Networks*, pages 293–302, 2002.

[Pfeifer99]. H. Pfeifer, D. Schwier, and F. W. von Henke. "Formal Verification for Time-Triggered Clock Synchronization." *Dependable Computing for Critical Applications*, vol. 7, pages 207–226, IEEE, 1999.

[Rushby99]. J. Rushby. "Systematic Formal Verification for Fault-Tolerant Time-Triggered Algorithms." *IEEE Transactions on Software Engineering*, vol. 25, no. 5, pages 651–660, 1999.

[Schmidt00]. D. Schmidt, M. Stal, H. Rohnert, and F. Buschmann. Pattern-Oriented Software Architecture Volume 2: Patterns for Concurrent and Networked Objects. John Wiley and Sons, 2000.

[Schmidt00]. D. Schmidt and F. Kuhns. "An Overview of the Real-Time CORBA Specification." *Computer*, vol. 33, no. 6, pages 56–63, 2000.

[Sen06]. K. Sen and G. Agha. "Automated Systematic Testing of Open Distributed Programs." In *Fundamental Approaches to Software Engineering*, pages 339–356. Springer, 2006.

[Sha01]. L. Sha. "Using Simplicity to Control Complexity." *IEEE Software*, vol. 18, no. 4, pages 20–28, 2001.

[Sha09]. L. Sha, A. Al-Nayeem, M. Sun, J. Meseguer, and P. Ölveczky. *PALS: Physically Asynchronous Logically Synchronous Systems*. Tech Report, University of Illinois at Urbana–Champaign, 2009.

[Steiner11]. W. Steiner and B. Dutertre. "Automated Formal Verification of the TTEthernet Synchronization Quality." In *NASA Formal Methods*, pages 375–390. Springer, 2011.

[Steiner11]. W. Steiner and J. Rushby. "TTA and PALS: Formally Verified Design Patterns for Distributed Cyber-Physical Systems." IEEE/AIAA 30th Digital Avionics Systems Conference (DASC), pages 7B5-1–7B5-15, 2011.

[Taibi03]. T. Taibi and D. C. L. Ngo. "Formal Specification of Design Patterns: A Balanced Approach." *Journal of Object Technology*, vol. 2, no. 4, pages 127–140, 2003.

[Tel94]. G. Tel, E. Korach, and S. Zaks. "Synchronizing ADB Networks." *IEEE/ACM Transactions on Networking*, vol. 2, no. 1, pages 66–69, 1994.

[Tripakis08]. S. Tripakis, C. Pinello, A. Benveniste, A. Sangiovanni-Vincentelli, P. Caspi, and M. Di Natale. "Implementing Synchronous Models on Loosely Time Triggered Architectures." *IEEE Transactions on Computers*, vol. 57, no. 10, pages 1300–1314, 2008.

[Renesse96]. R. Van Renesse, K. P. Birman, and S. Maffeis. "Horus: A Flexible Group Communication System." *Communications of the ACM*, vol. 39, no. 4, pages 76–83, 1996.

[Wahba10]. S. K. Wahba, J. O. Hallstrom, and N. Soundarajan. "Initiating a Design Pattern Catalog for Embedded Network Systems." *Proceedings of the 10th ACM International Conference on Embedded Software*, pages 249–258, 2010.

第9章
Cyber-Physical Systems

CPS的实时调度

Bjorn Andersson, Dionisio de Niz, Mark Klein,
John Lehoczky, Ragunathan (Raj) Rajkumar

信息物理系统（CPS）由软件部分（网络空间）和物理部分组成。隐含在这种构成中的事实是它们必须以同步的方式协同工作。而软件的时序验证一直是实时调度理论的研究目标，因此，CPS物理部分同步的验证成为了关键。而在CPS中，新的挑战需要新的思路和解决方案，这也是本章讨论的主题。

9.1 引言

CPS由同步执行的软件和物理过程组成。例如，汽车的安全气囊必须在检测到撞击时膨胀，并且必须在驾驶员撞击到方向盘之前完全膨胀。在这个例子中，物理过程是在一场车祸中驾驶员撞向方向盘，与此同时安全气囊开始膨胀。该系统的软件负责检测碰撞、触发反馈以及同步气囊的膨胀，以在正确的时间拦截驾驶员的移动。在传统的实时调度理论中，人们验证了该同步发生在刻画了物理进程演变过程的一段时序抽象中。具体来说，该理论使用周期采样（即使用一个固定周期），假定了该物理过程不能在软件能够处理的一段固定时间之外继续演变。例如在安全气囊的例子中，实时系统会周期性地检测冲击是否发生。该周期被设计成在最坏情况下，碰撞的实际瞬间和检测到碰撞之间的延迟不会影响到膨胀时间。

由于CPS越来越复杂，而且需要跟许多不确定的物理过程交互，这就导致了周期采样提取的出现。例如，如果汽车引擎的控制函数需要在发动机每次转动下都能执行，那么容易发现这种周期性会不断演变；这也意味着，伴随着引擎的分钟转速（Revolutions Per Minute, RPM）的提高，两次转动的时间间隔会逐渐减小［Kim12］。另一个CPS需要考虑到时序验证的点是环境中的不确定性。例如，一辆自主车辆的碰撞避免算法的执行时间取决于它视野中的物体数量。这些不确定因素导致CPS需要做出一些方法的改进。因此在本章中，我们讨论了所有这些时间因素，从可预见的处理时间分配，到其他一些诸如网络和能源的资源。

在本章剩余的部分，我们会讨论那些如今已广泛使用在单核处理器上的传统实时调度技术，然后会讨论一些目前还在发展阶段的高级技术，包括多处理器调度和多核处理器的任务调度、任务时间参数的易变性和环境不确定性的适应方法、其他相关资源类型的分配和调度（例如，网络带宽和能源），以及如何调度那些时间参数会随着物理过程变换的任务。

9.2　基础技术

在本节中，我们重点讨论那些带固定时间参数的为单核处理器开发的基础技术。这些技术产生了实时调度的调度域。首先我们会注重那些形成了实时调度的平台基础并推动了其他调度类型演变的定参单核调度技术。

9.2.1　固定时间参数的调度

实时调度会涉及软件和 CPS 物理过程交互时的时序验证。该领域源自于一篇开创性文章［Liu73］，该篇文章形式化了 NASA 阿波罗任务的工程原理。当时，那些和物理过程交互的软件运行在简单硬件上，并且可以利用周期、时限、最坏执行时间（Worst-Case Execution Time，WCET）等固定时间参数来详细描述调度的特征。这些系统就称为实时系统。

实时系统用于保证它们在和物理世界交互时的时序正确性，就如同前面安全气囊例子中所描述的情况，以及一些罕见案例的正确性。由于这些案例非常少见，系统测试几乎不可能发现它们。然而，这些案例是有可能发生的，而且一旦发生了，其后果将会是致命的（例如，驾驶员可能会撞上方向盘并因挤压受到严重伤害）。

实时系统的研究包括决定线程执行顺序的调度函数（例如，基于它们的优先级）、验证这些线程能否在规定时间内完成的时序分析算法（例如，一辆汽车的前安全气囊的执行时间是 20ms），以及基于时序分析算法的用于获取该程序最坏执行时间的其他技术。在本章中，我们重点讨论前两类算法，然后简单介绍 WCET 技术。

9.2.1.1　确定最坏执行时间

测量和静态分析是获取程序 WCET 的两个主要方法。多年来，直接测量成为大部分相关工作人员更倾向的测量 WCET 的方法。该方法依赖于一些特殊设计的实验以产生程序的最大执行时间。这些实验程序都通过运行大量的时间来测量 WCET，以防止 WCET 会因测量的不足而发生不确定性。WCET 实验可以使用极值理论［Hansen09］上的相关技术来提高测量的可信度。

由于执行时间增加的不确定性，以及诸如高速缓存和乱序执行等具有随机执行特点的现代处理器的出现，设计一个用于获取 WCET 的实验变得越来越困难。这一挑战催生了集中在基于程序代码［Wilhelm08］、内存访问以及运行这些程序的硬件体系结构特性分析的、新兴 WCET 获取方法的研究。一个程序可以影响另一个程序的内存行为，著名的例子就是所谓的高速缓存相关的抢占延迟（Cache-Related Preemption Delay，CRPD）；在该情况下，由于程序被其他高优先级的程序抢占而导致它的缓冲块被驱逐，从而该程序会有较长的执行时间。文献［Chattopadhyay11］已经分析了 CRPD，并通过探索所有可能的执行交织来发现这些抢占发生的时间，计算相应的延迟。

9.2.1.2　表示形式

为了描述系统的模型（也称为形式），我们先来看一个例子。考虑一下如图 9-1 所示的倒立摆。倒立摆的控制软件的设计需要在小车来回移动的同时，尽可能保证钟摆的垂直。为了达到这一目标，该系统需要首先感知出钟摆的倾向，然后向倾倒相一致的方向移动小车来抵消这一倾斜角。这一感知和移动的序列必须周期性地执行在一个个循环中，而这就是我们所谓的控制回路。执行的一个周期到下一个周期的时间差称为控制回路的周期，它必须足够短，以防止钟摆的倾斜角超过了通过移动小车可以抵消的范围。

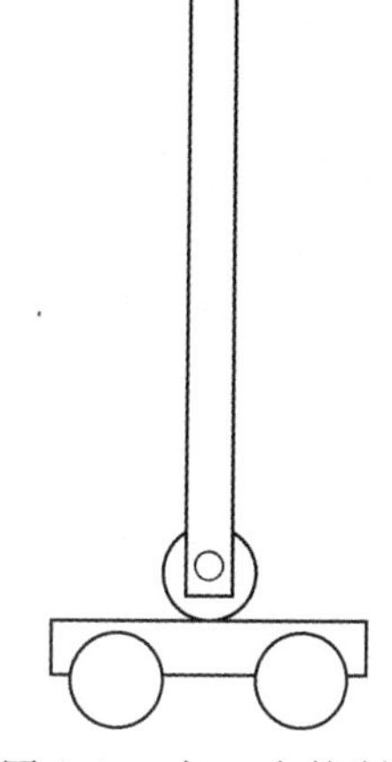

图 9-1 在一个控制回路中的倒立摆

文献［Liu73］使用该周期开发了一个周期性任务的模型，其中每个任务都有固定的周期以及最坏执行时间。任务被认为是周期性执行的，而每个任务周期性的执行都被看作一个作业（job）。因此，可以将任务看作无限数量的作业周期性地到来。如果任务的一个作业在下一个作业到来之前执行完成，我们就认为该作业正确执行。下一个任务到来的时间点称为任务的时限。基于这一定义，我们可以说任务可调度等同于其所有的（可以使无限数量的）作业都正确执行。则一个任务可以按如下定义：

$$\tau_i = (C_i, T_i, D_i)$$

这里 C_i 表示 τ_i 任务的 WCET，T_i 表示它的周期，而 D_i 代表了 τ_i 任务中一个任务相对于其达到的时限。倘若如此，则时限等同于其周期。因此，它经常被模型所忽略，而该模型则被描述为拥有隐式时限。我们会在之后讨论其他的一些选项，如在 $D \leqslant T$ 时作为一个约束时限以及在 $D \neq T$ 时作为一个任意时限的情况。任务随着时间使用处理器的比例称为它的利用率，可以用如下公式计算：

$$U_i = \frac{C_i}{T_i}$$

文献［Liu73］将实时系统定义为在明确的调度策略下在单一处理器中执行的一组周期性任务。在所有的任务都可调度的情况下，该任务集就可确定为可调度的。一个任务集表示为 $\tau = \{\tau_1, \tau_2, \cdots, \tau_n\}$，且该任务集的总利用率计算如下：

$$U = \sum_{\forall \tau_i \in \tau} \frac{C_i}{T_i}$$

文献［Liu73］研究了在固定优先级调度规则下，该类任务的调度问题。在固定优先级调度中，任务会被赋予一个优先级，而调度器随时运行准备完毕的任务。此任务会拥有最高的优先级，直到它释放处理器或者有更高优先级的任务开始运行。这就意味着，对于这种周期性任务模型，只有在没有其他更高优先级任务的作业到来的情况下，该任务的作业才能够执行完毕。

周期性任务模型如今成功地应用于任务可调度性的验证。例如，文献［Locke90］描述了基于周期性任务模型设计的通用航电系统。表 9-1 展示了在该系统中任务的一个子集。

表 9-1　来自通用航电系统的样本任务

任务	描述	周期（T）	WCET（C）
飞行器飞行数据	估计飞行器的位置、飞行速度和高度等数值	55ms	8ms
航向控制	为飞机座舱显示系统计算航线	80ms	6ms
雷达控制（地面监测模型）	检测和定义地面物体	80ms	2ms
目标指定	指定一个追踪物体作为目标	40ms	1ms
目标追踪	追踪一个目标	40ms	4ms
平视显示（HUD）	显示导航以及目标数据	52ms	6ms
多用途显示（MPD）平视显示	备份平视显示数据	52ms	8ms
多用途显示战略显示	显示雷达通信和目标数据	52ms	8ms

文献［Liu73］研究了两类优先级分配：固定优先级分配和动态优先级分配。在固定优先级分配中，在设计时优先级就被分配到任务中，同时其所有的作业都继承相同的优先级。在动态优先级分配中，优先级在作业到达时（在运行时）才分配。而且来自相同任务的不同作业允许拥有不同的优先级。

9.2.1.3　固定优先级分配

文献［Liu73］证明，对于拥有隐式时限的任务，单调速率（Rate-Monotonic，RM）优先级分配是固定优先级调度中最佳的优先级分配策略。在基于单调速率的分配中，高速率（或者说短周期）的任务比那些低速率的任务能分配到更高的优先级。单调速率优先级分配和固定优先级调度的融合称为单调速率调度（RMS）。

图 9-2 描述了三个周期性任务同时在 0 时刻到达时（到达时使用上箭头标记，时限使用下箭头标记）单调速率调度的执行过程。在图中，我们注意到没有两个任务（使用一个矩形框表示）可以在同一时刻一起执行。然而，我们可以发现 τ_1 任务在 0 时刻开始执行，而 τ_2 和 τ_3 由于 τ_1 的执行被延后。同样，一旦 τ_2 在时刻 5 开始执行，τ_3 的开始时刻因为需要等 τ_2 执行完成而被延后。此外，一旦 τ_2 在时刻 10 执行完成，τ_1 任务的第二个作业在时刻 10 到达且开始执行，这又导致了 τ_3 需要等待更长的时间。当 τ_3 终于可以在时刻 15 开始运行时，却被在时刻 20 到来的一个 τ_1 的作业、另一个在时刻 25 到来的 τ_2 的作业以及又一个在时刻 30 到来的 τ_1 的作业所抢占。最终，在最后的阻断结束之后，τ_3 可以在时刻 35 到 40 执行完它剩下的 5 个时间单位的工作。

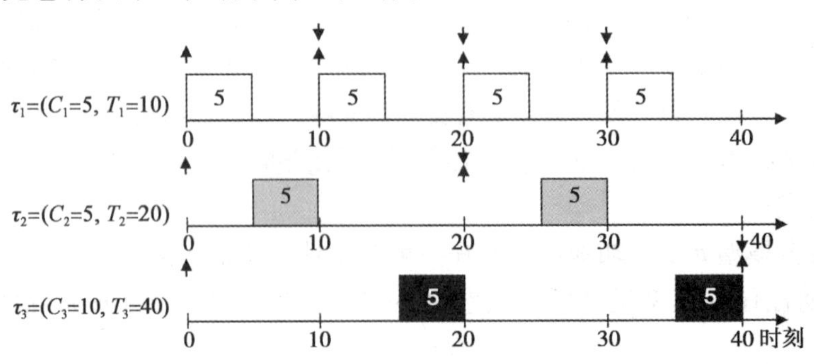

图 9-2　单调速率调度三个周期性任务的示例

在固定优先级分配下，可调度性检测有三种主要形式：检验处理器利用率的一个绝对范围，判断包含受调度任务数量参数的一个含参上界，以及响应时间的测试。在文献［Liu73］中证实，处理器利用率绝对上界 $U \leqslant \ln 2$ 时，调度在单调速率算法下的任务集 τ 是可调度的。相对的，包含有 n 个任务的任务集如果是可调度的，其含参约束应该满足如下公式：

$$U \leqslant n(2^{\frac{1}{n}} - 1)$$

最后，文献［Joseph86］开发了响应时间测试，用于确定任务的最坏完成时间。该测试是如下定义的一个递归方程：

$$R_i^0 = C_i$$

$$R_i^k = C_i + \sum_{j<i} \left\lceil \frac{R_i^{k-1}}{T_j} \right\rceil C_j$$

在该方程中，任务的下标用于表示它的优先级，这也就意味着任务编号越小其优先级越高。该方程合计了当前任务（τ_i）的执行时间以及可能受更高优先级任务（τ_j）影响的中断。该方程反复执行直到 $R_i^k = R_i^{k-1}$（收敛）或者 $R_i^k > D_i$。否则如果 $R_i^k \leqslant D_i$ 就认为 τ_i 是可调度的。例如，在图 9-2 中，我们可以通过将 τ_3 的执行时间（10）加上 4 个 τ_1 的执行时间（4×5），以及 2 个 τ_2 的执行时间（2×5）来计算出 τ_3 的总响应时间（40）。

而之后单调速率优先级分配得到推广［Audsley91，Leung82］，它可以为那些时限短于执行周期的任务提供调度。这种类型的分配称为时限单调优先级。在这种情况下，拥有较短时限的任务会得到更高的优先级。不过，响应时间测试仍然可以用来考虑相应的优先级。同样，拥有严格周期 T_i 的周期性任务 τ_i，本来需要保证两个连续到来的作业间隔正好为 T_i，现在将需求放松，允许间隔等于或者大于 T_i。这种类型的任务称为拥有最小间隔时间 T_i 的零星任务，并且来自单调速率调度和时限单调调度的结果仍然适用。更多其他工程情况下的扩展可以参考文献［Klein93］。

9.2.1.4　动态优先级分配

图 9-2 给出了那些利用率为 100% 的任务集的调度。该任务集依据响应时间测试来确定任务可否调度，以及根据其利用率的绝对上界或者含参上界分析它的可调度性。这样的任务集是调和的，也就意味着每个任务的周期都是及时小周期的倍数。在这种情况下，处理器利用率临界限就是 100%。然而，当这些周期非调和时，一些拥有较短截止时间的作业反而可能只有较低的优先级。图 9-3 描述了这种场景，在图里，τ_1 的第二个作业会抢占 τ_2 的第一个任务，尽管前一个作业的截止时间是 200，而且它大于后一个作业的截止时间 141。我们将这种情况定义为次优的优先级分配。

该次优的作业优先级分配引导了一个基于作业的优先级分配［Liu73］，该方法称为最早时限优先（EDF）分配。在该情况下，基于其截止时间，在运行时独立地分配每个作业的优先级。特别是优先级会在一个作业到来时被分配，这也就保证了那些拥有最早时限的作业会比那些更晚时限的作业分配到更高的优先级。对于图 9-3 中任务集的一组作业，τ_1

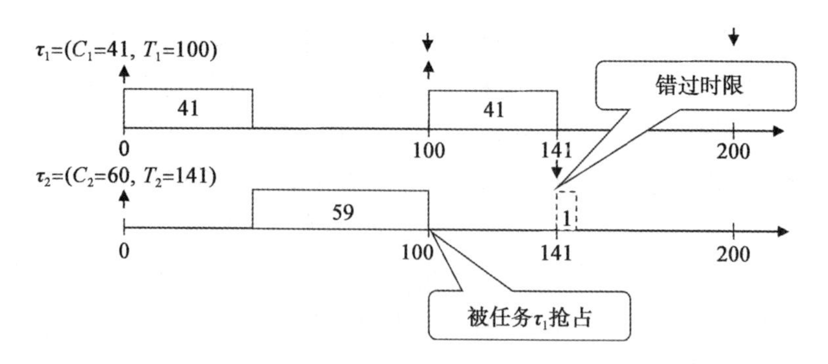

图 9-3　RMS 下的次优作业优先级调度

的第二个作业会被分配一个比 τ_2 的第一个作业低的优先级，这也就避免了错过时限。图 9-4 描述了这种场景。

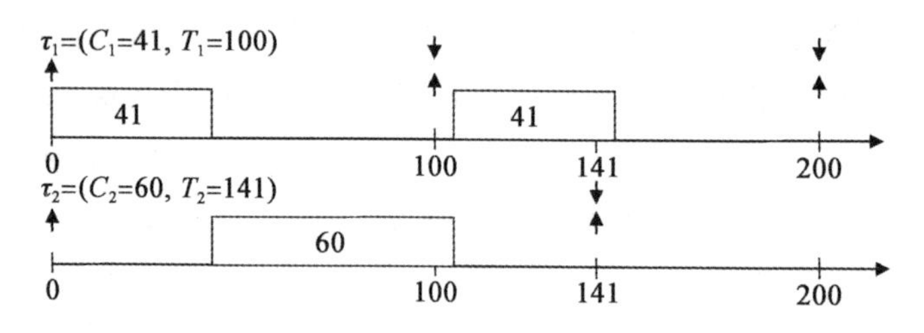

图 9-4　EDF 下的最优作业优先级调度

考虑到 EDF 能够让处理器达到 100% 的利用率，它的可调度性测试就尤为简单。具体而言，只要确保任务集的利用率不超过 100%，就能确定它（具有隐式时限的任务集）在 EDF 下是可调度的。不过很可惜，只有极少数的商业操作系统支持这种作业优先级的分配函数。

文献［Liu73］证明 RM 是固定优先级分配函数的最优解，而 EDF 是动态优先级分配函数的最优解。因此，如果存在一个优先级分配能够使一个任务集可调度，那么最优优先级分配函数（例如 RM）也能够提供一个可行的优先级调度。

9.2.1.5　同步

在文献［Liu73］中，任务模型假设一个任务不会延误其他任务的执行。但在真实的应用中，任务需要经常共享数据或者同步其他共享资源来解决共同问题。当这种同步采用互斥访问形式时，它表现为当前正在访问资源（或持有资源）的任务 τ_j 强制正在等待该资源的任务 τ_i 延迟。这种情况称为发生了优先级反转，其中 τ_j 比 τ_i 拥有更低的优先级，而等待时间称为一个阻塞。该阻塞会增加 τ_i 的响应时间，直到错过了最后时限。如果是来自一个任务子集 $\{\tau_k,\cdots,\tau_{k+r}\}$ 的中间优先级任务，其优先级在 τ_i 和 τ_j 之间且不需要访问该资源时，这种优先级反转的结果会变得更坏，因为低优先级的 τ_j 会被这些中优先级任务抢占。图 9-5 描述了这种情况，并且附加了新的 CS_i 参数。该参数刻画了在一个称为临界段的代码段中，任务占用持有共享资源的时间（图中描述为一个黑色段）。

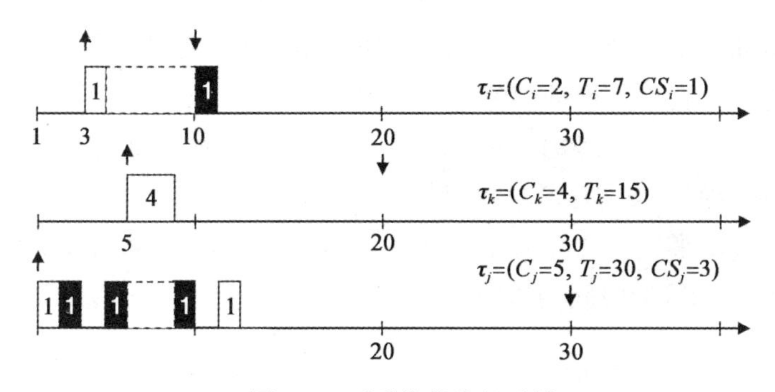

图 9-5 不受控优先级反转

在文献［Sha90］中，作者开发了一个同步协议族，使用名为优先级继承的技术防止中优先级任务增加优先级反转的时间。在这些协议中，当任务 τ_i 试图获取一个正被任务 τ_j 使用的共享资源时，如果 τ_i 的优先级高于 τ_j 的优先级，τ_j 就会继承 τ_i 的优先级。该方法可防止中优先级任务抢占任务 τ_i。图 9-6 描述了和图 9-5 相同的案例，但应用了优先级继承技术。在实时操作系统（Real-Time Operating System，RTOS）中，优先级继承协议通常使用信号量或者互斥量实现，允许任务在互斥方式下访问共享资源。

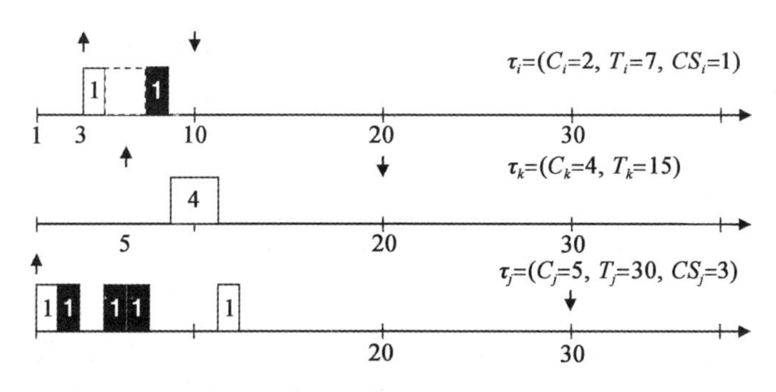

图 9-6 优先级继承下的受控优先级反转

在文献［Sha90］中提出了两种优先级继承协议：基础的优先级继承协议（Priority-Inheritance Protocol，PIP）以及优先级天花板协议（Priority-Ceiling Protocol，PCP）。在 PIP 中，任务在资源被阻塞时动态地决定所要继承的优先级。相对地，在 PCP 中，系统会事先定义资源的优先级上限以作为所有可能使用该资源用户的最高优先级。在此方案下，当一个任务占用了某资源时，它就会继承该资源的优先级上限。

除去对优先级反转的控制，PCP 还具备预防死锁的能力。因为当任务 τ_i 占用了资源 S_u 时，继承的优先级会防止 τ_i 被任何能够获取 S_u 的任务 τ_j 所抢占。因此，τ_j 就不可能在 τ_i 获取 S_u 之前，占用另外一个 τ_i 会请求的资源 S_v 时，从而避免了循环等待的情况。

每个任务 τ_i 的受控阻塞项B_i 可通过它使用的继承协议计算出来。就 PCP 来说，对于每一组以嵌套方式被占用的资源，B_i 的计算方法为所有由于组中的一个资源而有可能阻塞 τ_i 的低一级优先级任务计算了一个阻塞时间的最大值（即只有一个任务可以阻塞 τ_i）。而对于 PIP，这就有必要添加所有任务的阻塞。此外，在 PIP 中，还有必要考虑任务 τ_k 也可能阻塞 τ_j，其反过来也就有可能阻塞 τ_i。这种情况也称为传递阻塞（transitive blocking）。

相似地，当任务 τ_i 继承了一个优先级时，它会阻塞中优先级任务，同样它也会被低优先级任务所阻塞，这种情况就称为推动阻塞（push-through blocking）。在计算一个任务的阻塞项时，所有的这些效应都必须考虑在内。不难想象，这样的计算会变得非常复杂。文献［Rajkumar91］中涉及的分支界限算法能够完成这一计算。

一旦阻塞项计算出来，它就可以作为任务调度性方程中一个额外的执行时间项。例如，它可以在任务 τ_i 的响应时间测试中如下使用：

$$R_i^k = C_i + B_i + \sum_{j<i} \left\lceil \frac{R_i^{k-1}}{T_j} \right\rceil C_j$$

9.2.2　内存效应

当今，即使只是用了单处理器的计算机系统，也拥有复杂的内存系统。例如，它们经常使用高速缓存来存储那些经常和处理器交互的数据项，以便这些项能够更高速地被处理器读取；或者使用虚拟内存系统缓存那些高频使用的译文（translation）以高速存取。这些效应就导致了任务的执行时间取决于其调度。因此，扩充 9.2.1 节的理论以处理这些效应会是非常有用的。

存储在高速缓存中的数据项在作业重复执行时，其内容可能和这些作业被抢占时不同，原因是部分数据项可能会被抢占的任务所驱逐。存在可以计算出驱逐数据项数量上界的方法，并且该方法能够合并到可调度性分析中［Altmeyer11］。

即使在作业没有被抢占时，它们也可能分享数据。这就可能导致作业的执行时间会取决于前一个执行的任务。同样存在用于分析该效应的方法［Andersson12］。

同样，即使是单处理器，也有可能有多个内存系统的请求者。例如，作业 J 可能指示一个 I/O 设备执行直接内存访问（Direct Memory Access，DMA），这就导致当作业 J 完成且另一个作业 J' 开始执行时，DMA 操作会在作业 J' 执行期间继续进行。这种情况会造成作业执行时间的增加，同时 DMA I/O 传输需要花费大量的时间来完成。研究者提出了一些方法来分析这些效应。文献［Huang97］中的方法能够用来寻找运转在周期挪用模式下 DMA I/O 设备的一个任务的执行时间。此外，任务的执行会影响到它使用 DMA 时运行完成的时间。如果内存总线的仲裁是在固定优先级下完成的，并且处理器比 I/O 设备具有更高的优先级，则文献［Hanhn02］中的方法能用来计算 I/O 运行完成的响应时间。

9.3　高级技术

除了那些已经在业界广泛适用的基础技术，科研人员如今仍在寻找各种解决方案，用以处理那些来自 CPS 应用和硬件平台的更高级别的新问题。

9.3.1　多处理器/多核调度

当一个任务集 τ 运行在拥有多个处理器的计算机上时，我们就将这看作多处理器调度问题。存在两种基础的多处理器调度的调度形式：分割调度（partitioned scheduling）和全局调度（global scheduling）（见图 9-7）。在分割调度中，将任务集分割成多个子集，将每个子集分配给一个处理器，然后使用单处理器调度的场景来调度这些任务。在全局调度中，所有的任务都调度在一组数量为 m 的处理器上。在任意时间，该调度选择一个包含 m 个任务的子集在 m 个处理器上完成调度。例如，全局 EDF 会选择 m 个时限最短的作业运行。注意，多核处理器是多处理器的一个特殊情况，由于多核共用同一硬件资源，所以多核也会影响到调度。在图 9-7 中，右边的图示意了分割调度：任务 τ_1和任务 τ_2分配给了处理器 1，而任务 τ_3分配给了处理器 2。

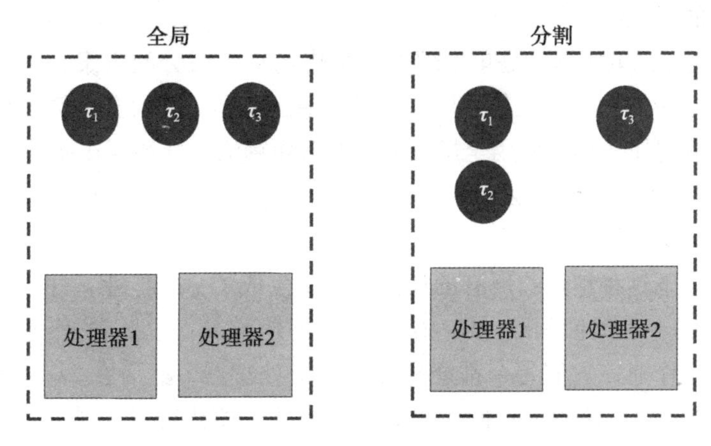

图 9-7　任务集的全局调度和分割调度

很多在单处理器下成立的特性（并且纳入之前讨论过的基础技术中）在多处理器上不再适用。本节举出了这些在多处理器中不再成立的例子，而正是因为这些实际需求促进了新的调度算法的设计。因此，我们同样会展示一个新的用于多处理器调度的调度算法。

有关多处理器实时调度的文章十分丰富。为了便于讲解，我们仅关注隐式时限的任务，因为这样的讨论能够帮助我们更好地认识问题。对带有约束时限和随机时限任务集感兴趣的读者请参考文献 [Davis11]。

在本次讨论中，我们使用了表 9-2 展示的任务集。

表 9-2　隐式时限零星任务集示例

任务集 1		任务集 2		任务集 3	
$n=m+1$		$n=m+1$		$n=m+1$	
$T_1=1$	$C_1=2\varepsilon$	$T_1=1$	$C_1=1/2+\varepsilon$	$T_1=1$	$C_1=1/2+\varepsilon$
$T_2=1$	$C_2=2\varepsilon$	$T_2=1$	$C_2=1/2+\varepsilon$	$T_2=1$	$C_2=1/2+\varepsilon$
$T_3=1$	$C_3=2\varepsilon$	$T_3=1$	$C_3=1/2+\varepsilon$	$T_3=1$	$C_3=2\varepsilon$
…	…	…	…	…	…
$T_m=1$	$C_m=2\varepsilon$	$T_m=1$	$C_m=1/2+\varepsilon$	$T_m=1$	$C_m=2\varepsilon$
$T_{m+1}=1+\varepsilon$	$C_{m+1}=1$	$T_{m+1}=1+\varepsilon$	$C_{m+1}=1/2+\varepsilon$	$T_{m+1}=1$	$C_{m+1}=2\varepsilon$

9.3.1.1　全局调度

全局调度是一类调度算法，在该算法中，处理器共享一个单独的队列，队列存储有资

格执行的作业；在每个处理器上，调度器从该队列中选择最高优先级的作业执行。令 eligjobs(t) 表示在时间 t 内有资格执行的一组作业。由于最多只有 m 个处理器，因此在每个时刻，最多有 min(| eligjobs(t) | ,m) 个最高优先级的作业有资格运行在这 m 个处理器上。

(1) 任务静态优先级调度

在任务静态优先级调度算法中，每个任务都被分配一个优先级，并且该任务的所有作业都有和它一样的优先级。

正如之前讨论的，RM 算法是单处理器下最优的优先级分配方案。不过，在多处理器情况下它将不再是最优的，并且其利用率临界限趋近于零。之后会有例子对此说明。

假设表 9-2 中的任务集 1 使用全局调度下的 RM 算法将其调度在 m 个处理器上，并且有 $2\varepsilon * m \leqslant 1$，则优先级分配算法 RM 会将最高优先级分配给任务 $\tau_1,\tau_2,\cdots,\tau_m$，而把最低优先级分配给任务 τ_{m+1}。

让我们考虑一下这种情形：所有的任务都同时生成了一个作业，并用时刻 0 表示这一时间点（见图 9-8）。在时间间隔 [0，2ε) 中，任务 $\tau_1,\tau_2,\cdots,\tau_m$ 的作业是拥有最高优先级且有资格执行的作业，它们每个都能分配到一个处理器，然后在 2ε 时刻执行完成。在时间间隔 [2ε，1) 中，任务 τ_{m+1}的作业选择一个处理器执行（其他 m－1 个处理器处于空闲状态）。注意到在时刻 1，任务 τ_{m+1}的作业已经执行了 $1-2\varepsilon$ 单位时间，但是它的执行时间是 1，所以任务 τ_{m+1}的这个作业在时刻 1 并没有执行完成。然后，在时刻 1，任务 $\tau_1,\tau_2,\cdots,\tau_m$又生成了新的作业。因此，在时间间隔 [1，$1+2\varepsilon$) 中，任务 $\tau_1,\tau_2,\cdots,\tau_m$的作业又成为最高优先级的作业，所以它们每一个又能够分配到一个处理器，然后在 $1+2\varepsilon$ 时刻执行完成。注意到之前任务 τ_{m+1}的作业的时限在 $1+\varepsilon$ 时刻，然而从其到达时间到其时限，该作业只执行了 $1-2\varepsilon$ 单位时间，但是它的执行时间需要有 1 个单位时间。所以该作业错过了时限。

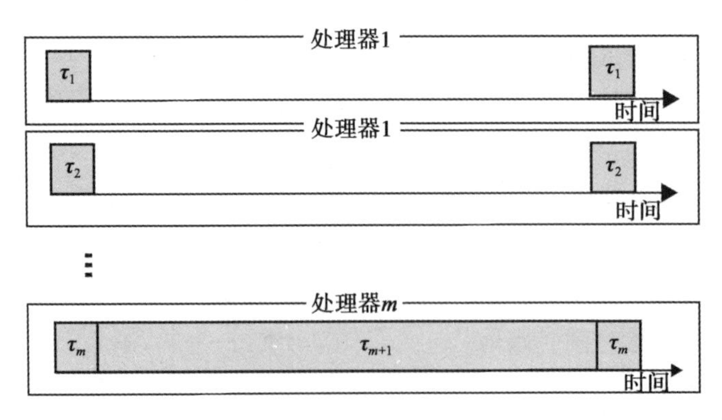

图 9-8　全局 RM 的利用率临界限

对于每个 ε 和 m 我们都会重复这一问题。若令 $\varepsilon \to 0$ 且 $m \to \infty$，我们能得到一个任务集，该任务集满足：

$$\frac{1}{m} * \sum_{\tau_i \in \tau} u_i \to 0$$

该表达式表明当一个任务集调度在全局 RM 下时会错过时限。相应的，全局 RM 的利用率临界限是 0。这一结果叫作 Dhall 效应 [Dhall78]，以观测到 RM 在全局调度下可能有较差性能的 Dhall 命名。

我们同样可以发现，改变优先级分配能够使任务集变得可调度。例如，将最高优先级分配给任务 τ_{m+1} 而把低优先级分配给任务 $\tau_1, \tau_2, \cdots, \tau_m$ 时能够使任务集可调度。因此，RM 并不是全局调度的最佳优先级分配方案。

在该例子中，全局 RM 的利用率临界限是 0，而且该函数并不是任务静态优先级全局调度的最佳方法。因此，我们需要开发更好的优先级调度方案。我们能观测到 RM 表现差是因为系统没有在一个时间间隔内做足够多的工作，而只有相对少量的工作能完成，其原因是在很大的时间间隔里处理器的并行处理能力没有很好地得到使用。认识到这个问题，学术界已经开发了一些优先级分配方案，这些方案避免了这个问题，并且比 RM 有更好的性能。

我们可以将任务 τ_i 分为“重”或“轻”，并且一个任务在满足下式时就认为是重的：

$$u_i > \frac{m}{3m-2}$$

否则就认为它是轻的。我们将最高优先级分配给重任务，将低优先级分配给轻任务，并在轻任务之间根据 RM 分配相应优先级顺序。实际上，对于优先级分配方案 RM-US($m/(3m-2)$) [Andersson01]，准确来说：在 $m \geqslant 2$ 时，已证明它的利用率临界限可收敛到 $m/(3m-2)$。该利用率临界限比 1/3 大，所以该分配方案比 Dhall 效应更好。

对该方案我们已经作出了进一步改善。而文献 [Lundberg02] 中的 RM-US(y) 算法就是一种改进方案，其中 y 是一个非线性方程的解，且 $y \approx 0.374$。所以它的利用率临界限为 $y \approx 0.374$。

当前，最好的函数（依据利用率临界限）形如 [Andersson08]：

$$\text{SM-US}\left(\frac{2}{3+\sqrt{5}}\right)$$

它的利用率临界限服从：

$$\frac{2}{3+\sqrt{5}} \approx 0.382$$

可以发现，对于每一个作业静态优先级调度算法（使用表 9-2 中的任务集 2），其利用率临界限总是低于 0.5 [Andersson01]。

通过调用 POSIX 下的 `sched_setscheduler` 函数可以将优先级分配给某个任务。此外，也可以通过设定一个处理器关联掩码来允许某个任务执行在任一处理器上。

（2）作业静态优先级调度

在作业静态优先级调度算法中，每个作业都分配了一个优先级，并且该优先级不会随着时间变化。显然，每个任务静态优先级调度算法也是作业静态优先级调度算法。

正如我们在 9.3.1 节看到的，EDF 是单处理器下的最佳优先级分配方案。然而，对于多处理器该结论就不再成立。同样，我们可以通过应用前一个例子中相同的推理得到，对于多处理器情况下其利用率临界限为 0。学术界已经开发了优先级分配方案来避免这些问题，并且比 EDF 有更好的性能。

我们可以将任务 τ_i 分为“重”或“轻”，并且任务在满足下式时就认为它是重的：

$$u_i > \frac{m}{2m-1}$$

否则就认为它是轻的。（注意到在本节中，我们对重和轻的分类与前一节中使用的分类存在差异。）然后，我们将最高优先级分配给重任务，将低优先级分配给轻任务，并在轻任务之间根据 EDF 分配相应优先级顺序。实际上，来自文献［Srinivasan02］中的优先级分配方案如下：

$$\text{EDF-US}\left(\frac{m}{2m-1}\right)$$

已证明它的利用率临界限服从：

$$\frac{m}{2m-1}$$

该利用率临界限比 1/2 大，所以该分配方案也比 Dhall 效应更好。因为可以发现，对于每一个任务静态优先级调度算法（使用表 9-2 中的任务集 2），其利用率临界限总是低于 0.5。

通过一些额外的工作，可以使用 Linux 内核并按照如下方案调度任务：制定一个特殊的进程以最高的优先级运行（调用 POSIX 下的 `sched_setscheduler` 函数来分配优先级）。每当一个任务的作业执行完毕，它就应该通知这个特殊的进程自己正在等待一个给予事件（例如，定时器到期）。当该特殊进程发现了这一事件时，它需要开启这个任务（例如，在该任务之前调用的一个信号量上一个调用信号正处于等待状态）并分配正确的优先级（依据具体的方案）给这个被唤醒的任务，这一行为可以使用 `sched_setscheduler` 完成。

由于全局调度允许任务转移，在一个作业重新运行在另一个处理器而不是被抢占的那个处理器上时，它可能经历一个额外的高速缓存未命中。该状况可能延长一个作业的执行时间，而在调度可行性分析上，应该将该因素考虑在内。无论是作业静态全局调度还是任务静态全局调度，上下文切换只可能在作业到达或结束时执行。因此，对于给定的时间间隔，我们可以计算出上下文切换可能性的上界以及任务转移数量的上界。如果单个转移开销的上界已知，则我们可以计算出全局转移开销的上界，且该因素可以纳入可行性调度的分析中。

9.3.1.2　分割调度

在分割调度中，将任务集分割成多个子集并且每个分割都分配给一个处理器，因此，每个任务都分配了一个处理器。在运行时，每个任务都只能在分配给它的处理器上执行。

（1）任务静态优先级调度

在分割形式的任务静态优先级调度中，在任务进入运行状态之前，它会被分配给一个处理器且不能转移。在运行时，每个处理器使用一个基于任务静态优先级的单处理器调度算法进行调度。对于一个单处理器，RM 是最佳的任务静态优先级分配方案，因此，在没有性能丢失的情况下，我们可以在每一个处理器上使用 RM。那么接下来我们仅需要考虑的就是任务怎样分配给处理器。

直观上，我们可以使用线下负载均衡的方式分配任务。这就是说，我们可以认为任务是依次处理的，同时将当前要处理的任务分配给当前利用率最低的处理器。不过，这样一个负载均衡函数的利用率临界限是 0，这一点我们会在接下来的例子中详细说明。

考虑将表 9-2 中的任务集 1 使用负载均衡调度到 m 个处理器上（例如，任务是依次处理的），并将当前要处理的任务分配给当前利用率最低的处理器。同样，假设 $2\varepsilon * m \leqslant 1$。由于起初没有任务被分配，所以每一个处理器的利用率都是 0。现在我们一次一个，并以任务 τ_1 为初始调度任务。这时任务应该分配给当前利用率最低的处理器。由于处理器的利用率都是 0，该任务可以分配给任意一个处理器。接下来考虑任务 τ_2。它能够分配给除了分配给任务 τ_1 的处理器之外的其他所有处理器。继续对任务 $\tau_3, \tau_4, \cdots, \tau_m$ 进行处理，直到将每个任务都分配给它自己的处理器时结束这一分配。到最后只剩下一个任务 τ_{m+1}。如果 τ_{m+1} 分配给处理器 1，那么处理器 1 的利用率将会是：

$$\frac{2\varepsilon}{1} + \frac{1}{1+\varepsilon}$$

该值是严格大于 1 的。如果 τ_{m+1} 分配给了处理器 1，那么对于处理器 1 会出现一个错过时限的情况。对于其他任意一个处理器，如果 τ_{m+1} 分配给那个处理器，都会出现错过时限这一相同的情况。无论 τ_{m+1} 分配到哪里，错过时限的情况都会发生。对于每个 ε 和 m 我们都会重复这一问题。若令 $\varepsilon \to 0$ 且 $m \to \infty$，我们能得到一个任务集，该任务集满足：

$$\frac{1}{m} * \sum_{\tau_i \in \tau} u_i \to 0$$

当任务集以这种形式的负载均衡进行调度时，便会发生错过时限的情况。因此该形式的负载均衡的利用率临界限是 0。

负载均衡方案的 0 利用率临界限意味着，对于该例子我们需要开发一个更好的函数用于任务分配。我们可以发现该类型的负载均衡性能较低的原因有以下 3 个方面：

- 任务的数量大于处理器数量。
- 至少有一个任务需要足够多的处理器执行时间（我们在之后的讨论中将它称为一个大型任务（large task）），以至于它不能和其他任务一起分配给同一个处理器（同时仍能被调度）。
- 该大型任务在每个处理器都已经分配了最少一个任务时会被分配给其中一个处理器。

由于大型任务需要几乎一个处理器的全部处理能力以在时限到来之前完成任务，错过时限的情况就会发生。为了避免这一情况，学术界已经开发了一些任务分配方案，这些方案的性能优于该类型的负载均衡。

设计更好的任务分配方案的思路是将任务分配给一个已经分配任务的处理器，以尝试首先将利用率低于 50% 的处理器填满，从而达到尽可能避免向空处理器添加任务的目的。该方案能够避免该例子中的性能问题。不过，这一方案仍可能存在问题。考虑表 9-2 中的任务集 3。任务 τ_1 能够分配给任意一个处理器。然后考虑任务 τ_2。如果我们遵循将任务分配给一个已经分配任务的处理器的思路，那么我们应该将任务 τ_2 分配给那个分配给 τ_1 的处理器。这个处理器的利用率将会是：

$$\frac{\frac{1}{2}+\varepsilon}{1}+\frac{\frac{1}{2}+\varepsilon}{1}$$

该值是严格大于 1 的，所以错过时限的情况会出现在这个处理器上。所以，当我们试图分配一个任务时，必须进行处理器可调度性分析。学术界已经开发了一些基于以下两个思路的任务分配方案：将任务分配给一个其他任务已经分配过的处理器，同时使用一个单处理器可调度性测试来确定在分配一个任务后，每个处理器上的任务集还是可调度的。

考虑到任务分配算法对于任务集（准备被分配的任务集）和一组处理器（处理器集）都是首次适配的。它的伪代码如下：

1. If taskset-to-be-assigned is not empty then
   1.1. Fetch **next** task τ_i from taskset-to-be-assigned
2. Else
   2.1. Return success
3. Fetch first processor p_j in the processor set
4. If τ_i is schedulable when assigned to processor p_j then
   4.1. Assign τ_i to processor p_j
   4.2. Remove τ_i from taskset-to-be-assigned
   4.3. Jump to step 1
5. Else if there is a next processor p_j in the processor set then
   5.1. Fetch the next p_j processor from the processor set and jump to step 4
6. Else
   6.1. Return failure

如果在步骤 4 中使用了文献［Liu73］中的基于利用率的单处理器可调度性测试，那么全局函数的利用率临界限是$\sqrt{2}-1\approx 0.41$［Oh98］。已知的另一个更高效的函数的利用率临界限为 0.5［Andersson03］。可以知道（使用表 9-2 中的任务集 2）每一个分割任务静态优先级调度算法的最高利用率临界限是 0.5。

注意，Linux 内核支持分割固定优先级调度，所以就有可能使用 POSIX 下的 `sched_setscheduler` 来为任务分配优先级，并且它还能够设置一个处理器关联掩码来将任务授权于指定的处理器。

（2）作业静态优先级调度

对于一个在单处理器上的作业静态优先级调度，我们知道 EDF 是最优的。因此，我们可以不用顾及其性能的丢失，并在本节直接讨论如何将任务进行分配。

为了给作业静态优先级分割调度设计合适的任务分配方案，我们可以使用和任务静态优先级分割调度相同的策略，但是不会使用用于单处理器 RM 的可调度性测试，而是使用单处理器基于调度算法的可调度性测试（在我们的示例中，使用的是单处理器 EDF）。然而，一个确切的用于单处理器的可调度性测试（正如我们在 9.2 节看到的）其实很简单：

如果处理器上所有任务的利用率总和没有超过 1，则认为该处理器上的任务集是可调度的。正是因为这一原因，基于首次适配的利用率临界限为 0.5 的算法就可以被采纳。同样可以发现（使用表 9-2 的任务集 2），对于每一个分割任务静态优先级调度算法，其利用率临界限的最大值为 0.5。

9.3.1.3　基于公平性的算法

在一些调度算法中，作业可以在任何时刻转移给任意一个处理器，这些算法的利用率临界限大都达到 100%。不过，和任务静态分割算法、作业静态分割算法以及任务静态全局算法、作业静态全局算法相比，这些算法导致了更多的抢占行为。详细请参考 SA 算法 [Khemka92]、PF 算法 [Baruah96]、PD 算法 [Srinivasan02a]、BF 算法 [Zhu03] 以及 DP-WRAP 算法 [Levin10]。

最近又有一个称为 RUN [Regnier11] 的算法，该算法基于公平性且与其他算法相比发生的抢占次数更少。在 RUN 下，每个作业需要的抢占数与处理器的数量呈对数关系。不过 RUN 也有缺点：它经常产生一些很小的调度片段并且不能在实践中察觉。同样，RUN 不能调度零星任务，它只能调度周期性任务。未来的研究可能将 RUN 应用于相关行业。

9.3.1.4　基于任务分割的算法

目前为止，我们已经见过两类算法：需要少量抢占并且利用了临界限为 0.5 的算法，以及需要大量抢占但是其利用率为 1 的算法。如果一个算法仅使用少量的抢占但是其利用率临界限大于 0.5，那将是最好的。任务分割就是拥有这种特性的一种算法。

考虑表 9-2 中的任务集 2。在分割调度算法下，由于不可能将一个任务分配给多个处理器，所以在每个任务都分配给一个处理器后，不存在利用率为 1 的处理器。但是，如果我们允许“切开”任务，即把它分成两个或多个“切片”，就能达到这一目标。同样考虑表 9-2 中的任务集 2。我们可以将任务 τ_1 分配给处理器 1，将任务 τ_2 分配给处理器 2，一直到将任务 τ_m 分配给处理器 m。然后将任务 τ_{m+1} 切成满足如下公式的两片：

$$T_{m+1}' = 1, C_{m+1}' = \frac{1}{4} + \frac{\varepsilon}{2}$$

$$T_{m+1}'' = 1, C_{m+1}'' = \frac{1}{4} + \frac{\varepsilon}{2}$$

在如此切割之后，任务 τ_{m+1}' 可以分配给处理器 1，而任务 τ_{m+1}'' 可以分配给处理器 2。在以这种方式分配之后，对于每一个处理器，其最高利用率满足 $\frac{1}{2}+\varepsilon+\frac{1}{4}+\frac{\varepsilon}{2}$。又假设有 $\varepsilon<\frac{1}{6}$，我们就可以得到，在这种分配方式下，每一个处理器满足利用率不超过 1。因此，我们可以在每一个处理器上应用单处理器 EDF 来避免错过时限。在我们能够独立地调度任务 τ_{m+1} 的两个切片并且能够同步执行这两个任务切片时，该方案就是可行的。然而，这两个任务切片都属于源任务 τ_{m+1}，并且该任务是包含内部数据依赖的程序。因此，除非我们知道描述任务 τ_{m+1} 的程序的内部结构，否则必须假定任务 τ_{m+1} 的两个任务切片在

调度任务 τ_{m+1}时是异步执行的。

在调度周期性任务中，相关研究文献提供了一种任务切割的算法：EKG [Andersson06]。对于调度周期性任务，研究文献提供了不同的方法来分派被切割任务的不同切片。

- *基于时段的任务切片发送*（slot-based split-task dispatching）：该方法将时间细分成大小相同的时段，在每一个时段内有一个用于任务切片执行的保护区。因此，如果任务 τ_i 在处理器 p 和处理器 $p+1$ 之间被分割，它将被分配给处理器 p 和处理器 $p+1$ 的保护区。这些保护区的时间通过如下的方式来选取：对于两个连续的处理器，用于在这两个处理器之间分配切片任务的保护区，需要满足这些保护区之间没有重叠的时间。研究文献提供了一个使用基于时段的任务切片发送的算法，有时也称为零星 EKG [Andersson08a]。
- *基于暂停的任务切片发送*（suspension-based split-task dispatching）：在该方法下，在任务切片 τ_{m+1}'执行时不能选择执行 τ_{m+1}''。研究文献提供了使用基于暂停的任务切片发送的算法，称为 End2-SIP [Kato07]。
- *基于窗口的任务切片发送*（Window-based split-task dispatching）：在该方法下，只有在任务切片 τ_{m+1}'结束执行时才有资格选取 τ_{m+1}''。该方法可以有效避免时间重叠。各切片的时限必须重新分配，以使时限的总和不会超过该任务被分割之前的时限。研究文献提供了一个使用基于窗口的任务切片发送和动态优先级调度的算法，称为 EDF-WM [Kate09]。研究文献同样提供了一个使用基于窗口的任务切片发送以及固定优先级调度的算法，称为 PDMS_HPTS_DS[Lakshmanan09]。

9.3.1.5 内存效应

在多处理器系统中，其他类型的内存冲突会导致时间以及 9.2.2 节中提到的一些其他效应变得更加严重。从内存控制器到内存模块的总线冲突随着处理器数量的增加而增加。有一些方法可用于分析文献 [Andersson10，Nan10，Pellizzon10，Schliecher10] 中提到的时间效应。

现在越来越多的多处理器被嵌入单个芯片上（多核处理器），这种情况下处理器（处理器核）会共享高速缓存。显然，只要有其他任务抢占了处理器，使用该高速缓存块的任务就会被剔除（正如 9.2.2 节中提到的一样）。然而在多核处理器系统中，高速缓存块上的任务同样会被其他并行执行在其他处理器上的任务剔除。存在一些用于分析由这类问题导致的时间效应的方法。该方法称为*高速缓存着色法*，这一方法通过建立一个虚拟到物理的地址转换，使得导致不同任务的高速缓存集合不会相交，从而排除了这一效应。

当今世界上的计算机主要使用动态随机存取存储器（Dynamic Random Access Memory，DRAM）作为内存，同时这种内存有一组存库，每个存库都包含多个行。在每个存库中，每个时刻只能有一行可以打开。当一个任务要执行内存操作时，它会选择一个内存存库（由物理地址决定）并打开该内存存库中的一行（由物理地址决定），然后从该行中读取数据。如果给定的该内存操作相关的行已经打开，那么就不需要再打开该行并且内存操作能够更快地完成。通常，程序具有引用的区域性，使得对许多内存操作不需要打开新的行（因为之前的内存操作已经打开了该内存存取操作需要打开的行）。当多任务执行在不同处理器上，并且在同一块存库上存取不同行时，任务 τ_i 打开了新的行并且关闭了由另外的任务 τ_j 打开的行，这样一来就导致了任务 τ_j 执行时间的增加。名为存库着色的方法（它的工作原理和高速缓存着色法相似）排除了这一效应。由于高速缓存着色法和存库着色法都配置了系统的虚拟内存，但是各自的目的不同，所以高速缓存着色法和存库着色法都有必要实时协调好各自的配置［Suzuki13］。

即使在全局分割的需求下，小数量分割的情况也会出现，这导致了高速缓存和存库着色场景存在局限性。文献［Kim14］开发了一款新的算法，用于在任务共享存库切片时限制内存冲突的增加。尤其是，这些工作者开发了双界限场景，在这种场景中每一个存取界限都结合每个作业的界限来减小过度逼近的错误。此外，他们的文章探索了在内存控制器中，每个存库队列的长度对最坏情况内存冲突的影响。他们将该结果纳入一个调度算法中，并设计了任务分配算法来减小该效应。最近，调查［Abel13］中讨论了这些问题。

9.3.2 适应可变性和不确定性

在本节中，我们将讨论那些用于适应任务集时序参数的变化以及来自环境中的不确定性的技术。

9.3.2.1 使用 Q－RAM 的资源分配均衡

在本章之前的小节中，我们讨论了那些拥有固定资源需求的任务（需要 CPU 时间来完成执行）。在本节中，我们将会讨论那些能够配置在不同服务质量等级上的任务，这些任务会轮流改变需要的资源。例如在一个视频播放应用中，依据不同每秒帧数（Frames Per Second，FPS）的需求，应用会消耗不同数量的 CPU 周期。在这种情况下，该问题就变成了选择最佳的服务质量（QoS）级别的问题。

为了处理这一问题，文献［Rajkumar97］开发了基于服务质量的资源分配模型（Quality-of-Service Resource Allocation Model，Q-RAM）。Q-RAM 将不同应用的 QoS 级别映射到了系统效用（和用户察觉的一样），并且给这些应用分配资源，保证了总的系统效用最大（最优的）。Q-RAM 主要利用了在应用（如视频流）增加 QoS 级别时，对于用户来说功效的递增量持续减少，从而导致了越来越少的回报这一现象。换句话说，将 QoS 级别从 i 提升到 $i+1$ 所获得的功效的提升要比从级别从 $i+1$ 提升到 $i+2$ 获得的功效大。例如，在一个视频流应用中，将 FPS 从 15 提到 20 会比从 20 提升到 25 给用户带来更多的功效（例如，感受到的视频质量）。

Q-RAM 使用效用函数中收益递减的凹性来给不同任务做最优的资源分配，这种收益递减表现为效用相对于资源比例的单调递减。该比例称为边缘功效（marginal utility），它是连续功效函数的一个派生。Q-RAM 使用边缘功效在某一时刻给资源做增量分配，该增量分配源于最小资源分配的最大功效（最大的边缘功效）。在每一个随后的步骤中，它选择下一个最大的边缘功效增量，保持这种方式直到分配完全部资源（例如 CPU 利用率）。当 Q-RAM 达到了准确的（最优的）处理情况时，最后全部任务分配到的边缘功效（或者 QoS 级别）是相同的。

图 9-9 描绘了两个相同的应用功效曲线。在该情况下，如果资源单元的总数是 6（例

如 6Mbps)，则会按如下步骤进行分配：给应用 A 分配 1 个单位的资源，给应用 B 分配 1 个单位的资源，将应用 A 分配的资源数提到 2 个单位，将应用 B 分配的资源数提到 3 个单位，最后将应用 A 的资源数提到 3 个单位。

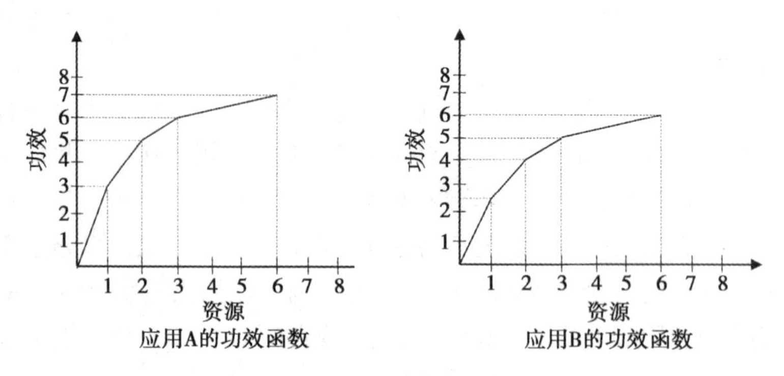

图 9-9 功效曲线示例

应用可以拥有多个方面的 QoS 来为用户提供不同的功效。例如，视频流应用的功效不仅仅取决于每秒帧数，还取决于每一帧的分辨率，例如 VGA、半高清（720）、全高清（1024）等。这样，每一个应用 τ_i 都有一个一维的资源功效函数 $U_{i,k}=U_{i,k}(R)$，来为应用的 $Q_k(1\leqslant k\leqslant d)$ 个不同方面的 QoS 分配现拥有的 R 个资源。此外，为了达到一个具体的 QoS 级别，应用可能需要多于一个的资源。例如，在一个视频流应用中，如果该视频流通过了一个网络，它也许需要 CPU 周期和网络带宽。这种情况下，一维功效需要多个资源：$U_{i,k}=U_{i,k}(R_{i,1},R_{i,2},\cdots,R_{i,m})$。资源的分配也随之变为一个分配向量，形如 $R^i=(R_{i,1},R_{i,2},\cdots,R_{i,m})$。

若应用的 QoS 维数是独立，那么它们会产生各自的功效，并且应用的全部功效就是位数的总和：$U_i=\sum_{k=1}^{d}U_{i,k}$。相对的，若各维度是相关的，那么它们的分配需要作为一个联合分配以达到如前所述的单个功效的级别。这样，对于二维的情况，功效曲线就变成了表面，并且分配步骤就会选择表面坡度最陡的方向，因为该方向上的两个维度都会拥有最大的增量。

Q-RAM 允许为一个系统的应用分配权重以编码其相对重要性。系统的功效则可以通过下式计算：$U=\sum_{i=1}^{n}\omega_iU_i(R^i)$。

9.3.2.2 混合关键性调度

传统的实时调度理论认为所有的任务都有相同的重要程度，并且必须确保所有任务的都能在其时限之前完成。实际上，实时系统中不同组件拥有不同级别的关键性是很常见的。例如，一个飞行器拥有一些特征，在这些特征中，自动翼边对保持飞机飞行就十分重要，而其他的比如在一个侦察机中物体识别就不那么重要。这些变化可能来自于环境的不确定性（例如，避开大量的物体），或者来自最坏执行时间测试时产生的不同程度的时延。对于这些情况，一个通常的做法是将低重要性的任务和高重要性的任务分开，并且将这两种任务部署在不同的处理器上以防止在最坏执行时间发生变化的情况下，低重要性的任务干涉高重要性的任务。

在最近几年，这种分离方法已经应用到操作系统中以支持时域保护。这种时域保护的典型做法是做一个对称的时域保护。这就是说，它防止了低重要性的任务超过它的 CPU 运行预算（C），从而避免了阻塞高重要性任务，避免了高重要性任务不能在其时限内完成。同时，它防止了高重要性任务超过它的 CPU 运行预算，以致低重要性任务在它们的时限前完成。不过，在这之后，会推迟一个高重要性任务以允许一个低重要性任务运行。这种情况称作重要性反转。每当低重要性任务导致高重要性任务错过其时限，此时我们就认为发生了重要性违规。

在文献［de Niz09］中，作者提出了一个新的名为零空闲单调速率（Zero-Slack Rate Monotonic，ZSRM）的调度程序，该程序为混合关键性系统提供了时域保护，从而避免了重要性违规的发生。尤其，ZSRM 防止了低重要性任务干扰高重要性任务，但是允许后者窃取前者的 CPU 周期。该场景称为非对称的时域保护。ZSRM 允许作业在它们的单调速率优先级上开始执行，即使重要性反转发生，这种情况称为一个单调速率执行模式。这之后作业会切换到一个重要执行模式，尽可能在最后一个时隙停止低重要性任务，以确保它不会错过自己的时限（例如，遭受到了一个重要性违规）。这一个最后时隙就是任务 τ_i 的零空闲时隙（Z_i）。该零空闲时隙使用 9.2.1.3 节中提到的响应时间测试中一个结合了两种执行模式的改进版本来计算。现如今，为了适应最坏执行时间情况下的变化，任务被给予了两种执行预算：正常的执行预算（C_i），该预算考虑了在任务没有超支时的最坏执行时间；以及一个超额的执行预算（C_i^o），该预算是在其超支时的最坏执行时间。因此，ZSRM 定义如下：

$$\tau_i = (C_i, C_i^o, T_i, D_i, \zeta_i)$$

这里 ζ_i 代表了任务的重要程度（按照惯例数字越小表明任务有更高的重要性）。在这种任务模式下，响应时间测试为每一个任务运行一个活动时间表，该时间表以单调速率执行模式（RM mode）为始并以重要性执行模式（critical mode）为止。在这两种模式中，会考虑一套不同的干扰任务：在 RM 模式中，涉及一组最高优先级的任务（Γ_i^{rm}）；而在重要性模式中，仅仅考虑了那些拥有更高重要性（包括那些优先级更低的任务）的任务（Γ_i^C）。要计算 Z_i，首先在重要性模式下执行任务 τ_i 的全部作业 $J_{i,k}$；当 Γ_i^C 的任务将作业抢占时，这些作业需要在一个时刻立即开始以在其时限到来之前完成，而这一时刻是一个固定值。然后，给出 Z_i，我们能计算出从作业到达到 Z_i 的空闲时间（Γ_i^{rm} 中没有任务运行的间隙时间）。该空闲时间将部分作业“移动”到 RM 模式下执行，从而将 Z_i 移动到周期的末尾。该步骤重复执行直到不再存在空闲并且 Z_i 变得固定。图 9-10 展示了一个响应时间的活动时刻表以及 Z_i。

随后 ZSRM 提供了基于任务的保障：如果没有任务 $\tau_j \mid \zeta_j \leq \zeta_i$ 执行超过 C_j，那么一个任务肯定能在其时限（D_i）前执行 C_i^o 时间。该保障同样提供了功能衰减保证，以确保如果错过了时限，它们不会出现重要性顺序反转的情况。

ZSRM 场景已经扩充到包括一些同步协议［Lakshmanan11］，将装箱算法用于分割多处理器调度［Lakshmanan10］，以及基于功效的分配［de Niz13］。

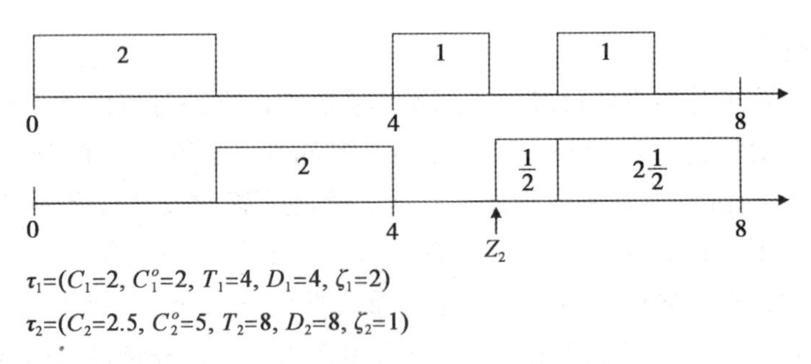

图 9-10　ZSRM 响应时间活动时刻表

其他的混合关键性模型视最坏执行时间的不同保障等级为它们变化的来源［Baruah08，Vestal07］。在这些模型中，系统里任务的每个重要性等级都拥有不同的最坏情况执行时间，并且一个任务的可调度性基于它所需的重要性等级（该重要性等级是到保障等级的一个映射）。对于这一模型，文献［Baruah11］设计了特有的一个基于重要性的优先级（Own Criticality-Based Priority）来将优先级分配给一组混合关键性、非复发的作业，之后再将该场景扩展到零星任务上。

9.3.3　其他资源的管理

实时调度技术已经推广到其他类型的资源，以提供确定性的保障。在本节中我们会讨论两种重要的资源类型：网络以及能源。

9.3.3.1　网络调度以及带宽分配

很多系统（例如汽车系统）由多个计算节点共同完成一项功能。例如，一个计算节点也许是用一个传感器来读取信息，然后将读取数据发送给另一个计算节点；第二个计算节点会计算一个指令然后在物理环境中执行该指令。系统在连续的基础上重复这一系列步骤。对于这一类型的系统，就有必要确定从一个节点的传感器读取数据到另一个节点执行指令的时间的有界性，并且该界的宽度要小于端到端时限的时长。为了满足这一需求，消息开始传输到它传输结束的时间必须是有界的，并且还是可获取的，同时我们还必须计算出该时间的上界。传统上，带有共享介质的以太网（传统的同轴电缆）已经实现了个人电脑的通信，但是由于介质的仲裁是随机的，该技术存在潜在的无限长延迟的缺点。为了解决这一问题，信息物理系统的工程师已经实现了一些有界时延的通信协议。

其中一个处理办法就是同步所有计算机节点的时钟并且形成静态调度，以说明哪一时刻该计算机节点是允许传输消息的。该静态调度在之后无限地重复执行。时间触发以太网（Time-Triggered Ethernet，TTP）以及 FlexRay 的静态段都是基于这种思想的应用实例。这种技术提供了每当一个调度被创建就不再需要可调度分析的优势，这就使得该技术简单明了。它们同样提供了低延时的故障检测并且能提供很高的比特率。不过，这种方法同样存在一些缺点：对于期限紧、最小到达时间又长的分散任务，这个方法不能保证它们的时序要求；以及在消息流的消息特性（例如周期）发生变化，或者又有新的计算机节点连入网时，它就必须重新计算一个新的调度并重新部署该调度到所有的计算机节点上，即这种方法缺少一定的弹性。

信息物理系统的工程师已经设计了一些可用于替代的处理方法来裁决介质的使用权，其中控制器局域网络（Controller Area Network，CAN）总线是目前部署最为广泛的方法之一。到目前为止，已经出售了数以百万计的使用 CAN 总线的微控制器。

CAN 总线使用基于优先顺序的介质访问机制。它按如下方式工作：为每一个消息分配一个优先级，并且计算机节点会和拥有最高优先级消息的计算机节点竞争介质访问权。CAN 总线的介质访问控制（Medium Access Control，MAC）协议会赋予拥有最高优先级的计算机节点以访问权限，以将该节点上的消息传输出去。当传输结束时，CAN 总线的 MAC 协议继续赋予拥有最高优先级的计算机节点以访问权限，然后同之前一样，会传输该节点上的消息。该行为会一直重复直到只剩下最后一个计算机节点需要传输消息。因此，考虑通信中非抢占式的情况，我们可以使用固定优先级调度理论（在之前的章节中讨论过）来分析 CAN 总线的消息传递时序［Davis07，Tindell94］。

由于其流行性，CAN 技术已扩展到很多新的方面。已经开发出无线版本的 CAN 总线［Andersson05］。此外，文献［Sheikh10］提出了新版本的 CAN，使用了比访问仲裁高得多的比特率来做数据载荷的传输。

9.3.3.2 能源管理

大量的实时系统都是运行在能耗限制下的，比如一定的电池容量或者散热。在这些系统中，最小化能耗的需求就变的非常重要。为此，当前大部分的处理器芯片允许它们调节自己的操作频率，因为在 CMOS 技术中，能耗和电压的平方乘以频率是成正比的（即 $P \propto V^2 \cdot f$）。因此，假定在这些处理器中频率和电压都同时调节的情况下，对于每一个单元，频率和电压减小一倍我们就能得到八倍的能耗减小。

利用这一事实，实时学界开发了一套实时频率缩放算法，以满足最小化处理器的频率的同时不错过任务的时限。尤其，文献［Saewong03］开发了一套用于固定优先级实时系统的算法，该算法使得设计者可以确定一个处理器的最小频率用于调度给定的任务集。各个算法都有如下不同的使用案例。

- 系统时钟频率分配（Sys-Clock）：Sys-Clock 算法设计用于频率切换开销非常大的处理器，并且它更适合于在设计好的时间内确定频率。
- 单调优先级时钟频率分配（PM-Clock）：PM-Clock 算法设计用于拥有低频率切换开销的系统。在该情况下，每一个任务都分配了一个独有的频率。
- 最优时钟频率分配（Opt-Clock）：Opt-Clock 算法基于非线性优化技术来为每一个任务确定最优的时钟频率。该算法的复杂度很高并且只推荐在设计时使用。
- 动态 PM-Clock（DPM-Clock）：DPM-Clock 算法适应了平均和最坏执行时间之间的差异。

这些算法假定任务都是调度在单调时限调度算法下的，且任务 τ_i 的特征为：周期长度为 T_i；它所约束的时限 D_i 小于或者等于其周期的大小；同时它的最坏情况执行时间为 C_i。将处理器的频率设置归一化为最大频率 f_{max}。

Sys - Clock 算法发现了满足所有任务都不错过其时限的最小的处理器频率。值得一提的是，该算法确定了任务的最早完成时间和最迟完成时间，这就告诉我们任务执行在最高频率下会在最早时刻完成，而相对的，更高优先级的任务也只能够在最晚时隙之前抢占该任务，故任务也只能在最晚完成时间之前错过其时限。同时，该函数能计算出处理器的最小频率，以满足任务在空闲周期结束之前全部完成，且执行时间介于最早和最晚完成时间之间。

让我们使用表 9-3 中的任务集来展示这个算法。图 9-11 展示了这些任务的执行时间表。

表 9-3 任务集样本

任务	C_i	T_i	D_i
τ_1	7	20	20
τ_2	5	28	28
τ_3	3	30	30

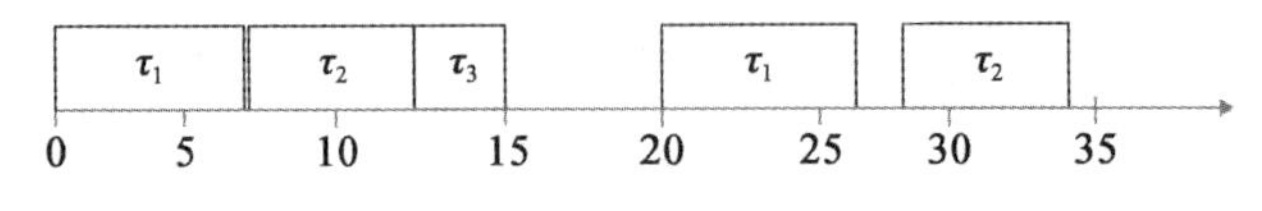

图 9-11 样本任务集的执行时间表

图 9-11 描绘了处理器运行在更高频率下的执行时间表。按照 Sys-Clock 算法，我们可以减小频率以将任务集的执行完成时间移到空闲时间的末端——在本例中就是 20 和 28 时刻。该工作可以通过计算必要的频率缩放因子（α）来扩展任务的全部工作量，同时计算空闲时间中它的抢占任务占的时间数量（β）。在本例中，当前工作量的计算如下[⊖]：

$$\beta = \frac{C_1 + C_2 + C_3}{f_{\max}} = 15$$

$$\alpha = \frac{15}{20} = 0.75$$

下列式子计算了第二个空闲间隔（从 27 到 28）的工作量：

$$\beta = \frac{2C_1 + C_2 + C_3}{f_{\max}} = 22$$

$$\alpha = \frac{22}{28} = 0.79$$

最后选择两者的最小值 0.75。当所有任务的频率都计算出来，就选择它们之中的最大值为固定频率。

PM-Clock 算法是 Sys-Clock 算法的改进，它同样是以计算每个任务的 Sys-Clock 频率开始的。如果高优先级任务的频率给低优先级任务提供了更多的空闲时间，这就需要重新计算那些低优先级任务的频率。在这种情况下，每个任务都运行在它自己独有的一个频率上，同时更高优先级任务会转变到更低的频率来为低优先级任务提供更多空闲时间。

Opt-Clock 算法定义了在数据集超周期（hyper-period）之上的最优问题，并利用了能

⊖ 注意 $f_{\max}$ 最初为 1。

源方程（$P(f) = cf^x, x \geqslant 3$）的凸特性解得了最小化能源消耗。

最后，DPM-Clock 算法是一个在线电压缩放算法，并且在任务早于预期完成时能够进一步降低处理器的频率。特别的，它通过缩放将下一个比当前任务优先级低或者优先级相同的任务更早完成。

文献［Aydin06］提出了系统级别的实时系统能源管理方法，该方法不仅考虑到处理器的频率，同时使其他设备的使用不会受到该频率缩放的影响。特别是作者用下式描述了任务的执行时间：

$$C_i(S) = \frac{x_i}{S} + y_i$$

这里 x_i 是工作在处理器芯片上的任务，该任务缩放了一个确定的速度 S（和频率相关），而 y_i 是那些不会随该速度缩放的芯片外的工作。基于这一模型，作者提出了用于衍生出最优静态速率的算法以最小化能源消耗。

最近，文献［Moreno12］开发了用于多处理器的最优算法，该算法可以独立地设置处理器自己的频率（统一多处理器）。这个方法利用了文献［Funk09］开发的统一多处理器的最优调度算法，并在此基础上使用了一个称为 U-LLREF 的全局调度方法。基于这一算法，文献［Moreno12］开发了最小增长频率（Growing Minimum Frequency，GMF）算法来计算最小频率，并且在该最小频率下满足每个处理器都能在任务集的时限前运行完成。

GMF 算法测试了任务一个子集的可调度性，而不是处理器子集的可调度性。尤其，任务一个接一个地按照利用率的非增序列加入到任务子集中去调度。同样地，用于调度任务的处理器组也是按照处理器速度（或者频率）的非增序列一个接一个地加入进去。该算法在全部处理器分配到最小频率时开始执行，并为一个多处理器上的任务集中的一个任务实现调度。由于在任务按序（一个接一个）加到任务集中调度时，处理器也是一个接一个添加的，这样我们应能得出前 i 个最大任务的利用率总和是小于或等于前 i 个最快处理器的频率总和的结论。如果不是这样的话，我们增加最慢处理器的频率并重复之前的步骤。当我们考虑了全部的空闲处理器时，如果还有额外的任务，则同时考虑全部的任务并重复频率增加步骤。文献［Moreno12］证明：对于离散频率阶跃且阶跃大小一致的处理器，该算法为最优。

9.3.4 间歇任务调度

目前为止，我们已经见过了多种用于证明在任务拥有固定时序参数时，所有的时序需求都可以满足的方法。对于这种场景已经形成了比较成熟的理论。最近，研究人员探索了一些理论，证明了当时序需求随着物理过程的函数变化时，时序需求仍能得到满足。我们将会在本节讨论这项工作。由于这一领域的工作还不是很成熟，所以我们只关注单处理器的调度。

由于大量的算法都和物理世界有交互，例如控制算法，它们可以以稳定的状态执行在一个固定周期上，但越来越多的算法没有固定的周期。以汽车引擎的传动控制为例，大部分任务的执行都是在曲轴达到特定位置时触发的。在这一情况下，这两个活动之间的间隔会随着引擎的分钟转速发生变化。对于这样的系统，文献［Kim12］提出了间歇真实任务模型（rhythmic real task model）。该模型基于单调速率调度算法，它允许任务持续改变自己的周期。

对于该模型，文献［Kim12］定义任务的时序参数依据一个状态向量 $v_s \in R^k$ 来变化，这里 k 是一个用于代表系统状态的维度数。基于该向量，将任务 τ_i 的时序参数定义为 $C_i(v_s)$，$T_i(v_s)$，$D_i(v_s)$，并且我们使用 τ_i^*，C_i^*，D_i^*，T_i^* 来确定间歇任务。间歇任务的时序参数的可变性被最大加速参数限制，该参数来源于周期的可变性，定义如下：

$$\alpha(v_s) = 1 - \frac{T(v_s, J_{i+1})}{T(v_s, J_i)}$$

该值可正可负。同样，最大加速间隔依据该间隔内释放的最大作业数量（$n_a(v_s)$）定义。

文献［Kim12］展示了大量的使用案例以及这些案例的分析。首先，这些研究人员评估了只有一个间歇任务和一个周期性任务的案例。然后他们使用该案例展示了在可调度性上这两种任务之间的差异。更具体来说，研究人员证明了对于这种案例，只要每个状态满足下式，则任务集是可调度的：

$$C_1^* \leqslant \max\left(\frac{T_2 - C_2}{\left\lceil \frac{T_2}{T_1^*} \right\rceil}, T_1^* - \frac{C_2}{\left\lceil \frac{T_2}{T_1^*} \right\rceil}\right)$$

文献［Kim12］提出了基于 T_1^* 的参数化方程，当调度另一组周期性任务以保持其他分析的可调度性时，这个方程可以计算间歇任务最大的 WCET。它按照如下定义：

$$f_{C_{\max}}^*(T_1^*) = \min_{\forall \tau_i \in \Gamma} \max\left(T_1^* - \frac{\sum_{j=2}^{i}\left\lceil \frac{T_i}{T_j} \right\rceil C_j}{\left\lceil \frac{T_i}{T_1^*} \right\rceil}, \frac{T_i - \sum_{j=2}^{i}\left\lceil \frac{T_i}{T_j} \right\rceil C_j}{\left\lceil \frac{T_i}{T_1^*} \right\rceil}\right)$$

作者同样推导出对于拥有一个间歇任务和多个周期性任务，在最大加速间隔 $n_\alpha = 1$ 时的最大可能加速值：

$$\alpha \leqslant 1 - \frac{T_1^*}{C_1^*}\left(\mathrm{UB}(n) - \sum_{i=2}^{n} \frac{C_i}{T_i}\right)$$

其中 $\mathrm{UB}(n)$ 是文献［Liu73］中计算的利用率临界限。

文献［Kim12］也给出了一个基于传动控制系统的案例研究，用于探索系统的可调度性条件。

9.4　总结与挑战

对于复杂 CPS 来说，确保信息部分和物理部分同时执行是新的挑战。基于这篇提出了单调速率调度策略的开创性论文［Liu73］中所设计的关键技术之上，本章讨论了一些实时系统中较成熟的基础技术。我们概括了共享资源的协议、多个变体中调度的多处理器以及包括网络和能耗这类其他类型资源的技术应用。

新一代的 CPS 提出了一堆必须解决的挑战。这些挑战来源于不同的方面——准确来说，来自于新式的多核处理器的硬件结构，以及由于物理过程活动的增加，导致其不再符合传统上的稳定状态所引起的时序参数可变性的加大。

新的硬件结构需要更复杂的资源分配算法以处理商用（Commercial-Off-The-Shelf，COTS）硬件中的可预测性问题，因为这种硬件的设计一般使平均情况下的执行时间最小但使最坏情况执行时间高度的不可预测。而且，硬件加速器，比如 GPGPU、DSP，甚至是一些拥有不同速率的核所带来的更高的异构性也必须得以解决。最后，由于处理器操作温度的提高，未来热能管理也将成为一个突出的问题。

在新式的 CPS 中，物理过程活动的增加需要一个新的资源需求模型，使用智能的调度机制来限制这些活动并使其可分析。

参考文献

[Abel13] A. Abel, F. Benz, J. Doerfert, B. Dorr, S. Hahn, F. Haupenthal, M. Jacobs, A. H. Moin, J. Reineke, B. Schommer, and R. Wilhelm. "Impact of Resource Sharing on Performance and Performance Prediction: A Survey." CONCUR, 2013.

[Altmeyer11] S. Altmeyer, R. Davis, and C. Maiza. "Cache-Related Pre-emption Delay Aware Response Time Analysis for Fixed Priority Pre-emptive Systems." *Proceedings of the IEEE Real-Time Systems Symposium*, 2011.

[Andersson08] B. Andersson. "Global Static-Priority Preemptive Multiprocessor Scheduling with Utilization Bound 38%." In *Principles of Distributed Systems*, pages 73–88. Springer, 2008.

[Andersson01] B. Andersson, S. K. Baruah, and J. Jonsson. "Static-Priority Scheduling on Multiprocessors." Real-Time Systems Symposium, pages 193–202, 2001.

[Andersson08a] B. Andersson and K. Bletsas. "Sporadic Multiprocessor Scheduling with Few Preemptions." Euromicro Conference on Real-Time Systems, pages 243–252, 2008.

[Andersson12] B. Andersson, S. Chaki, D. de Niz, B. Dougherty, R. Kegley, and J. White. "Non-Preemptive Scheduling with History-Dependent Execution Time." Euromicro Conference on Real-Time Systems, 2012.

[Andersson10] B. Andersson, A. Easwaran, and J. Lee. "Finding an Upper Bound on the Increase in Execution Time Due to Contention on the Memory Bus in COTS-Based Multicore Systems." *SIGBED Review*, vol. 7, no. 1, page 4, 2010.

[Andersson03] B. Andersson and J. Jonsson. "The Utilization Bounds of Partitioned and Pfair Static-Priority Scheduling on Multiprocessors are 50%." Euromicro Conference on Real-Time Systems, pages 33–40, 2003.

[Andersson05] B. Andersson and E. Tovar. "Static-Priority Scheduling of Sporadic Messages on a Wireless Channel." In *Principles of Distributed Systems*, pages 322–333, 2005.

[Andersson06] B. Andersson and E. Tovar. "Multiprocessor Scheduling with Few Preemptions." *Real-Time Computing Systems and Applications*, pages 322–334, 2006.

[Audsley91] N. C. Audsley, A. Burns, M. F. Richardson, and A. J. Wellings. "Hard Real-Time Scheduling: The Deadline Monotonic

Approach." *Proceedings of the 8th IEEE Workshop on Real-Time Operating Systems and Software*, 1991.

[Aydin06] H. Aydin, V. Devadas, and D. Zhu. "System-Level Energy Management for Periodic Real-Time Tasks." Real-Time Systems Symposium, 2006.

[Baruah96] S. K. Baruah, N. K. Cohen, C. G. Plaxton, and D. A. Varvel. "Proportionate Progress: A Notion of Fairness in Resource Allocation." *Algorithmica*, vol. 15, no. 6, pages 600–625, 1996.

[Baruah11] S. Baruah, H. Li, and L. Stougie. "Towards the Design of Certifiable Mixed-Criticality Systems." 16th IEEE Real-Time and Embedded Technology and Applications Symposium (RTAS), 2010.

[Baruah08] S. Baruah and S. Vestal. "Schedulability Analysis of Sporadic Tasks with Multiple Criticality Specifications." European Conference on Real-Time Systems, 2008.

[Chattopadhyay11] S. Chattopadhyay and A. Roychoudhury. "Scalable and Precise Refinement of Cache Timing Analysis via Model Checking." *Proceedings of the 32nd IEEE Real-Time Systems Symposium*, 2011.

[Davis11] R. I. Davis and A. Burns. "A Survey of Hard Real-Time Scheduling for Multiprocessor Systems." *ACM Computing Surveys*, vol. 43, no. 4, Article 35, October 2011.

[Davis07] R. I. Davis, A. Burns, R. J. Bril, and J. J. Lukkien. "Controller Area Network (CAN) Schedulability Analysis: Refuted, Revisited and Revised." *Real-Time Systems*, vol. 35, no. 3, pages 239–272, 2007.

[de Niz09] D. de Niz, K. Lakshmanan, and R. Rajkumar. "On the Scheduling of Mixed-Criticality Real-Time Tasksets." *Proceedings of the 30th IEEE Real-Time Systems Symposium*, 2009.

[de Niz13] D. de Niz, L. Wrage, A. Rowe, and R. Rajkumar. "Utility-Based Resource Overbooking for Cyber-Physical Systems." IEEE International Conference on Embedded and Real-Time Computing Systems and Applications, 2013.

[Dhall78] S. K. Dhall, and C. L. Liu. "On a Real-Time Scheduling Problem." *Operations Research*, vol. 26, pages 127–140, 1978.

[Funk09] S. Funk and A. Meka. "U-LLREF: An Optimal Real-Time Scheduling Algorithm for Uniform Multiprocessors." Workshop of Models and Algorithms for Planning and Scheduling Problems, June 2009.

[Hahn02] J. Hahn, R. Ha, S. L. Min, and J. W. Liu. "Analysis of Worst-Case DMA Response Time in a Fixed-Priority Bus Arbitration Protocol." *Real-Time Systems*, vol. 23, no. 3, pages 209–238, 2002.

[Hansen09] J. P. Hansen, S. A. Hissam, and G. A. Moreno. "Statistical-Based WCET Estimation and Validation." Workshop on Worst-Case Execution Time, 2009.

[Huang97] T. Huang. "Worst-Case Timing Analysis of Concurrently Executing DMA I/O and Programs." PhD thesis, University of Illinois at Urbana–Champaign, 1997.

[Joseph86] M. Joseph and P. Pandya. "Finding Response Times in a Real-Time System." *Computer Journal*, vol. 29, no. 5, pages 390–395, 1986.

[Kato07] S. Kato and N. Yamasaki. "Real-Time Scheduling with Task Splitting on Multiprocessors." *Real-Time Computing Systems and Applications*, pages 441–450, 2007.

[Kato09] S. Kato, N. Yamasaki, and Y. Ishikawa. "Semi-Partitioned Scheduling of Sporadic Task Systems on Multiprocessors." Euromicro Conference on Real-Time Systems, pages 249–258, 2009.

[Khemka92] A. Khemka and R. K. Shyamasundar. "Multiprocessor

Scheduling of Periodic Tasks in a Hard Real-Time Environment." International Parallel Processing Symposium, 1992.

[Kim14] H. Kim, D. de Niz, B. Andersson, M. Klein, O. Mutlu, and R. Rajkumar. "Bounding Memory Interference Delay in COTS-Based Multi-Core Systems." Real-Time and Embedded Technology and Applications Symposium, 2014.

[Kim12] J. Kim, K. Lakshmanan, and R. Rajkumar. "Rhythmic Tasks: A New Task Model with Continually Varying Periods for Cyber-Physical Systems." IEEE/ACM International Conference on Cyber-Physical Systems, 2012.

[Klein93] M. Klein, T. Ralya, B. Pollak, R. Obenza, and M. G. Harbour. *A Practitioner's Handbook for Real-Time Analysis: Guide to Rate Monotonic Analysis for Real-Time Systems*. Kluwer Academic, 1993.

[Lakshmanan11] K. Lakshmanan, D. de Niz, and R. Rajkumar. "Mixed-Criticality Task Synchronization in Zero-Slack Scheduling." 17th IEEE Real-Time and Embedded Technology and Applications Symposium (RTAS), 2011.

[Lakshmanan10] K. Lakshmanan, D. de Niz, R. Rajkumar, and G. Moreno. "Resource Allocation in Distributed Mixed-Criticality Cyber-Physical Systems." IEEE 30th International Conference on Distributed Computing Systems, 2010.

[Lakshmanan09] K. Lakshmanan, R. Rajkumar, and J. P. Lehoczky. "Partitioned Fixed-Priority Preemptive Scheduling for Multi-Core Processors." Euromicro Conference on Real-Time Systems, pages 239–248, 2009.

[Leung82] J. Y. T. Leung and J. Whitehead. "On the Complexity of Fixed-Priority Scheduling of Periodic, Real-Time Tasks." *Performance Evaluation*, vol. 2, no. 4, pages 237–250, 1982.

[Levin10] G. Levin, S. Funk, C. Sadowski, I. Pye, and S. A. Brandt. "DP-FAIR: A Simple Model for Understanding Optimal Multiprocessor Scheduling." Euromicro Conference on Real-Time Systems, pages 3–13, 2010.

[Liu73] C. L. Liu and J. W. Layland. "Scheduling Algorithms for Multiprogramming in Hard-Real-Time Environment." *Journal of the ACM*, pages 46–61, January 1973.

[Locke90] D. Locke and J. B. Goodenough. *Generic Avionics Software Specification*. SEI Technical Report, CMU/SEI-90-TR-008, December 1990.

[Lundberg02] L. Lundberg. "Analyzing Fixed-Priority Global Multiprocessor Scheduling." IEEE Real Time Technology and Applications Symposium, pages 145–153, 2002.

[Nan10] M. Lv, G. Nan, W. Yi, and G. Yu. "Combining Abstract Interpretation with Model Checking for Timing Analysis of Multicore Software." Real-Time Systems Symposium, 2010.

[Moreno12] G. Moreno and D. de Niz. "An Optimal Real-Time Voltage and Frequency Scaling for Uniform Multiprocessors." IEEE International Conference on Embedded and Real-Time Computing Systems and Applications, 2012.

[Oh98] D. Oh and T. P. Baker. "Utilization Bounds for *N*-Processor Rate Monotone Scheduling with Static Processor Assignment." *Real-Time Systems*, vol. 15, no. 2, pages 183–192, 1998.

[Pellizzoni10] R. Pellizzoni, A. Schranzhofer, J. Chen, M. Caccamo, and L. Thiele. "Worst Case Delay Analysis for Memory Interference in Multicore Systems." Design, Automation, and Test in Europe (DATE), 2010.

[Rajkumar91] R. Rajkumar. *Synchronization in Real-Time Systems: A Priority Inheritance Approach*. Springer, 1991.

[Rajkumar97] R. Rajkumar, C. Lee, J. Lehoczky, and D. Siewiorek. "A Resource Allocation Model for QoS Management." Real-Time Systems Symposium, 1997.

[Regnier11] P. Regnier, G. Lima, E. Massa, G. Levin, and S. A. Brandt. "RUN: Optimal Multiprocessor Real-Time Scheduling via Reduction to Uniprocessor." Real-Time Systems Symposium, pages 104–115, 2011.

[Saewong03] S. Saewong and R. Rajkumar. "Practical Voltage-Scaling for Fixed Priority RT Systems." Real-Time and Embedded Technology and Applications Symposium, 2003.

[Schliecker10] S. Schliecker, M. Negrean, and R. Ernst. "Bounding the Shared Resource Load for the Performance Analysis of Multiprocessor Systems." Design, Automation, and Test in Europe (DATE), 2010.

[Sha90] L. Sha, R. Rajkumar, and J. P. Lehoczky. "Priority Inheritance Protocols: An Approach to Real-Time Synchronization." IEEE Transactions on Computers, vol. 39, no. 9, pages 1175–1185, 1990.

[Sheikh10] I. Sheikh, M. Short, and K. Yahya. "Analysis of Overclocked Controller Area Network." *Proceedings of the 7th IEEE International Conference on Networked Sensing Systems (INSS)*, pages 37–40, Kassel, Germany, June 2010.

[Srinivasan02a] A. Srinivasan and J. H. Anderson. "Optimal Rate-Based Scheduling on Multiprocessors." ACM Symposium on Theory of Computing, pages 189–198, 2002.

[Srinivasan02] A. Srinivasan and S. K. Baruah. "Deadline-Based Scheduling of Periodic Task Systems on Multiprocessors." *Information Processing Letters*, vol. 84, no. 2, pages 93–98, 2002.

[Suzuki13] N. Suzuki, H. Kim, D. de Niz, B. Andersson, L. Wrage, M. Klein, and R. Rajkumar. "Coordinated Bank and Cache Coloring for Temporal Protection of Memory Accesses." IEEE Conference on Embedded Software and Systems, 2013.

[Tindell94] K. Tindell, H. Hansson, and A. J. Wellings. "Analysing Real-Time Communications: Controller Area Network (CAN)." Real-Time Systems Symposium, pages 259–263, 1994.

[Vestal07] S. Vestal. "Preemptive Scheduling of Multi-Criticality Systems with Varying Degrees of Execution Time Assurance." *Proceedings of the IEEE Real-Time Systems Symposium*, 2007.

[Wilhelm08] R. Wilhelm, J. Engblom, A. Ermedahl, N. Holsti, S. Thesing, D. B. Whalley, G. Bernat, C. Ferdinand, R. Heckmann, T. Mitra, F. Mueller, I. Puaut, P. P. Puschner, J. Staschulat, and P. Stenström. "The Worst-Case Execution-Time Problem: Overview of Methods and Survey of Tools." *ACM Transactions on Embedded Computing Systems*, vol. 7, no. 3, 2008.

[Zhu03] D. Zhu, D. Mossé, and R. G. Melhem. "Multiple-Resource Periodic Scheduling Problem: How Much Fairness Is Necessary?" Real-Time Systems Symposium, pages 142–151, 2003.

CPS模型集成

Gabor Simko, Janos Sztipanovits

异构的物理系统、计算系统和通信系统的集成是信息物理系统工程中所面临的一个重要的挑战。在基于模型的CPS设计中，异构性反映了语义模型与建模语言的本质区别——在因果关系、时间及物理抽象方面。CPS建模语言的形式化语义需要理解异构模型之间的交互。集成模型之间的语义差异可能导致不可预见的问题，这些问题出现在系统集成过程中，语义差异导致成本显著增加和时间延误。本章关注异构模型的语义融合，讨论基于模型设计CPS所面临的挑战并演示一个复杂CPS的形式化模型集成语言。在案例研究中，我们利用了一个可执行的、基于逻辑的规范语言，开发了具有结构和行为两种语义的语言。

10.1 引言

CPS工程中关键的挑战是异构概念、工具和语言的集成［Sztipanovits2012］。为了应对这些挑战，文献［Karsai2008］中介绍了CPS设计的一种模型集成的开发方法，该方法提倡在设计过程中广泛使用模型，如应用程序模型、平台模型、物理系统模型、环境模型以及这些模型之间的交互模型。对嵌入式系统而言，在文献［Sztipanovits1997］和文献［Karsai2003］中讨论过类似的方法，在该方法中计算过程和支撑架构（硬件平台、物理架构、操作环境）建模时使用了通用的模型框架。

使用单一的通用建模语言来对大量不同的CPS概念进行建模是不切实际的。作为替代，我们可以采用一组特定领域的建模语言（Domain-Specific Modeling Language，DSML），其中的每一个语言描述一个特定的领域，并且通过模型集成语言将它们相互连通起来。这个策略很符合社群创作方法：由习惯了各自特定领域的概念和术语的领域专家创作出模型。为了方便他们的工作，我们需要提供一个环境（例如通用的建模环境［Ledeczi2001］），允许他们使用这些特定领域的语言。在CPS领域中，DSML典型的例子包括为电气工程师设计的电路图和为控制工程师设计的数据流图。

CPS建模中的一个重要问题是如何将各个领域集成建模，这样的跨域交互在文献［Sztipanovits2012］中得到了正确的解释。最近提出的解决方案［Lattmann2012，Simko2012，Wrenn2012］使用模型集成DSML建模语言描述模型间的交互。这样一个模型集成语言是建立在组件化建模范式之上，其中复杂的系统是由相互关联的组件构成。根据模型集成的观点，一个组件最重要的部分是它的接口——也就是说，接口和其环境之间的交互。模型集成语言明确定义了相关联接口之间的异构交互（例如，消息传递、共享变量、函数调用或物理交互）。

和其他任何一种语言一样，DSML建模语言由其语法和语义来定义：语法描述语言的结构（例如，语法元素及其关系），语义描述模型的意义。而元建模（及元建模环境）提供了一种成熟的方法来处理 DSML 语法，但 DSML 语义表达仍然处于起步阶段。尽管如此，我们不应该忽视任何一种语言的语义，尤其是不在 CPS 领域中的。没有明确的规范，不同的工具可能会以不同的方式来解释语言，当不同的行为下编译系统自动生成代码时，这可能会比验证工具分析得到的结果更容易出现状况。这种差异性可能潜在呈现于形式化分析和有效的验证工具所得到的结果之间。此外，开发一种语言的形式语义要求开发人员仔细斟酌并明确指定语言的所有细节，以避免语言中常出现的设计错误。随着 CPS DSML 建模语言相关操作工具的出现，为其发展考虑，强烈建议 CPS DSML 建模语言的语法和语义经过严格的定义和形式化。当然，即使有形式语义规范，工具也可能在相关规范上出现错误。然而，只要规范是明确的，那么只会因为工具而产生问题，语言本身并不存在问题。

本章的重点是 CPS 模型泛化的特性，以及演示基于逻辑的方法实现语义的规范。本章首先描述了 CPS 基于模型设计的相关挑战，这些挑战与 CPS 的异构性能相关，所以它们直接影响行为语义规范。之后，我们探索了建模语言及其语义。然后，我们讨论了 CPS 建模语言中结构和指称语义的形式化。

10.2　基础技术

对 CPS 进行建模，我们需要明确建模语言的语义规范。开发这些规范所面临的关键性挑战是通过语言所描述特性中的异构性；在连续的时间和空间下，这些特性范围从不计时的离散计算到轨迹间变动。在本节中，我们讨论处理这些问题的基础技术。特别是在 CPS 建模中，我们可以将影响语言语义的异构性区分为四个部分：

- 因果关系（因果关系与非因果关系相比较）。
- 时间语义（例如，连续时间、离散时间）。
- 物理领域（例如，电气、机械、热、声、液压）。
- 交互模型（例如，基于计算的模型、交互代数）。

每一个部分讨论之后，我们开始研究一个特定领域的 CPS 建模语言的语义。

10.2.1　因果关系

传统的系统理论和控制理论是基于输入/输出信号流，其中的因果关系（一个系统的输入决定其输出）扮演了关键的角色。然而，对于物理系统建模，这样一个因果模型是人为的且不适用的［Willems2007］，因为在建模时输入和输出的分离通常是未知的。问题源于物理定律和系统的数学模型：这些模型基于方程式，并且其中没有涉及变量之间的因果关系。事实上，物理学中唯一因果定律是热力学第二定律［Balmer1990］，它定义了时间流动的方向。目前，非因果关系[⊖]的物理建模得到了更多的关注。事实上，已经设计了一

⊖ 非因果关系在两个变量之间建立了一个除强制赋值外的条件。例如，关系 $A=B$ 导致将 B 的值赋值给 A，所以是一个因果关系模型而不是非因果关系模型，因为它只验证了 A 和 B 间所有的赋值使条件为真。

些非因果关系物理系统建模语言，例如 bond graph formalism [Karnopp2012]、Modelica [Fritzson1998, Modelica2012]、Simscape [Simscape2014]、EcosimPro [Ecosimpro2014] 及其他语言。

即使物理定律的数学模型是非因果关系的，我们常常依赖它们的因果抽象。例如，运算放大器通常抽象为输入/输出系统，这样输出完全由系统的输入决定，并且输入不受反馈的影响。对于真正的运算放大器，这些假定仅仅是近似集。不过，在某些情况下它们相当准确且极大地简化了设计过程。物理建模语言通常同时支持因果和非因果建模。显然，这是所有最先进的建模者和语言的当前情况（例如，用已调元素实现 Simulink/Simscape、Modelica、bond graph 语言建模 [Karnopp2012]）。因此，我们的行为语义规范需要同时能够描述因果和非因果模型。

10.2.2 时间语义域

在软件的设计中，其中最重要的抽象化就是时间的抽象 [Lee2009]。只要时间在程序中是一个与功能无关的属性，那么这样的抽象是无影响的。然而，在 CPS 和实时系统中，这个前提往往是无效的 [Lee2008]，从系统功能的角度来看时间是一个关键的概念。例如，在硬实时系统中，在最坏的情况下（甚至灾难性情况下），如果不能及时交付，结果常常毫无价值。

因此，在 CPS 中，我们要正确地解释模型中的实时行为。众所周知，CPS 模型的行为是为了解释时间的一组不同的语义域。其中的一些语义域在这里进行了总结。

- 逻辑时间：这个时间模型用于计算过程，其行为由一种状态序列所描述。逻辑时间定义了一个可数的完全有序的时间域，并且其通常是由自然数所表示。
- 连续时间：也称为实时时间或物理时间，这种密集的时间模型通常是由非负实数（其中 0 代表系统的开始）或负的超实数来表示。物理系统在连续时间机制中通常有其自己的特性。
- 超密度时间：这个时间模型利用因果顺序来扩展实时时间，从而实现事件同步 [Maler1992]。超密度时间通常用于描述离散系统的特性 [Lee2007]。
- 离散时间：这个时间模型代表在任何有限的时间间隔下有限数量的事件。因此，事件可以由自然数进行索引。例如，时钟驱动系统有离散语义。
- 高密度时间：这个时间模型是事件同步的更高精度真实时间进行因果排序的扩展 [Mosterman2013, Mosterman2014]。高密度时间是用来描述物理系统的非连续特性。

在实时系统中，时间是一个功能属性，我们需要明确软件的执行时间。然而，在现代架构中，具体的执行时间由于缓存、流水线以及其他先进技术的原因无法准确地预测。为解决这些问题，提出了一些时间的抽象概念 [Kirsch2012]，例如零执行时间、有界执行时间和逻辑执行时间：

- 零执行时间（Zero Execution Time，ZET）：这个模型通过假设执行时间为 0 来抽象时间——换句话说计算速度极其快。ZET 是同步响应式编程的基础。
- 有界执行时间（Bounded Execution Time，BET）：在这个模型中，执行时间有一个上界。一个程序只要产生的输出在时域约束范围内，我们就认为该程序的执行是正确的。请注意这并不是一个真正的抽象模型，而是一个可以验证正确性的规范。

- 逻辑执行时间（Logical Execution Time，LET）：这个模型抽象出真正的执行时间，并不像 ZET 将其完全地抛弃［Henzinger2001］。LET 表示该时间是从读取的输入时间到产出的输出时间，不管真正的运行时间。与 BET 不同，LET 的抽象定义了一个等于上界的下界；也就是说，LET 精确地定义了产生输出的时间。在复杂特性中这种抽象化有重要的影响。例如，能使其免于时序异常［Reineke2006］（即一个更快的本地执行导致更慢的全局执行）。

在文献［Abdellatif2010］中介绍了作为实时系统的时间模型——时间自动机。与 LET 语义相比，时间自动机提供更多通用的约束，例如时间范围下界、时间范围上界和时间非确定性。为了避免时序异常现象，作者介绍了时间鲁棒性的概念以及保证它的一些充分条件。

10.2.3　计算过程的交互模型

异构计算系统建模时，关键的问题是如何定义不同的子系统之间的交互。在这里我们可以区别出两种方法。

与计算模型（Models of Computation，MoC）之间交互建模——如 Ptolemy II 系统［Goderis2007，Goderis2009］。Ptolemy II 基于各种 MoC 的分级结构，如过程网络、动态和同步数据流、离散事件系统、同步响应系统、有限状态机和模态模型。层次结构中每个参与者都有一个指挥器（一种计算模型），该指挥器决定它的孩子之间的交互模型。Ptolemy II 中参与者的抽象语义［Lee2007］是所有 MoC 中一种常见的抽象，它定义了操作方法的接口和协议。符合这些协议的参与者称为域多态的，参与者能够被任何一个指挥器操作。

或者，使用代数方法进行交互建模——如 BIP 框架。在 BIP 中，连接器和交互代数定义为描述不同交互类型的特性，例如会合、广播、原子广播。在 BIP 框架中，组件的特性抽象为一个标记转换系统（Labeled Transition System，LTS），代数交互建立在这些转换系统之间。

10.2.4　CPS DSML 建模语言的语义

在文献［Chen2007］中，一个建模语言定义为 $\{C,A,S,M_A,M_S\}$，其中 C 是具体的语法，A 是抽象的语法，S 是语义域，两个映射 M_A：$C \to A$ 和 M_S：$A \to S$ 分别是从具体语法映射到抽象的语法和从抽象语法映射到语义域。

语言的具体语法是用于表示程序/模型的。传统的编程语言通常是基于文本的，而建模语言往往有视觉表示。语言描述了一系列的概念及这些概念之间的关系，这些均由其抽象语法来表示。映射 M_A 的语法将具体的语法元素映射为相应的抽象语法元素。语言的语义定义了模型的意义，通过语义映射 M_s 将抽象的概念和关系语法映射为一些语义域。

为了讨论语言语义的现有工作，首先我们需要了解编程语言的语法和语义。通常用一些与上下文环境无关的语法来描述编程语言的具体语法，例如在 BNF（Backus-Naur Form）的扩展语言中［Backus1959］。用这样的语法描述生产规则，即能够用于从源代码中构建解析树。程序的抽象语法树是一个抽象版本的解析树，通常从解析树中删除一些特定语法解析的细节。编程语言的静态语义描述那些静态（不需要运行程序）可计算的编程属性；这也称为语言的结构良好性规则。通常，相应的与上下文相关部分的语法是表达不出与上下文无关的语法的，例如独特的命名变量、静态类型检查和范围。语言的动态语义描述它的动态方面，意味着用其程序集来描述序列的计算。

相反，特定领域的建模语言的语法通常用元模型描述。一般来说，元模型描述图结构，模型用抽象语法图来表示。此外，模型有相应的结构语义而不是静态语义［Jackson2009］。在文献［Chen2005］中，结构语义定义为一个结构模型的实例。类似于静态语义，结构语义描述一个语言结构良好性规则；然而，结构语义不一定是静态的。在基于模型的设计中，模型可能表示通过模型转换进化的动态结构，在这种情况下，结构语义描述了这些转换的不变量。一个模型的动态特性由其特性的语义来描述。注意，由建模语言所表示的特性通常在不同的语义域下被解释而不仅仅是编程语言领域。例如，模型可以表示物理系统、连续时间和空间下的行为轨迹。

在本章的剩余部分，我们将专注于建模语言的指称行为语义。指称语义通过将短语映射为数学对象（例如数字、元组、函数等）描述语言语义。指称语义的一个优势是它为程序提供了数学上的严格规范，而不需要为计算结果指定任何计算程序。这个方法产生的结果是抽象的规范，其描述程序（模型）做的是什么，而不是描述它们如何做。

10.3 高级技术

在本节中，我们讨论 CPS 建模语言（CyPhyML）的形式化，CyPhyML 是一个异构 CPS 组件的模型集成语言。CyPhyML 包含几种子语言：一种语言用于描述 CPS 组件的构成，一种语言用于描述多选择的设计空间等。在以下的讨论中，我们只考虑子语言组成；当我们使用术语” CyPhyML”，意味着我们使用这个语言。

10.3.1 ForSpec 语言

规范起见，我们使用 ForSpec 规范语言，该语言扩展自微软的 FORMULA［Jackson2010，Jackson2011］语言，它包括*行为语义*（behavioral semantic）规范。ForSpec 是一种基于代数数据类型的约束逻辑语言，用于编写正式的规范说明。

在本节中，我们提供了该语言的简短概述。有关更多信息及 FORMULA 语言的文档，请参见该语言的网站 https://bitbucket.org/gsimko/forspec。

域（domain）关键字指定了一个由类型定义、数据构造函数和规则构成的域（类似一个元模型）。域的模型由一组事实（也称为初始知识）组成，事实是使用域的数据构造函数来定义的。域的形式良好的模型是由*符合规定的*规则来定义的。给定一个模型，如果符合规定规则的约束满足最少的定点模型，那么该定点模型就通过应用域规则获取一组初始化事实直到达到定点。模型称为符合其域的。

ForSpec 语言有一个基于内置类型（自然数、整型、实数、字符串和布尔值）、枚举、数据构造函数和联合类型的复杂类型系统，枚举是列举所有元素定义的一组常量集。例如，`bool::={true,false}`表示常见的二值布尔类型。

联合类型（union type）是集合理论意义中的并集；即元素的联合类型由元素的构成类型的并集来定义。联合类型使用符号 T::=Natural + Integer 来表示，它定义了类型 T 是自然数和整数的并集；也就是说类型 T 表示整数。

数据构造函数可以用于构造代数数据类型。其可以表示为集合、关系、部分和完全函数、单射、满射、双射。类型定义如下所示：

```
A::= new (x: Integer, y:String).
B::= fun (x: Integer, -> y:String).
C::= fun (x: Integer => y:A).
D::= inj (x: Integer -> y: String).
E::= bij (x:A => y: B).
F:: = Integer + G.
G::= new (Integer, any F).
H::= (x: Integer, y: String).
```

数据类型 A 通过整型和字符串的配对来定义 A-term（A 也表示这个类型的数据构造函数；例如 A（5," f"）是一个 A-term），其中可选的 x 和 y 是各自值的存储器。数据类型 B 定义了一个部分函数（函数关系），将整数域映射为字符串上的域。类似地，C 定义了一个完全函数将字符串映射为 A-term，D 定义一个部分单射函数，E 定义了在 A-term 和 B-term 之间的双射函数。F 类型是整型和 G 的并集，G 是由整型 F 型构成的数据类型。注意，F 和 G 是相互依赖的，这将导致在静态类型检查中出现错误消息。为了避免错误消息，我们使用 any 关键字定义的 G。

然而前面的数据类型（和构造函数）是用于定义模型的初始事实，派生数据类型用于表示事实，该事实来源于通过规则所获取的初始知识。例如，H 派生数据类型定义了一个基于整型和字符串的 term。

使用形式 {head | body} 来定义集合推导，这种形式表示一组满足 body 形式的由 head 构成的元素。集合推导用于内置操作符例如 count 和 toList。例如，给定关系对 Pair::=new(State,State)，给定 State(X),n = count(Y |Pair(X,Y))来计算 State X 相对的值。

规则是用来推导常量及派生数据类型的。它们有如下形式（若 $X' \subseteq X$）：

$$A_0(X'):-A_1(X),\cdots,A_n(X),\text{no } B_1(X),\cdots,\text{no } B_m(X)$$

每当有一个 X 代入，所有的基本项 $A_1(X),\cdots,A_n(X)$ 可以推导出来并且 no $B_1(X)$，…，no $B_m(X)$ 也能够推导出来，之后 $A_0(X')$ 可以推导出来。

取反（no）是分层的，这意味着根据规则生成唯一的最小化派生集，也就是说，至少有一个定点模型。

例如，我们可以用如下图所示的规范，计算出所有节点之间的路径：

```
// node is a type that consists of an integer
node :: new (Integer).
// edges are formed from pairs of nodes
edge ::= new (node, node).
// path is a derived data type generated by the following rules:
path ::= (node, node).
path(X,Y) :- edge(X,Y).
path(X,Y) := path(X,Z), edge(Z,Y).
```

为了描写左侧项的多个规则，我们使用了分号操作符：意味着逻辑的分离。例如，$A(X)$：$-S(X)$；$T(X)$，任意一个 X 代入，可以推导出 $S(X)$ 和 $T(X)$，从而可以推导出 $A(X)$。

x 的类型约束：当且仅当变量 x 属于类型 A 或者 A 的所有派生类时，A 是正确的。同样，A(x,"a")是一个类型约束，由变量 x 的所有替代满足，这样产生的基本项是知识集合的成员（注意第二项在本例中作为一个基本项）。除了类型约束，ForSpec 支持关系约束，例如相同的基本项、实数和整数中的算数谓词（如小于、大于、等于）。特殊符号_表示一个匿名变量，它不能被其他地方读取。

一个具有良好形式模型的域符合域规范。符合规则的域决定了它的良好形式模型。到目前为止讨论的语言元素借鉴于 FORMULA 语言，除了这些概念，为了表达指称语义规范，ForSpec 语言扩展了结构化语言，最重要的扩展是语义函数和语义方程的定义，如下所示：

```
add ::= new (lhs:expr, rhs:expr).
expr ::= add + …
S : expr -> Integer.
S [[add]] = summa
where summa = S ([[add.lhs]] + S [[add.rhs]].
```

代码定义了一个语义函数 S 将表达式映射为整数。add 操作符的语义方程表示在模型中给出一个加号，其语义是整数求和，即加号左边的语义（lhs）和加号右边的语义（rhs）之和。

在内部结构下，ForSpec 语言生成辅助的数据类型和规则来执行这些规范，它能够转换为等效的 FORMULA 语言规范。语义函数和语义方程的精确语义可以参考 ForSpec 语言的网站。

注意，ForSpec 语言有一个打印工具能够将之前的例子转换为如下形式：

```
add ::= new ( lhs:expr, rhs: expr).
expr ::= add+ …
S : expr -> Integer.
S⟦add⟧= summa
where summa = S⟦add.lhs⟧+ S⟦add.rhs⟧.
```

10.3.2　CyPhyML 系统建模语言的语法

CyPhyML 系统建模语言的 GME 元模型［Ledeczi2001］如图 10-1 所示。CyPhyML 系统建模语言主要由组件构成，它表示其接口上物理元素和计算元素的端口。组件程序集通过将组件和其他组件程序集组合的方法来构建组合结构。组件程序集也便于封装和端口的隐藏。在 CyPhyML 系统建模语言中有两类端口：非因果关系的能量端口用于表示物理的交互点，因果信号端口用于表示组件之间的信息流。物理和信息流均是在连续时间域的解释。CyPhyML 语言的能量端口分为如下类型，例如电力端口、机械动力端口、液压动力端口、和热力端口。

形式上，CyPhyML 系统建模语言中的模型 M 是一个元组 $M=\{C, A, P,$ contain, portOf, Ep, $Es\}$，其解释如下：

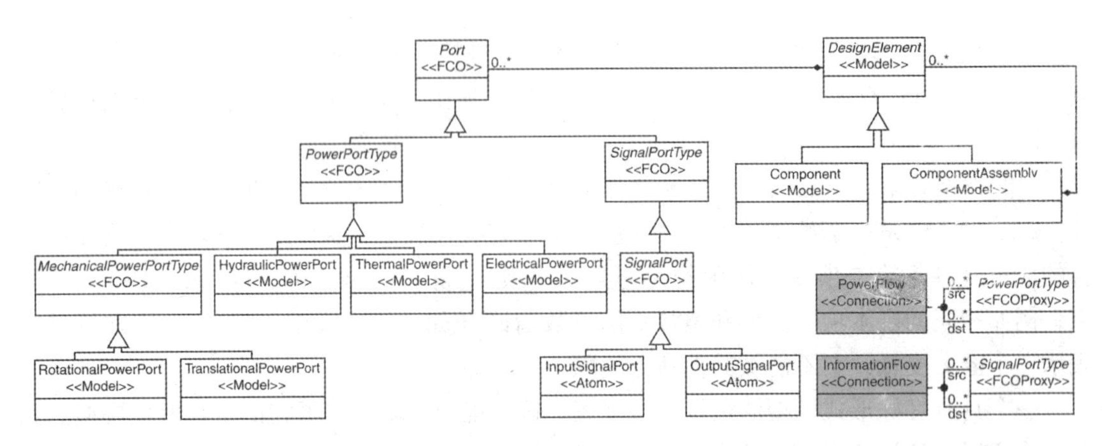

图 10-1　CyPhyML 建模语言的子语言的 GME 元模型

- C 是一套组件。
- A 是一组组件程序集。
- $D = C \cup A$ 是一组设计元素的集合。
- P 是以下端口集的联合：P_{rotMech} 是一组旋转机械动力端口，$P_{\text{transMech}}$ 是一组平移机械功率端口，$P_{\text{multibody}}$ 是一组多体动力端口，$P_{\text{hydraulic}}$ 是一组液压动力端口，P_{thermal} 是一组热力端口，$P_{\text{electrical}}$ 是一组电力端口，P_{in} 是一组连续时间的输入信号端口，P_{out} 是一组连续时间的输出信号端口。此外，P_p 是所有能量端口的并集，Ps 是所有信号端口的并集。
- `contain`：$D \to A^*$ 是一个包含函数，其范围 $A^* = A \cup \{\text{root}\}$，设计元素的集合扩展自特殊的根元素 `root`。
- `portOf`：$P \to D$ 是一个端口控制函数，它唯一地决定了任一端口的集合。
- $E_p \subseteq P_p \times P_p$ 是能量端口之间的能量流关系的集合。
- $E_S \subseteq P_S \times P_S$ 是信号端口之间的信息流关系的集合。

我们可以使用以下代数数据类型形式化此语言：

```
// Components, component assemblies, and design elements
Component ::= new (name: String, …, id:Integer).
ComponentAssembly ::= new (name: String, …, id:Integer).
DesignElement ::= Component + ComponentAssembly.
// Components of a component assembly
ComponentAssemblyToCompositionContainment ::=
   (src:ComponentAssembly, dst:DesignElement).
// Power ports
TranslationalPowerPort ::= new (…, id:Integer).
RotationalPowerPort ::= new (…, id:Integer).
ThermalPowerPort ::= new (…, id:Integer).
HydraulicPowerPort ::= new (…, id:Integer).
ElectricalPowerPort ::= new (…, id:Integer).
// Signal ports
InputSignalPort ::= new (…, id:Integer).
OutputSignalPort ::= new (…, id:Integer).
// Ports of a design element
DesignElementToPortContainment ::= new (src:DesignElement, dst:Port).
// Union types for ports
Port ::= PowerPortType + SignalPortType.
MechanicalPowerPortType ::= TranslationalPowerPort +
     RotationalPowerPort. PowerPortType ::= MechanicalPowerPortType +
```

```
      ThermalPowerPort +
      HydraulicPowerPort + ElectricalPowerPort.
SignalPortType ::= InputSignalPort + OutputSignalPort.
// Connections of power and signal ports
PowerFlow ::=
      new (name:String,src:PowerPortType,
           dst:PowerPortType,…).InformationFlow ::=
            new (name:String,src:SignalPortType,dst:SignalPortType,…).
```

10.3.3 语义的形式化

本节中我们从四个方面提供了语言中语义的形式化：结构语义、指称语义、指称语义的能量端口连接、语义的信号端口连接。

10.3.3.1 结构语义

如果一个 CyPhyML 模型不包括任何 dangling 端口、远距离连接或无效端口连接，则称该 CyPhyML 模型是形式良好的。在这种情况下，它符合以下域：

```
conforms
  no dangling(_),
  no distant(_),
  no invalidPowerFlow(_),
  no invalidInformationFlow(_).
```

为了满足这种需求，我们需要定义一组辅助规则。dangling 端口是指和其他任一端口无连接的端口。

```
dangling ::= (Port).
dangling(X) :- X is PowerPortType,
  no {P | P is PowerFlow, P.src = X} ,
  no { P | P is PowerFlow, P.dst = X }.
dangling(X) :- X is SignalPortType,
  no { I|I is InformationFlow, I.src = X},
  no { I | I is InformationFlow, I.dst = X }.
```

一个远距离连接连接了两个属于不同组件的端口，以致于组件有不同的双亲，并且组件间互不为父子。

```
distant ::= (PowerFlow+InformationFlow).
distant(E) :-
  E is PowerFlow+InformationFlow,
  DesignElementToPortContainment(PX,E.src),
  DesignElementToPortContainment(PY,E.dst),
  PX != PY,
  ComponentAssemblyToCompositionContainment(PX,PPX),
  ComponentAssemblyToCompositionContainment(PY,PPY),
  PPX != PPY, PPX != PY, PX != PPY.
```

如果功率流连接相同类型的能量端口则称其是有效的：

```
validPowerFlow ::= (PowerFlow).
validPowerFlow(E) :- E is PowerFlow,
  X=E.src, X:TranslationalPowerPort,
  Y=E.dst, Y:TranslationalPowerPort.
validPowerFlow(E) :- E is PowerFlow,
  X=E.src, X:RotationalPowerPort,
  Y=E.dst, Y:RotationalPowerPort.
validPowerFlow(E) :- E is PowerFlow,
```

```
  X=E.src, X:ThermalPowerPort,
  Y=E.dst, Y:ThermalPowerPort.
validPowerFlow(E) :- E is PowerFlow,
  X=E.src, X:HydraulicPowerPort,
  Y=E.dst, Y:HydraulicPowerPort.
validPowerFlow(E) :- E is PowerFlow,
  X=E.src, X:ElectricalPowerPort,
  Y=E.dst, Y:ElectricalPowerPort.
```

如果功率流不是有效的，则它是无效的：

```
invalidPowerFlow ::= (PowerFlow).
invalidPowerFlow(E) :- E is PowerFlow, no validPowerFlow(E).
```

如果一个信号端口接收的信号来自多个数据源，或输入端口是输出端口的信号源，则称信息流是无效的：

```
invalidInformationFlow ::= (InformationFlow).
invalidInformationFlow(X) :-
  X is InformationFlow,
  Y is InformationFlow,
  X.dst = Y.dst, X.src != Y.src.
invalidInformationFlow(E) :-
  E is InformationFlow,
  X = E.src, X:InputSignalPort,
  Y = E.dst, Y:OutputSignalPort.
```

注意，输出端口可以连接到另一个输出端口。

10.3.3.2　指称语义

一个语言的指称语义通过语义域和映射来描述，该映射将语言的语法元素映射到语义域。

在本节中，我们指定了一个从 CyPhyML 语言到一个混合微分-差分方程的语义单元的映射［Simko2013a］，为了 CyPhyML 指称语义的规范化，我们使用语义锚定框架［Chen2005］，如图 10-2 所示。

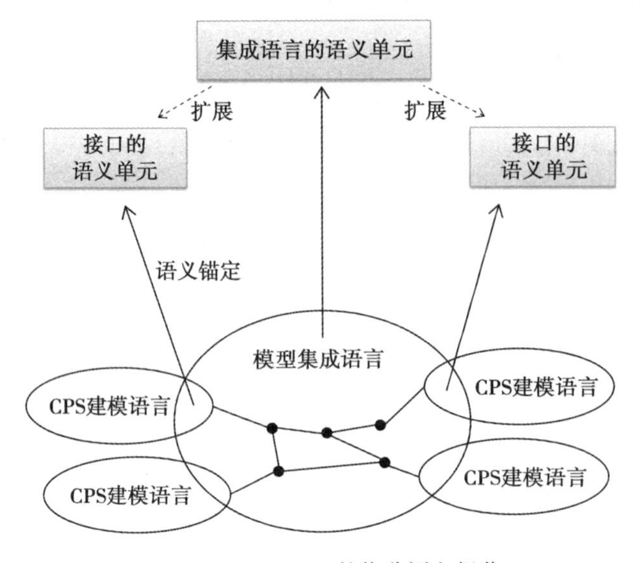

图 10-2　CyPhyML 的指称语义规范

非因果关系的 CPS 建模语言区别在于无因果关系的电力能量端口和因果关系的信号端口。在 CyPhyML 语言中，每个端口为方程提供两个变量。CyphyML 的指称语义的定义是从方程的角度基于这些变量完成的。信号端口传输信号有严格的因果关系。因此，如果我们将信号变量和每个端口联系起来，强制执行目的端口的变量以表示与对应源端口的变量值相同。这种关系只在一种方式下成立：目的端口的变量值不能影响关联性问题中的源变量。

能量端口的语义函数是将能量端口映射为成对的连续时间变量：

```
𝒫𝒫 : PowerPort ⟶ cvar, cvar.
𝒫𝒫 ⟦CyPhyPowerPort⟧ =
  (cvar("CyPhyML_effort",CyPhyPowerPort.id),
  cvar("CyPhyML_flow",CyPhyPowerPort.id)).
```

信号端口的语义函数将信号端口映射为连续时间变量：

```
𝒮𝒫 : SignalPort ⟶ cvar+dvar.
𝒮𝒫⟦CyPhySignalPort⟧ = cvar("CyPhyML_signal",CyPhySignalPort.id).
```

10.3.3.3 能量端口连接的指称语义

能量端口连接的指称语义是通过它们的传递闭包来定义的。使用定点逻辑，我们可以轻易地表达传递闭包之间的连接，作为 ConnectedPower 的最小定点模型的结果。通俗地讲，ConnectedPower(x,y)表示能量端口 x 和 y 通过一个或多个能量端口连接进行互连。

```
ConnectedPower ::= (src:CyPhyPowerPort, dst:CyPhyPowerPort).
ConnectedPower(x,y) :-
  PowerFlow(_,x,y,_,_), x:CyPhyPowerPort, y:CyPhyPowerPort;
  PowerFlow(_,y,x,_,_), x:CyPhyPowerPort, y:CyPhyPowerPort;
  ConnectedPower(x,z), PowerFlow(_,z,y,_,_), y:CyPhyPowerPort;
  ConnectedPower(x,z), PowerFlow(_,y,z,_,_), y:CyPhyPowerPort.
```

更准确来说，$P_x = \{y \mid \texttt{ConnectedPower(x,y)}\}$ 是一组从能量端口 x 获得的能量端口集合。

CyPhyML 能量端口连接的行为语义通过一对基尔霍夫方程的推导方程来定义。其形式如下所示：

$$\forall x \in \texttt{CyPhyPowerPort}.\left(\sum_{y \in \{y \mid \texttt{ConnectedPower}(x,y)\}} e_y = 0\right)$$

$$\forall x,y(\texttt{ConnectedPower}(x,y) \rightarrow e_x = e_y)$$

我们可以按照如下的方法形式化该形式：

```
𝒫: ConnectedPower ⟶ eq+addend.
𝒫⟦ConnectedPower⟧ =
  eq(sum("CyPhyML_powerflow",flow1.id),0)
  addend(sum("CyPhyML_powerflow",flow1.id),flow1)
  addend(sum("CyPhyML_powerflow",flow1.id), flow2)
  eq(effort1, effort2)
where
  x = ConnectedPower.src, y = ConnectedPower.dst, x != y,
  DesignElementToPortContainment(cx,x),cx:Component,
  DesignElementToPortContainment(cy,y),cy:Component,
  𝒫𝒫⟦x⟧ = (effort1,flow1),
  𝒫𝒫⟦y⟧ = (effort2,flow2).
```

描述物理连接的一对能量变量（effort，flow）本章未做介绍，感兴趣的读者可在文献［Willems2007］中可以找到相关介绍。

10.3.3.4 信号端口连接的语义

ConnectedSignal 是一个有向路径的信号连接。我们通过求解 ConnectedSignal 的最小定点，使用最小定点模型的逻辑来找到传递闭包。ConnectedSignal(x, y) 表示一个从信号端口 x 到信号端口 y 的信号路径（关系链）。更详细地讲，$P_x = \{y \mid$ ConnectedSignal(x,y)$\}$ 是从信号端口 x 出发可达的信号端口集合。

```
ConnectedSignal ::= (CyPhySignalPort,CyPhySignalPort).
ConnectedSignal(x,y) :-
  InformationFlow(_,x,y,_,_),
  x:CyPhySignalPort,
  y:CyPhySignalPort.
ConnectedSignal(x,y) :-
  ConnectedSignal(x,z),
  InformationFlow(_,z,y,_,_),
  y:CyPhySignalPort.
```

SignalConnection 是一个 ConnectedSignal，这样其端点是组件的信号端口（因此任何遗漏的信号端口均为组件集合的端口）。

```
SignalConnection ::= (src:CyPhySignalPort,dst:CyPhySignalPort).
SignalConnection(x,y) :-
  ConnectedSignal(x,y),
  DesignElementToPortContainment(cx,x), cx:Component,
  DesignElementToPortContainment(cy,y), cy:Component.
```

将 CyPhyML 信号连接的行为语义定义为变量赋值。与源端和目的端信号连接相关的变量值是相等的：

$$\forall x,y(\mathrm{SignalConnection}(x,y) \rightarrow s_y = s_x)$$

```
𝒮: SignalConnection → eq.
𝒮⟦SignalConnection⟧ =
  eq(𝒮𝒫⟦SignalConnection.dst⟧, 𝒮𝒫⟦SignalConnection.src⟧).
```

10.3.4 形式化的语言集成

到目前为止，我们已经正式定义了 CyPhyML 的组成元素的语义，但是没有指定组件是如何集成到 CyPhyML 中的。在本节中，我们将讨论外部语言的语义集成——即 bond graph 语言、Modelica 语言、ESMoL 语言。在未来，按照如下所示的相同步骤，我们可以很容易地添加其他语言至这个列表。

Bond graph 语言是表示物理系统的多领域图形化语言，描述了能量流动的结构［Karnopp2012］。文献［Simko2013］介绍了一种 bond graph 语言及其形式化语义。这里，我们考虑一个扩展自 bond graph 的语言，它同时定义了能量端口：一个 bood graph 组件通过这些端口与环境互动。每一个端口恰好邻近一个键；因此，一个能量端口代表一对能量变量——每个能量变量拥有其独特的键值。在这里我们认为 bond graph 语言也包括用于测量 bond graph 节点的 effort 和 flow 的输出信号端口，以及通过输入信号端口调制由输入信号控制的 bond graph 元素。注意，bond graph 语言的 flow 和 effort 变量与 CyPhyML 的 flow 和 effort 变量是不同的；它们表示在不同物理领域的不同实体。语言的语义精确地形式化了这些差异。

Modelica 是一个基于方程面向对象的语言［Fritzson1998］，用于系统建模与仿真。Modelica 利用其模型和连接器的概念支持基于组件的开发。模型是拥有内部行为和一组称为连接器端口的组件。模型通过连接它们的连接器接口互连。连接器是一组变量（如，输入、输出、非因果关系流或潜力），不同连接器之间的关联性定义了其变量间的关系。我们讨论一组限制在 CyPhyML 语言中 Modelica 模型的集成——即模型包括由一个输入/输出变量或一对潜力（potential）和流（flow）变量组成的连接器。

嵌入式系统建模语言（ESMoL）［Porter2010］是实现计算机系统和硬件平台的实例化和建模的语言和工具套件。ESMoL 由几种面向定义平台和软件架构的上层语言组成，描述了硬件中软件的部署并指定执行调度。在本章中，我们涉及了 ESMol 子语言的状态变量，用于模型化软件控制器。状态图是基于周期性时间触发的执行语义，其组件显示了接口中的周期性离散时间信号端口。

10.3.4.1 结构集成

CyPhyML 语言在集成过程中所扮演的角色是在异构模型之间建立有意义和有效的连接。由于不同语言之间的轻微差异使得组件的集成很容易出错。例如，在形式化中我们发现以下差异：

- 不同建模语言中能量端口有不同的含义。
- 即使语义是相同的，命名规则也会有不同。
- 连接 ESMoL 信号和 CyPhyML 信号需要一个离散时间信号和连续时间信号之间的转换。

为了形式化集成的外部语言，我们扩展了 CyPhyML 这些语言的语义接口。因此，我们需要语言元素来表示这些异构语言的模型、它们的端口结构和端口与相应 CyPhyML 端口间的端口映射。

在 CyPhyML 语言中形式化模型和容器如下：

```
BondGraphModel ::= new (URI:String, id:Integer).
ModelicaModel ::= new (URI:String, id:Integer).
ESMoLModel ::= new (URI:String, id:Integer, sampleTime:Real).
Model ::= BondGraphModel + ModelicaModel + ESMoLModel.
// A relation describing the containment of bond graph models in CyPhyML
   components
ComponentToBondGraphContainment ::= new (Component => BondGraphModel).
…
```

注意在 ESMoLModel 的领域：因为 ESMoL 模型是周期性的离散时间系统，我们需要真实的值来描述它们在连续时间界的周期和初始阶段。接口端口和端口映射如下：

```
// Bond graph power ports (and similarly for the other languages)
BGPowerPort ::= MechanicalDPort + MechanicalRPort + …
…
// Port mappings for bond graph power ports (and similarly for other
languages) BGPowerPortMap ::= (src:BGPowerPort,dst:CyPhyPowerPort).
```

```
…
// All the power ports in CyPhyML and the integrated languages:
PowerPort ::= CyPhyPowerPort + BGPowerPort + ModelicaPowerPort.
// All the signal ports in CyPhyML and the integrated languages:
SignalPort ::= ElectricalSignalPort +
           BGSignalPort +
           ModelicaSignalPort +
           ESMoLSignalPort.
// List of all ports:
AllPort ::= PowerPort + SignalPort.

// Mapping from model ports to CyPhyML ports
PortMap ::= BGPowerPortMap +
           BGSignalPortMap +
           ModelicaPowerPortMap +
           ModelicaSignalPortMap +
           SignalFlowSignalPortMap.
```

一个集成模型（即一个 CyPhyML 模型和其他模型的集成）如果符合原始 CyPhyML 域并且它的端口映射有效，那么可以认为这个模型是符合语法规范的。

```
conforms no invalidPortMapping.
```

如果端口连接的是不兼容的端口，或者相互连接的端口不属于同一个 CyPhyML 组件，则其映射是无效的：

```
invalidPortMapping :- M is PortMap, no compatible(M).
invalidPortMapping :-
  M is BGPowerPortMap,
  BondGraphToPortContainment(BondGraph,M.src),
  DesignElementToPortContainment(CyPhyComponent,M.dst),
    no ComponentToBondGraphContainment(CyPhyComponent,BondGraph).
  …
// Compatible denotes that port mapping M is valid (i.e., the
corresponding ports
  are compatible)
compatible ::= (PortMap).
compatible(M) :- M is BGPowerPortMap(X,Y), X:MechanicalRPort,
  Y:RotationalPowerPort.
…
```

10.3.4.2　bond graph 集成

bond graph 能量端口的语义映射为一组连续时间变量：

```
𝓑𝒢𝒫𝒫 : BGPowerPort ⟶ cvar, cvar.
𝓑𝒢𝒫𝒫 ⟦BGPowerPort⟧ =
  (cvar("BondGraph_effort",BGPowerPort.id),
   cvar("BondGraph_flow",BGPowerPort.id)).
```

bond graph 信号端口语义映射为连续时间变量：

```
𝓑𝒢𝒮𝒫: BGSignalPort ⟶ cvar.
𝓑𝒢𝒮𝒫 ⟦BGSignalPort⟧ = cvar("BondGraph_signal",port.id).
```

映射到液压和热领域的 bond graph 能量端口行为语义与相关端口变量相等。我们可以用以下规则将其形式化：

```
𝓑𝒢𝒫: BGPowerPortMap ⟶ eq+diffEq.
𝓑𝒢𝒫 ⟦BGPowerPortMap⟧ =
  eq(cyphyEffort, bgEffort)
```

```
  eq(cyphyFlow, bgFlow)
where
  bgPort = BGPowerPortMap.src,
  cyphyPort = BGPowerPortMap.dst,
  bgPort : HydraulicPort + ThermalPort,
  𝒫𝒫⟦cyphyPort⟧ = (cyphyEffort, cyphyFlow),
  ℬ𝒢𝒫𝒫 ⟦bgPort⟧ = (bgEffort, bgFlow).
```

在机械平移领域中，CyPhyML 能量端口的 `effort` 表示绝对位置，`flow` 表示力，而在 bond graph 中，`effort` 表示力，`flow` 表示速度。在机械转动领域中，CyPhyML 能量端口的 `effort` 表示绝对的旋转角，`flow` 表示扭矩，而在 bond graph 中 `effort` 表示转矩 `flow` 表示角速度。在 CyPhyML 中它们的互连可以通过以下方程形式化：

```
ℬ𝒢𝒫 ⟦BGPowerPortMap⟧ =
  diffEq(cyphyEffort, bgFlow)
  eq(bgEffort, cyphyFlow)
where
  bgPort = BGPowerPortMap.src,
  cyphyPort = BGPowerPortMap.dst,
  bgPort : MechanicalDPort + MechanicalRPort,
𝒫𝒫⟦cyphyPort⟧ = (cyphyEffort, cyphyFlow),
ℬ𝒢𝒫𝒫 ⟦bgPort⟧ = (bgEffort, bgFlow).
```

在电力学领域，bond graph 电力能量端口表示一对物理终端（电探针）；在 CyPhyML 语言中，它们表示单独的电探针；在这两种情况下，电探针中的 `flow` 是相同的，但电压的解释是不同的。在 bond graph 情况下，`effort` 变量属于电力能量端口表示两个探针之间的电压差。在 CyPhyML 情况下，`effort` 变量表示绝对电压（对任意地面）。电力能量端口的语义映射与 `flow` 和 `effort` 相等，这表示 bond graph 电力能量端口的负极自动与 CyPhyML 地面相接。

```
ℬ𝒢𝒫 ⟦BGPowerPortMap⟧ =
  eq(bgFlow, cyphyFlow)
  eq(bgEffort, cyphyEffort)
where
  bgPort = BGPowerPortMap.src,
  cyphyPort = BGPowerPortMap.dst,
  bgPort : ElectricalPort,
  𝒫𝒫 ⟦cyphyPort⟧ = (cyphyEffort, cyphyFlow),
  ℬ𝒢𝒫𝒫⟦bgPort⟧ = (bgEffort, bgFlow).
```

最后，bond graph 和 CyPhyML 信号端口映射的表示是相同互连的端口变量：

```
ℬ𝒢𝒮 : BGSignalPortMap ⟶ eq.
ℬ𝒢𝒮 ⟦BGSignalPortMap⟧ =
    eq(ℬ𝒢𝒮𝒫⟦BGSignalPortMap.src⟧, 𝒮𝒫 ⟦BGSignalPortMap.dst⟧).
```

10.3.4.3 Modelica 集成

Modelica 能量端口的语义解释为映射到连续时间的变量对：

```
ℳ𝒫𝒫 : ModelicaPowerPort ⟶ cvar,cvar.
ℳ𝒫𝒫 ⟦ModelicaPowerPort⟧ =
  (cvar("Modelica_potentia",ModelicaPowerPort.id),
   cvar("Modelica_flow",ModelicaPowerPort.id)).
```

Modelica 信号端口的语义解释为映射到连续时间的变量：

```
MSP: ModelicaSignalPort → cvar.
MSP ForSpecDenotationModelicaSignalPort =
    cvar("Modelica_signal",ModelicaSignalPort.id).
```

Modelica 和 CyPhyML 能量端口的语义映射是相同的能量变量：

```
MP: ModelicaPowerPortMap → eq.
MP⟦ModelicaPowerPortMap⟧ =
  eq(cyphyEffort, modelicaEffort)
  eq(cyphyFlow, modelicaFlow)
where
  modelicaPort = ModelicaPowerPortMap.src,
  cyphyPort = ModelicaPowerPortMap.dst,
PP⟦cyphyPort⟧ = (cyphyEffort, cyphyFlow),
MPP⟦modelicaPort⟧ = (modelicaEffort, modelicaFlow).
```

Modelica 和 CyPhyML 信号端口映射的语义是相等的信号变量：

```
MS : ModelicaSignalPortMap → eq.
MS ⟦ModelicaSignalPortMap⟧ =
  eq(MSP ⟦ModelicaSignalPortMap.src⟧,
   SP⟦ModelicaSignalPortMap.dst⟧).
```

10.3.4.4 信号流集成

ESMoL 信号端口语义映射为离散时间变量，离散变量的周期性是由它的容器块的采样时间决定的：

```
ESP : ESMoLSignalPort → dvar, timing.
ESP⟦ESMoLSignalPort⟧ = (Dvar, timing(Dvar, container.sampleTime, 0))
where
  Dvar = dvar("ESMoL_signal", ESMoLSignalPort.id),
  BlockToSF_PortContainment(container,ESMoLSignalPort).
```

信号流中信号端口有离散时间的语义，而在 CyPhyML 中的信号端口是连续时间。因此，信号流输出信号通过 hold 算子集成到 CyPhyML 中。

$$\forall x,y(\mathtt{SignalFlowSignalPortMap})(x,y) \rightarrow e_y = \mathtt{hold}(e_y))$$

```
ES : SignalFlowSignalPortMap → eq+timing.
ES ⟦SignalFlowSignalPortMap⟧ = eq(cyphySignal, hold(signalflowSignal))
where
  signalflowPort = SignalFlowSignalPortMap.src,cyphyPort =
  SignalFlowSignalPortMap.dst,signalflowPort : OutSignal,
  SP ⟦cyphyPort⟧ = cyphySignal,
  ESP ⟦signalflowPort⟧ = (signalflowSignal,_).
```

对于相反的方向，我们可以使用 sample 算子。采样函数的采样率通过包括端口的信号流块来定义。

$$\forall x,y(\mathtt{SignalFlorSignalPorMap}(x,y) \rightarrow s_x = \mathtt{sample}_r(s_y))$$

```
ES ⟦SignalFlowSignalPortMap⟧ = eq(signalflowSignal,
  sample(cyphySignal,samp.period,samp.phase))
where
  signalflowPort = SignalFlowSignalPortMap.src,
  cyphyPort = SignalFlowSignalPortMap.dst,
  signalflowPort : InSignal,
  SP ⟦cyphyPort⟧ = cyphySignal,
  ESP ⟦signalflowPort⟧ = (signalflowSignal,samp).
```

10.4 总结与挑战

在本章中，我们概述了在 CPS 中构建异构动态行为的理论和实际的问题。使用 CyPhyML（模型集成语言）作为示例，我们阐述了 ForSpect（一个可执行的基于逻辑的规范语言）如何用于集成语言和构图的形式化。

在我们的示例中，结构语义描述了语言中格式良好的规则，并给出指称语义映射到域的微分代数方程。这种映射为行为在数学上提供了一个严格而明确的描述。

最后，我们描述了三种异构语言的集成——由 bond graph、Modelica 模型和 ESMol 组件集成的 CyPhyML 语言。这些异构组件的集成导致 CyPhyML 语言中结构语义和指称语义的增量定义。自从不断地引入新特性到推行中的 CyPhyML 语言中，该语言和其语义定义得到了进一步的扩展。

该方法有两个优点：我们使用了一个可执行的形式化规范语言，有助于模型一致性检查、模型检测和模型合成；结构和行为规范的撰写都使用基于相同逻辑的语言，所以两者都能够用于演绎推理。特别是关于行为的基于结构的证明变得可行。这利于未来的工作利用规范来执行这样象征性的形式分析。

本章描述的结果已用于为 OpenMETA 创建语义框架，OpenMETA 是为国防高级研究项目局（Defense Advanced Research Project Agency，DARPA）自适应车辆（Adaptive Vehicle Make，AVM）计划开发的集成组件和基于模型的工具套件 [Simko2012]。OpenMETA 提供了一种制造意识的设计流程，涵盖网络和物理设计方面 [Sztipanovits2014]。语义框架包括所有语义的形式化规范接口和 CyPhyML 模型集成语言、用于工具集成的所有模型转换工具的形式化规范，以及用于整体信息架构的数据建模规范。语义框架通过给开发者和工具套件使用者提供参考文档，来保持模型和大型设计工具套件的工具集成元素之间的一致性。在这一点上，OpenMETA 的生产工具和语义框架中的形式化规范之间的联系只是部分自动化；它们的彻底集成将会是一个巨大挑战。

参考文献

[Abdellatif2010] T. Abdellatif, J. Combaz, and J. Sifakis. "Model-Based Implementation of Real-Time Applications." *Proceedings of the 10th ACM International Conference on Embedded Software*, pages 229–238, 2010.

[Backus1959] J. W. Backus. "The Syntax and Semantics of the Proposed International Algebraic Language of the Zurich ACM-GAMM Conference." *Proceedings of the International Conference on Information Processing*, 1959.

[Balmer1990] R. T. Balmer. *Thermodynamics*. West Group Publishing, St. Paul, MN, 1990.

[Basu2006] A. Basu, M. Bozga, and J. Sifakis. "Modeling Heterogeneous Real-Time Components in BIP." *Proceedings of the 4th IEEE International Conference on Software Engineering and Formal Methods*, pages 3–12, 2006.

[Bliudze2008] S. Bliudze and J. Sifakis. "The Algebra of Connectors: Structuring Interaction in BIP." *IEEE Transactions on Computers*, vol. 57, no. 10, pages 1315–1330, October 2008.

[Chen2005] K. Chen, J. Sztipanovits, S. Abdelwalhed, and E. Jackson. "Semantic Anchoring with Model Transformations." In *Model Driven Architecture: Foundations and Applications*, vol. 3748 of *Lecture Notes in Computer Science*, pages 115–129. Springer, Berlin/Heidelberg, 2005.

[Chen2007] K. Chen, J. Sztipanovits, and S. Neema. "Compositional Specification of Behavioral Semantics." *Proceedings of the Conference on Design, Automation and Test in Europe (DATE)*, pages 906–911, 2007.

[Ecosimpro2014] EcosimPro. www.ecosimpro.com.

[Fritzson1998] P. Fritzson and V. Engelson. "Modelica: A Unified Object-Oriented Language for System Modeling and Simulation." In *ECOOP'98: Object-Oriented Programming*, vol. 1445 of *Lecture Notes in Computer Science*, pages 67–90. Springer, Berlin/Heidelberg, 1998.

[Goderis2007] A. Goderis, C. Brooks, I. Altintas, E. A. Lee, and C. Goble. "Composing Different Models of Computation in Kepler and Ptolemy II." In *Computational Science: ICCS 2007*, vol. 4489 of *Lecture Notes in Computer Science*, pages 182–190. Springer, Berlin/Heidelberg, 2007.

[Goderis2009] A. Goderis, C. Brooks, I. Altintas, E. A. Lee, and C. Goble. "Heterogeneous Composition of Models of Computation." *Future Generation Computer Systems*, vol. 25, no. 5, pages 552–560, May 2009.

[Henzinger2001] T. Henzinger, B. Horowitz, and C. Kirsch. "Giotto: A Time-Triggered Language for Embedded Programming." In *Embedded Software*, vol. 2211 of *Lecture Notes in Computer Science*, pages 166–184. Springer, Berlin/Heidelberg, 2001.

[Jackson2011] E. Jackson, N. Bjørner, and W. Schulte. "Canonical Regular Types." *ICLP (Technical Communications)*, pages 73–83, 2011.

[Jackson2010] E. Jackson, E. Kang, M. Dahlweid, D. Seifert, and T. Santen. "Components, Platforms and Possibilities: Towards Generic Automation for MDA." *Proceedings of the 10th ACM International Conference on Embedded Software (EMSOFT)*, pages 39–48, 2010.

[Jackson2009] E. Jackson and J. Sztipanovits. "Formalizing the Structural Semantics of Domain-Specific Modeling Languages." *Software and Systems Modeling*, vol. 8, no. 4, pages 451–478, 2009.

[Karnopp2012] D. Karnopp, D. L. Margolis, and R. C. Rosenberg. *System Dynamics Modeling, Simulation, and Control of Mechatronic Systems*. John Wiley and Sons, 2012.

[Karsai2008] G. Karsai and J. Sztipanovits. "Model-Integrated Development of Cyber-Physical Systems." In *Software Technologies for Embedded and Ubiquitous Systems*, pages 46–54. Springer, 2008.

[Karsai2003] G. Karsai, J. Sztipanovits, A. Ledeczi, and T. Bapty. "Model-Integrated Development of Embedded Software." *Proceedings of the IEEE*, vol. 91, no. 1, pages 145–164, 2003.

[Kirsch2012] C. M. Kirsch and A. Sokolova. "The Logical Execution Time Paradigm." In *Advances in Real-Time Systems*, pages 103–120. Springer, 2012.

[Lattmann2012] Z. Lattmann, A. Nagel, J. Scott, K. Smyth, J. Ceisel, C. vanBuskirk, J. Porter, T. Bapty, S. Neema, D. Mavris, and J. Sztipanovits. "Towards Automated Evaluation of Vehicle

Dynamics in System-Level Designs." ASME 32nd Computers and Information in Engineering Conference (IDETC/CIE), 2012.

[Ledeczi2001] A. Ledeczi, M. Maroti, A. Bakay, G. Karsai, J. Garrett, C. Thomason, G. Nordstrom, J. Sprinkle, and P. Volgyesi. "The Generic Modeling Environment." Workshop on Intelligent Signal Processing, vol. 17, Budapest, Hungary, 2001.

[Lee2008] E. A. Lee. "Cyber Physical Systems: Design Challenges." 11th IEEE International Symposium on Object Oriented Real-Time Distributed Computing (ISORC), pages 363–369, 2008.

[Lee2009] E. A Lee. "Computing Needs Time." *Communications of the ACM*, vol. 52, no. 5, pages 70–79, 2009.

[Lee2007] E. A. Lee and H. Zheng. "Leveraging Synchronous Language Principles for Heterogeneous Modeling and Design of Embedded Systems." *Proceedings of the 7th ACM/IEEE International Conference on Embedded Software (EMSOFT)*, pages 114–123, 2007.

[Maler1992] O. Maler, Z. Manna, and A. Pnueli. "From Timed to Hybrid Systems." In *Real-Time: Theory in Practice, Lecture Notes in Computer Science*, pages 447–484. Springer, 1992.

[Modelica2012] Modelica Association. "Modelica: A Unified Object-Oriented Language for Physical System Modeling." Language Specification, Version 3.3, 2012.

[Mosterman2013] P. J. Mosterman, G. Simko, and J. Zander. "A Hyperdense Semantic Domain for Discontinuous Behavior in Physical System Modeling." Compositional Multi-Paradigm Models for Software Development, October 2013.

[Mosterman2014] P. J. Mosterman, G. Simko, J. Zander, and Z. Han. "A Hyperdense Semantic Domain for Hybrid Dynamic Systems to Model with Impact." 17th International Conference on Hybrid Systems: Computation and Control (HSCC), 2014.

[Porter2010] J. Porter, G. Hemingway, H. Nine, C. vanBuskirk, N. Kottenstette, G. Karsai, and J. Sztipanovits. *The ESMoL Language and Tools for High-Confidence Distributed Control Systems Design. Part 1: Design Language, Modeling Framework, and Analysis.* Technical Report ISIS-10-109, Vanderbilt University, Nashville, TN, 2010.

[Reineke2006] J. Reineke, B. Wachter, S. Thesing, R. Wilhelm, I. Polian, J. Eisinger, and B. Becker. "A Definition and Classification of Timing Anomalies." *Proceedings of 6th International Workshop on Worst-Case Execution Time (WCET) Analysis*, 2006.

[Simko2012] G. Simko, T. Levendovszky, S. Neema, E. Jackson, T. Bapty, J. Porter, and J. Sztipanovits. "Foundation for Model Integration: Semantic Backplane." ASME 32nd Computers and Information in Engineering Conference (IDETC/CIE), 2012.

[Simko2013] G. Simko, D. Lindecker, T. Levendovszky, E. K. Jackson, S. Neema, and J. Sztipanovits. "A Framework for Unambiguous and Extensible Specification of DSMLs for Cyber-Physical Systems." IEEE 20th International Conference and Workshops on the Engineering of Computer Based Systems (ECBS), 2013.

[Simko2013a] G. Simko, D. Lindecker, T. Levendovszky, S. Neema, and J. Sztipanovits. "Specification of Cyber-Physical Components with Formal Semantics: Integration and Composition." ACM/IEEE 16th International Conference on Model Driven Engineering Languages and Systems (MODELS), 2013.

[Simscape2014] Simscape. MathWorks. http://www.mathworks.com/products/simscape.

[Sztipanovits2014] J. Sztipanovits, T. Bapty, S. Neema, L. Howard, and

E. Jackson. "OpenMETA: A Model and Component-Based Design Tool Chain for Cyber-Physical Systems." In *From Programs to Systems: The Systems Perspective in Computing*, vol. 8415 of *Lecture Notes in Computer Science*, pages 235–249. Springer, 2014.

[Sztipanovits1997] J. Sztipanovits and G. Karsai. "Model-Integrated Computing." *Computer*, vol. 30, no. 4, pages 110–111, 1997.

[Sztipanovits2012] J. Sztipanovits, X. Koutsoukos, G. Karsai, N. Kottenstette, P. Antsaklis, V. Gupta, B. Goodwine, J. Baras, and S. Wang. "Toward a Science of Cyber-Physical System Integration." *Proceedings of the IEEE*, vol. 100, no. 1, pages 29–44, 2012.

[Willems2007] J. C. Willems. "The Behavioral Approach to Open and Interconnected Systems." *IEEE Control Systems*, vol. 27, no. 6, pages 46–99, 2007.

[Wrenn2012] R. Wrenn, A. Nagel, R. Owens, H. Neema, F. Shi, K. Smyth, D. Yao, J. Ceisel, J. Porter, C. vanBuskirk, S. Neema, T. Bapty, D. Mavris, and J. Sztipanovits. "Towards Automated Exploration and Assembly of Vehicle Design Models." ASME 32nd Computers and Information in Engineering Conference (IDETC/CIE), 2012.